气象标准汇编

2011

中国气象局政策法规司 编

图书在版编目(CIP)数据

气象标准汇编. 2011/中国气象局政策法规司编.
—北京:气象出版社,2012.7
ISBN 978-7-5029-5522-9

Ⅰ.①气… Ⅱ.①中… Ⅲ.①气象-标准-汇编-中国-2011
Ⅳ.①P4-65

中国版本图书馆 CIP 数据核字(2012)第 140554 号

气象标准汇编 2011
中国气象局政策法规司 编

出版发行:气象出版社
地　　址:北京市海淀区中关村南大街 46 号　　**邮政编码**:100081
总 编 室:010-68407112　　**发 行 部**:010-68409198
网　　址:http://www.cmp.cma.gov.cn　　**E-mail**: qxcbs@cma.gov.cn
责任编辑:王萃萃　　**终　　审**:黄润恒
封面设计:王　伟　　**责任技编**:吴庭芳
印　　刷:北京京科印刷有限公司
开　　本:880mm×1230mm　1/16　　**印　　张**:28.75
字　　数:862.5 千字
版　　次:2012 年 7 月第 1 版　　**印　　次**:2012 年 7 月第 1 次印刷
定　　价:80.00 元

前　　言

气象事业是科技型、基础性社会公益事业，对国家安全、社会进步具有重要的基础性作用，对经济发展具有很强的现实性作用，对可持续发展具有深远的前瞻性作用。气象标准化工作是气象事业发展的基础性工作，涉及到气象事业发展的各个方面，渗透于公共气象、安全气象、资源气象的各个领域。《国务院关于加快气象事业发展的若干意见》中要求："建立健全以综合探测、气象仪器设备和气象服务技术为重点的气象标准体系，加强气象业务工作的标准化、规范化管理。"因此，加强气象标准化建设，对于强化气象工作的社会管理、统一气象工作的技术和规范、加强气象信息的共享与合作，促进气象事业又好又快发展，更好地为全面建设小康社会提供优质的气象服务具有十分重要的意义。

为了进一步加大对气象标准的学习、宣传和贯彻实施工作力度，使各级政府、广大社会公众和气象行业的广大气象工作者做到了解标准、熟悉标准、掌握标准、正确运用标准，充分发挥气象标准在现代气象业务体系建设、气象防灾减灾、应对气候变化等方面中的技术支撑和保障作用，中国气象局政策法规司对已颁布实施的气象国家标准、气象行业标准和气象地方标准按年度进行编辑，已出版了7册。本册是第8册，汇编了2011年颁布实施的气象行业标准共29项，供广大气象人员和有关单位学习使用。

中国气象局政策法规司

2012年4月

目　　录

ICS 07.060
A 47

中华人民共和国气象行业标准

QX/T 122—2011

船舶自动气象观测数据格式

Data format of automatic meteorological observation from ship

2011-04-07 发布 2011-09-01 实施

中 国 气 象 局 发 布

前　　言

本标准按照 GB/T 1.1—2009 给出的规则起草。

本标准由全国气象基本信息标准化技术委员会(SAC/TC 346)提出并归口。

本标准起草单位:湖北省气象局、青岛市气象局、中国华云技术开发公司。

本标准主要起草人:杨志彪、刘学忠、刘钧、侯建伟。

船舶自动气象观测数据格式

1 范围

本标准规定了船舶自动气象观测的海洋气象要素数据文件格式和海洋水文要素数据文件格式。

本标准适用于海洋船舶自动气象观测和数据记录。

2 术语和定义

下列术语和定义适用于本文件。

2.1

船舶自动气象观测 automatic meteorological observation from ship

以专用船舶或海上作业的其他船舶作为工作平台，通过自动气象观测设备对海洋气象、水文要素进行观[察]测[量]的活动。

2.2

表层海水温度 sea surface temperature

海水表面到 0.5 m 深处之间的海水温度。

[GB/T 14914—2006，定义 3.3]

2.3

海水电导率 conductivity of sea water

海水通过的电流密度与施加其上的电场强度的比。

注：电导率的国际单位制主单位为西[门子]每米(S/m)，海水电导率单位为毫西[门子]每厘米(mS/cm)。西[门子](S)是 1 欧姆(Ω)的电导，即 1 S=1 Ω^{-1}。

2.4

表层海水电导率 sea surface conductivity

海水表面到 0.5 m 深处之间的海水电导率。

2.5

盐度 salinity

海水中含盐量的一个标度。

[GB/T 12763.2—2007，定义 3.4]

2.6

表层海水盐度 sea surface salinity

海水表面到 0.5 m 深处之间的海水的盐度。

[GB/T 14914—2006，定义 3.4]

2.7

波高 wave height

相邻的波峰与波谷间的高度差。

[GB/T 15920—1995，定义 4.8]

2.8

有效波 significant wave

具有某时段内测得的1/3个大波波高平均值的波。

[GB/T 15920—1995,定义4.9]

2.9

波周期 wave period

相邻两个波峰(谷)通过同一地点的时间间隔。

[GB/T 15920—1995,定义4.10]

2.10

波向 wave direction

波浪传来的方向。

2.11

海水浊度 turbidity of sea water

海水中悬浮物对光线透过时所发生的阻碍程度。

注:单位为度,用NTU表示,NTU为nephelometric turbidity unit的缩写。国际地质科学联合会(IUGS)推荐采用高岭土单位毫克每升(mg/L)。我国《地质行业法定计量单位使用手册》中规定以mg/L为浑浊度单位。

2.12

海水叶绿素浓度 chlorophyll concentration of sea water

单位海水体积中光合色素及其降解产物的含量。

注:单位为毫克每立方米(mg/m^3)。

3 船舶海洋气象要素数据文件

3.1 文件命名

"船舶海洋气象要素数据文件"为文本文件,文件名为"Z_dddddddd_YYYYMMDD.TXT",Z、dddddddd与YYYY之间的分隔符为下划线"_"。文件名中字符的含义如下:

Z ——固定代码,表示文件为船舶自动气象站常规海洋气象观测资料;

dddddddd——船舶呼号,位数不足时,高位补"0";

YYYY ——观测资料年份;

MM ——观测资料月份,位数不足时,高位补"0";

DD ——观测资料日期,位数不足时,高位补"0";

TXT ——固定字符,表示文件为文本格式。

文件名中的年份、月份和日期按世界时制计。

3.2 文件结构

3.2.1 按船舶呼号每日的记录存为一个文件,由基本参数和观测数据两部分组成。文件中每条记录占一行,用回车换行结束。第1条记录为基本参数,从第2条记录开始直至文件结束为观测数据。

3.2.2 每条记录定长,为157 B(不含回车换行符),由若干数据组组成,每组长度固定,顺序排列。

3.2.3 观测数据每分钟一条记录,从世界时00时01分开始,直至24时00分结束,共1440条记录。记录号与时、分的关系为:

$$N = H \times 60 + M + 1 \quad \cdots\cdots(1)$$

式中:

N——记录号;

H——世界时制的时;

M——世界时制的分。

3.2.4 观测数据的各条记录,若相应数据组无观测值,均用相应长度的“-”字符记录。

3.3 文件内容

3.3.1 文件内容采取 ASCII 编码。

3.3.2 基本参数由船舶呼号、观测资料日期、自动气象站及各传感器标识等组成,共 17 组,记录格式见附录 A 的表 A.1。

3.3.3 每条观测数据包含观测时间、船舶位置、船舶航行移向与速度、风向、风速、气温、湿度、本站气压和能见度等要素的各项值,共 37 组,记录格式见附录 A 的表 A.2。

4 船舶海洋水文要素数据文件

4.1 文件命名

“船舶海洋水文要素数据文件”为文本文件,文件名为“H_dddddddd_YYYYMMDD.TXT”,H、dddddddd 与 YYYY 之间的分隔符为下划线“_”,文件名中字符的含义如下:

H ——固定代码,表示文件为船舶自动气象站常规海洋水文观测资料;

dddddddd ——船舶呼号,位数不足时,高位补“0”;

YYYY ——观测资料年份;

MM ——观测资料月份,位数不足时,高位补“0”;

DD ——观测资料日期,位数不足时,高位补“0”;

TXT ——固定字符,表示文件为文本格式。

文件名中的年份、月份和日期按世界时制计。

4.2 文件结构

4.2.1 按船舶呼号每日的记录存为一个文件,由基本参数和观测数据两部分组成。文件中每条记录占一行,用回车换行结束。第 1 条记录为基本参数,从第 2 条记录开始,直至文件结束为观测数据。

4.2.2 每条记录定长,为 91 B(不含回车换行符),由若干数据组组成,每组长度固定,顺序排列。

4.2.3 观测数据每条记录规定同 3.2.3。

4.2.4 观测数据的各条记录,若相应数据组无观测值,均用相应长度的“-”字符记录。

4.3 文件内容

4.3.1 文件内容采取 ASCII 编码。

4.3.2 基本参数由船舶呼号、观测资料日期、自动气象站及各传感器标识等组成,共 15 组,记录格式见附录 B 的表 B.1。

4.3.3 每条观测数据包含观测时间、船舶位置、船舶航行移向与速度、表层海水温度、表层海水盐度、波高、波向、海流速度和海水浊度等要素的各项值,共 21 组,记录格式见附录 B 的表 B.2。

附 录 A
(规范性附录)
船舶海洋气象要素数据文件内容

A.1 基本参数行

表 A.1 规定了船舶海洋气象要素数据文件基本参数行的记录内容和格式。

表 A.1 基本参数行记录内容及格式

序号	参数项	位长 B	格式说明
1	船舶呼号	8	位数不足时,高位补“0”
2	年份	5	位数不足时,高位补空(即用半角空格补位,下同)
3	月份	5	位数不足时,高位补空
4	日期	5	位数不足时,高位补空
5	自动气象站安装处船面距海面高度	5	保留1位小数,原值扩大10倍记录,位数不足时,高位补空;不明时,用“/////”记录
6	气压传感器距海面高度	5	保留1位小数,原值扩大10倍记录,位数不足时,高位补空;不明时,用“/////”记录
7	风速传感器距船面高度	5	保留1位小数,原值扩大10倍记录,位数不足时,高位补空;不明时,用“/////”记录
8	船面距海面高度	5	保留1位小数,原值扩大10倍记录,位数不足时,高位补空;不明时,用“/////”记录
9	自动站类型标识	5	固定为“4”,高位补空记录
10	气温传感器标识	5	有该传感器时为“1”,无时为“0”,高位补空记录
11	湿敏电容传感器标识	5	有该传感器时为“1”,无时为“0”,高位补空记录
12	气压传感器标识	5	有该传感器时为“1”,无时为“0”,高位补空记录
13	风向传感器标识	5	有该传感器时为“1”,无时为“0”,高位补空记录
14	风速传感器标识	5	有该传感器时为“1”,无时为“0”,高位补空记录
15	能见度传感器标识	5	有该传感器时为“1”,无时为“0”,高位补空记录
16	版本号	5	格式为VM.mm,其中V为固定编码,M为主版本号,mm为次版本号,位数不足时,高位补“0”
17	保留位	74	用“—”填充
注:版本号从V1.00开始编,若某条记录或数据组的长度改变,则主版本号加1;若没有改变任意条记录或数据组的长度,仅数据组记录规定有改变,则次版本号加1。			

A.2 观测数据行

表 A.2 规定了船舶海洋气象要素数据文件观测数据行的记录内容和格式。

表 A.2 观测数据行记录内容及格式

序号	数据组	位长 B	单位	格式说明
1	观测时间	4		记录识别标志，世界时制的时和分，各两位，位数不足时，高位补“0”
2	船舶位置(经度)	8		格式：DDDCCSSL，其中：DDD 为度，CC 为分，SS 为秒，L 为东、西经标识，东经为“E”，西经为“W”；度、分、秒位数不足时，高位补“0”
3	船舶位置(纬度)	7		格式：DDCCSSL，其中：DD 为度，CC 为分，SS 为秒，L 为北、南纬标识，北纬为“N”，南纬为“S”；度、分、秒位数不足时，高位补“0”
4	船舶位置(海拔高度)	4	0.1 m	保留 1 位小数，原值扩大 10 倍记录
5	船舶航行移向	4	1°	原值记录
6	船舶航行速度	4	0.1 m/s	保留 1 位小数，原值扩大 10 倍记录
7	2 分钟平均风向	4	1°	原值记录
8	2 分钟平均风速	4	0.1 m/s	保留 1 位小数，原值扩大 10 倍记录
9	10 分钟平均风向	4	1°	原值记录
10	10 分钟平均风速	4	0.1 m/s	保留 1 位小数，原值扩大 10 倍记录
11	最大风速对应风向	4	1°	原值记录
12	最大风速	4	0.1 m/s	保留 1 位小数，原值扩大 10 倍记录
13	最大风速出现时间	4		世界时制的时和分，各两位，位数不足时，高位补“0”
14	分钟内最大瞬时风速对应风向	4	1°	原值记录
15	分钟内最大瞬时风速	4	0.1 m/s	保留 1 位小数，原值扩大 10 倍记录
16	极大风速对应风向	4	1°	原值记录
17	极大风速	4	0.1 m/s	保留 1 位小数，原值扩大 10 倍记录
18	极大风速出现时间	4		世界时制的时和分，各两位，位数不足时，高位补“0”
19	气温	4	0.1℃	保留 1 位小数，原值扩大 10 倍记录
20	最高气温	4	0.1℃	保留 1 位小数，原值扩大 10 倍记录
21	最高气温出现时间	4		世界时制的时和分，各两位，位数不足时，高位补“0”
22	最低气温	4	0.1℃	保留 1 位小数，原值扩大 10 倍记录
23	最低气温出现时间	4		世界时制的时和分，各两位，位数不足时，高位补“0”
24	湿敏电容湿度值	4	1%	原值记录
25	相对湿度	4	1%	原值记录
26	最小相对湿度	4	1%	原值记录

表 A.2 观测数据行记录内容及格式(续)

序号	数据组	位长 B	单位	格式说明
27	最小相对湿度出现时间	4		世界时制的时和分,各两位,位数不足时,高位补“0”
28	水汽压	4	0.1 hPa	保留1位小数,原值扩大10倍记录
29	露点温度	4	0.1℃	保留1位小数,原值扩大10倍记录
30	本站气压	4	0.1 hPa	保留1位小数,原值扩大10倍记录,当气压值大于等于1000.0 hPa时,取后4位记录
31	最高本站气压	4	0.1 hPa	保留1位小数,原值扩大10倍记录,当气压值大于等于1000.0 hPa时,取后4位记录
32	最高本站气压出现时间	4		世界时制的时和分,各两位,位数不足时,高位补“0”
33	最低本站气压	4	0.1 hPa	保留1位小数,原值扩大10倍记录,当气压值大于等于1000.0 hPa时,取后4位记录
34	最低本站气压出现时间	4		世界时制的时和分,各两位,位数不足时,高位补“0”
35	能见度	5	1 m	原值记录
36	最小能见度	5	1 m	原值记录
37	最小能见度出现时间	4		世界时制的时和分,各两位,位数不足时,高位补“0”

注1:除格式说明中已有规定外,各数据组位数不足时,高位补空。

注2:某数据组缺测或不明时,均按规定位长每个字节位记录一个“/”字符。

注3:要素极值均为当时小时内的极值。若船舶处于航行中,有关极值及其出现时间按缺测处理。

附　录　B
（规范性附录）
船舶海洋水文要素数据文件内容

B.1　基本参数行

表 B.1 规定了船舶海洋水文要素数据文件基本参数行的记录内容和格式。

表 B.1　基本参数行记录内容及格式

序号	参数项	位长 B	格式说明
1	船舶呼号	8	位数不足时，高位补“0”
2	年份	5	位数不足时，高位补空（即用半角空格补位，下同）
3	月份	5	位数不足时，高位补空
4	日期	5	位数不足时，高位补空
5	温盐传感器距海面深度	5	保留 1 位小数，原值扩大 10 倍记录，位数不足时，高位补空；不明时，用“/////”记录
6	波高传感器距海面高度	5	保留 1 位小数，原值扩大 10 倍记录，位数不足时，高位补空；不明时，用“/////”记录
7	自动站类型标识	5	固定为“4”，高位补空记录
8	船舶方向传感器标识	5	有该传感器时为“1”，无时为“0”，高位补空记录
9	海温传感器标识	5	有该传感器时为“1”，无时为“0”，高位补空记录
10	海盐传感器标识	5	有该传感器时为“1”，无时为“0”，高位补空记录
11	波高传感器标识	5	有该传感器时为“1”，无时为“0”，高位补空记录
12	海流传感器标识	5	有该传感器时为“1”，无时为“0”，高位补空记录
13	水质传感器标识	5	有该传感器时为“1”，无时为“0”，高位补空记录
14	版本号	5	格式为 VM.mm，其中 V 为固定编码，M 为主版本号，mm 为次版本号，位数不足时，高位补“0”
15	保留位	18	用“－”填充
注：版本号从 V1.00 开始编，若某条记录或数据组的长度改变，则主版本号加 1；若没有改变任意条记录或数据组的长度，仅数据组记录规定有改变，则次版本号加 1。			

B.2　观测数据行

表 B.2 规定了船舶海洋水文要素数据文件观测数据行的记录内容和格式。

表 B.2 观测数据行记录内容及格式

序号	数据组	位长 B	单位	格式说明
1	观测时间	4		记录识别标志，世界时制的时和分，各两位，位数不足时，高位补“0”
2	船舶位置(经度)	8		格式：DDDCCSSL，其中：DDD 为度，CC 为分，SS 为秒，L 为东、西经标识，东经为“E”，西经为“W”；度、分、秒位数不足时，高位补“0”
3	船舶位置(纬度)	7		格式：DDCCSSL，其中：DD 为度，CC 为分，SS 为秒，L 为北、南纬标识，北纬为“N”，南纬为“S”；度、分、秒位数不足时，高位补“0”
4	船舶位置(海拔高度)	4	0.1 m	保留 1 位小数，原值扩大 10 倍记录
5	船舶航行移向	4	1°	原值记录
6	船舶航行速度	4	0.1 m/s	保留 1 位小数，原值扩大 10 倍记录
7	表层海水温度	4	0.1℃	保留 1 位小数，原值扩大 10 倍记录
8	表层海水最高温度	4	0.1℃	保留 1 位小数，原值扩大 10 倍记录
9	表层海水最高温度出现时间	4		世界时制的时和分，各两位，位数不足时，高位补“0”
10	表层海水最低温度	4	0.1℃	保留 1 位小数，原值扩大 10 倍记录
11	表层海水最低温度出现时间	4		世界时制的时和分，各两位，位数不足时，高位补“0”
12	表层海水盐度	4	无量纲	保留 1 位小数，原值扩大 10 倍记录
13	表层海水电导率	4	0.01 mS/cm	保留 2 位小数，原值扩大 100 倍记录
14	有效波高	4	0.1 m	保留 1 位小数，原值扩大 10 倍记录
15	有效波周期	4	0.1 s	保留 1 位小数，原值扩大 10 倍记录
16	最大波周期	4	0.1 s	保留 1 位小数，原值扩大 10 倍记录
17	最大波高	4	0.1 m	保留 1 位小数，原值扩大 10 倍记录
18	波向	4	1°	原值记录
19	表层海洋面流速	4	0.1 m/s	保留 1 位小数，原值扩大 10 倍记录
20	海水浊度	4	1 NTU	原值记录
21	海水叶绿素浓度	4	1 mg/m^3	原值记录

注 1：除格式说明中已有规定外，各数据组位数不足时，高位补空。

注 2：某数据组缺测或不明时，均按规定位长每个字节位记录一个“/”字符。

注 3：要素极值均为当时小时内的极值。若船舶处于航行中，有关极值及其出现时间按缺测处理。

参考文献

[1] GB/T 12763.2—2007 海洋调查规范 第2部分:海洋水文观测
[2] GB/T 14914—2006 海滨观测规范
[3] GB/T 15920—1995 海洋学术语 物理海洋学
[4] QX/T 45—2007 地面气象观测规范 第1部分:总则
[5] QX/T 47—2007 地面气象观测规范 第3部分:气象能见度观测
[6] QX/T 49—2007 地面气象观测规范 第5部分:气压观测
[7] QX/T 50—2007 地面气象观测规范 第6部分:空气温度和湿度观测
[8] QX/T 51—2007 地面气象观测规范 第7部分:风向和风速观测
[9] QX/T 61—2007 地面气象观测规范 第17部分:自动气象站观测

ICS 07.060
A 47

中华人民共和国气象行业标准

QX/T 123—2011

无线电探空资料质量控制

Quality control for radiosonde data

2011-04-07 发布 2011-09-01 实施

中 国 气 象 局 发布

前　　言

本标准按照 GB/T 1.1—2009 给出的规则起草。

本标准由全国气象基本信息标准化技术委员会(SAC/TC 346)提出并归口。

本标准起草单位:国家气象信息中心。

本标准主要起草人:汪万林、王伯民、郭发辉、刘小宁。

无线电探空资料质量控制

1 范围

本标准规定了无线电探空(压、温、湿、风)资料质量控制的内容和方法。

本标准适用于对无线电探空(压、温、湿、风)资料的质量控制。

2 术语和定义

下列术语和定义适用于本文件。

2.1

无线电探空资料 radiosonde data

采用气球携带探空仪以自由升空方式对自地球表面到几万米高度空间空气运动的状态和气象要素的变化进行探测、收集、处理所得的气压、温度、湿度、风向、风速等资料。

2.2

质量控制 quality control

观测记录达到所要求质量的操作技术和活动。

[QX/T 66—2007,定义 3.1]

2.3

质量控制码 quality control flag

标识数据质量的数字。

[QX/T 93—2008,定义 3.2]

2.4

格式检查 format check

数据是否符合规定格式的检查。

[QX/T 118—2010,定义 2.3]

2.5

值域检查 numerical range check

气象记录是否在其值域范围内的检查。

[QX/T 118—2010,定义 2.4]

2.6

气候学界限值 climatic range

从气候学的角度不可能出现的气象要素的临界值。

[QX/T 66—2007,定义 3.2]

2.7

气候极值 climatic extremum

在固定地点的气象台站历史上曾出现过的最大(小)值或在一定的时间范围内出现概率很小的气象记录。

[QX/T 66—2007,定义 3.4]

2.8

主要变化范围检查　main change range check

在指定的地域和时域范围内，要素数据是否在其主要变化范围内的检查。

[QX/T 118—2010，定义 2.7]

2.9

时间一致性检查　time consistency check

对气象记录在一定时间范围内的变化是否具有特定规律的检查。

[QX/T 66—2007，定义 3.6]

2.10

内部一致性检查　internal consistency check

同一时间观测的气象要素记录之间的关系应符合一定物理联系的检查。

[QX/T 66—2007，定义 3.5]

2.11

订正数据　corrected data

当原始观测数据疑误或缺测时，通过一定的统计方法计算或估算，可用以代替原疑误或缺测数据的数据。

[QX/T 93—2008，定义 3.3]

2.12

修改数据　revised data

当原始观测数据疑误或缺测时，经查询用以代替原疑误或缺测数据的数据。

[QX/T 93—2008，定义 3.4]

2.13

测站高度　station elevation

测站水银气压表槽面的海拔高度。

注：单位为米。

2.14

相对时间　relative time

各层数据的实际探测时间与放球时间 YYGG 的差值。

注：单位为秒。

2.15

相对经度　relative longitude

各层数据实际探测点相对于测站位置的经度偏离值。

注：单位为度。

2.16

相对纬度　relative latitude

各层数据实际探测点相对于测站位置的纬度偏离值。

注：单位为度。

3　质量控制流程和内容

3.1　格式检查。未通过格式检查的数据应进行格式订正，然后才能进行下一步的检查。

3.2　缺测值检查。

3.3　界限值检查。

3.4 主要变化范围检查、时间一致性检查、内部一致性检查。

3.5 质量控制综合分析，并对每个数据赋予相应的质量控制码。

3.6 在某一步检查中被认定为错误的资料不再参与后续的检查。

4 质量控制方法

4.1 格式检查

格式检查应按照 QX/T 118—2010，3.2.1 的要求，对观测数据的结构以及每条数据记录的长度进行检查。

4.2 缺测值检查

缺测值检查应按照 QX/T 118—2010，3.2.2 的要求，检查某个观测数据是否为缺测数据，若为缺测数据，不再进行其他检查。

4.3 界限值检查

4.3.1 值域检查

4.3.1.1 超出值域范围的资料为错误资料。

4.3.1.2 要素值域范围如下：

a) 陆地测站区站号：区号为 01～98，站号为 001～999。
b) 船舶测站应为水域，且地球象限电码值与马士顿十度方格号所指地理区域应相符，位置范围为：
    1) 地球象限电码值为 1、3、5、7；
    2) 马士顿十度方格号为 001～288、300～623、901～936；
    3) 纬度为 0°～90°；
    4) 经度为 0°～180°。
c) 测站高度：－450 m～9000 m。
d) 相对时间：－9999 s～9999 s。
e) 相对经度：－4.999°～4.999°。
f) 相对纬度：－4.999°～4.999°。
g) 相对湿度：0％～100％。
h) 风向：0°～360°。
i) 温度露点差不小于 0℃。

4.3.2 气候学界限值检查

4.3.2.1 超越气候学界限值的资料为错误资料。

4.3.2.2 要素气候学界限值如下：

a) 本站气压气候学界限值：300 hPa～1100 hPa；
b) 规定等压面层温度、风速及层间厚度的气候学界限值参见表 A.1、表 A.2；
c) 特性层温度、风速探测资料的气候学界限值参见表 A.1 的相应要素气候学界限值；
d) 规定高度层风速的气候学界限值参见表 A.1 的相应高度所在气压层的风速气候学界限值。

4.4 主要变化范围检查

4.4.1 进行测站主要变化范围检查的要素有地面层气压、各规定等压面层高度、各层温度、温度露点

差、风速等。要素主要变化范围的选取按探测时次和月(或季节)采用下述方法之一确定:

a) 取测站或区域气候极值;
b) 用测站或区域气候平均值加上 X 倍标准差求取变化范围最大值,减去 X 倍标准差求取变化范围最小值;
c) 取一定概率条件下测站或区域历史资料变化范围临界值。

4.4.2 超出要素主要变化范围的探测资料为可疑资料。

4.4.3 特性层温度、温度露点差、风速等要素探测资料的主要变化范围可参照规定等压面层的相应要素主要变化范围。

4.4.4 规定高度层的风速主要变化范围可参照邻近规定等压面层的风速主要变化范围。

4.4.5 参照规定等压面层的要素主要变化范围时,用邻近两层规定等压面的该要素最大上限值和最小下限值,作为该层要素主要变化范围的最大、最小值。

4.5 时间一致性检查

4.5.1 在相同月份或季节中,同一测站同一时次的地面层气压、温度和规定等压面层的高度、温度的24小时日变化应在一定范围内,超出要素主要变化范围的资料为可疑资料。

4.5.2 要素日变化主要变化范围的制作方法是,用测站历史探测资料计算某要素同一时次每一日与上一日的差值,得到差值序列,按照4.4中的方法确定单站各月(或各季)各时次各层各要素日变化的主要变化范围。

4.6 内部一致性检查

4.6.1 同一层中相关要素的检查

4.6.1.1 温度、露点

温度(TT)和露点(Td)的一致性检查如下:

a) 陆地站地面层温度露点差小于0℃或大于52℃,则其中至少有一个是错误值;
b) 船舶测站地面层温度露点差小于0℃或大于30℃,则其中至少有一个是错误值;
c) 规定等压面层温度小于露点,则其中至少有一个是错误值;
d) 零度层的温度露点差应小于等于38℃。

4.6.1.2 风向、风速

风向是静稳、风速不为零,风向不是静稳、风速为零,或者风向、风速只有一个是缺测,该风向、风速可疑。

4.6.2 不同层中相关要素的检查

4.6.2.1 规定等压面层温度递减变化检查

用上下相邻规定等压面层的气压、温度和超绝热温度订正值计算上层的极限最低温度(见表B.1),如果上层的探测温度低于该极限最低温度,则上、下层的气压、温度可疑。

注:该方法也可用于规定等压面层与相邻特性层温度的检查。

4.6.2.2 规定等压面层高度检查

若相邻规定等压面层厚度与采用静力学公式(见B.2.1)计算的厚度的偏差值大于给定厚度偏差阈值(见表B.2),应重新计算该相邻层的厚度偏差阈值(见B.2.2),并按新的阈值进行判定。如果偏差值仍然超过重新计算的厚度偏差阈值,则该相邻层中的位势高度、温度、露点可疑。

当相邻规定等压面层间出现对流层顶时，分别计算规定等压面层与对流层、对流层与规定等压面层的厚度[见式(B.3)～(B.5)]，然后相加得到相邻规定等压面层的厚度。

4.6.2.3 风切变检查

风切变的检查内容如下：

a) 风速切变检查：对相邻三个规定等压面层(或规定高度层)，分别计算相邻两层的风速差值的绝对值并与阈值进行比较，视其偏离阈值的程度来判断中间层的风速是否正常(见 B.3)；

b) 风向和风速切变检查：对相邻三个规定等压面层(或规定高度层)，分别计算相邻两层的风速和、风向切变绝对值并与相应气压层指定风向切变条件下风速和的最大阈值进行比较，视其偏离最大阈值的程度来判断中间层的风向风速是否正常(见 B.4)。

4.6.2.4 零度层检查

零度层检查应遵循下列要求：

a) 零度层气压应小于等于地面层气压；

b) 零度层高度应大于等于地面层高度；

c) 零度层高度等于规定等压面层高度时，两层对应要素值相等；

d) 零度层温度应低于高度在该零度层之下的所有规定等压面层的温度。

4.6.2.5 对流层顶检查

对流层顶检查包含：

a) 合理性检查：第一对流层顶的气压值应为 500 hPa～150 hPa(不含 150 hPa)；第二对流层顶的气压值应小于 150 hPa，国内内地探测资料第二对流层顶的气压值应为 150 hPa～40 hPa。国内内地测站 1976 年(含)以后的资料中各对流层顶最多只允许出现一个。

b) 温度垂直变化检查：进行对流层顶与相邻规定等压面层之间的温度递减变化检查，方法同 4.6.2.1。

c) 风切变检查：对流层顶与相邻上、下规定等压面层的风切变应在所给阈值之内，方法同 4.6.2.3。

4.6.2.6 最大风层合理性检查

最大风层合理性检查应遵循下列要求：

a) 国内内地探测资料的最大风层气压值按高空探测规范的规定检查，其他国家或地区探测资料的最大风层气压值按世界气象组织的相关规定检查。如果气压值不符合规定，则最大风层有错。

b) 最大风层的风速应大于 30 m/s，且应大于探测到的相邻上、下层的风速。若最大风层的风速小于等于探测到的相邻上、下层风速，该最大风层有错；若最大风层的风速小于等于探测到的相邻上、下层风速之一，则该层风速与最大风层的风速可疑。

c) 在电码格式的高空天气报中，有两个或两个以上最大风层时，应按风速降序排列。风速相等时，应按所在的高度升序排列。否则相关最大风层有错。

4.6.2.7 温、湿特性层合理性检查

温、湿特性层合理性检查应遵循下列要求：

a) 特性层第一层的气压、温度、温度露点差应与地面层的对应要素相等，不相等时相应要素可疑；

b) 当特性层气压与对流层顶气压相等时，其他对应要素也相等，否则，相应要素可疑。

4.6.2.8 规定等压面层与特性层一致性检查

4.6.2.8.1 温、湿度计算检查

计算规定等压面层温度、相对湿度(由温度、温度露点差计算得出)与相邻上、下特性层内插所得的温度、相对湿度的对应差值(见 B.5),如果温度差值大于表 B.4 中的温度差值阈值(ΔT_{max}),则此三层的温度可疑;如果相对湿度差值大于 15,则此三层的温度、温度露点差可疑。

4.6.2.8.2 风向、风速差值计算检查

对应计算规定等压面层风向、风速探测值与用相邻上、下特性层风资料合成的风向、风速的差值绝对值(见 B.6),如果风向、风速差值绝对值超过给定阈值,则相关规定等压面层和特性层的风向、风速可疑。

4.7 质量控制综合分析

质量控制综合分析按照 QX/T 118—2010,3.2.8 的要求进行,对上述检查后的可疑资料进行综合分析,辨别其正确与否;对检查为错误的资料进行原因分析,便于错误资料的纠正及今后数据质量的提高。

4.8 质量控制标识

质量控制后的数据应进行质量标识。表示资料质量的标识有:正确、可疑、错误、订正数据、修改数据、缺测、未做质量控制。资料质量标识用质量控制码表示。质量控制码及其含义见表 1。

表 1 质量控制码及其含义

质量控制码	含义	质量控制码	含义
0	正确	5	预留
1	可疑	6	预留
2	错误	7	预留
3	订正数据	8	缺测
4	修改数据	9	未作质量控制

附 录 A
（资料性附录）
温度、风速、厚度的气候学界限值

表 A.1 给出了大气各规定等压面层或相应平均高度层温度、风速气候学界限值。表 A.2 给出了大气各规定等压面层间厚度的气候学界限值。

表 A.1 大气各规定等压面层或相应平均高度层温度、风速气候学界限值

序号	气压 hPa	高度 gpm	温度界限值 ℃	风速界限值 m/s
1	1100	－600	－90～60	0～100
2	1000	300	－90～60	0～100
3	925	900	－90～60	0～100
4	850	1500	－90～40	0～100
5	700	3000	－90～30	0～100
6	500	5500	－100～10	0～120
7	400	7000	－100～0	0～150
8	300	9000	－100～－5	0～180
9	250	10000	－100～－5	0～180
10	200	12000	－100～－5	0～180
11	150	14000	－100～－5	0～170
12	100	16500	－100～－5	0～170
13	70	18500	－100～5	0～170
14	50	20000	－100～5	0～170
15	30	22000	－100～5	0～110
16	20	26000	－100～5	0～110
17	10	30000	－100～5	0～95
18	07	33000	－90～20	0～100
19	05	36000	－80～30	0～140
20	03	39000	－70～35	0～170
21	02	42000	－70～40	0～220
22	01	48000	－70～40	0～220
23	0.1		－70～40	0～220

注 1：非上述气压层或高度层的温度、风速气候学界限值，用邻近两层中的最大上限值和最小下限值作为该层的气候学界限值。

注 2：此表取自欧洲中心高空质量控制方案。用 1000 hPa 和 850 hPa 的高度内插出 925 hPa 的高度，并用 1000 hPa 的界限值作为 925 hPa 的界限值。

表 A.2　大气各规定等压面层间厚度气候学界限值

序号	气压 hPa	厚度界限值 gpm
1	1000～925	410～820
2	925～850	450～850
3	850～700	1040～1810
4	700～500	1750～2940
5	500～400	1130～1840
6	400～300	1450～2300
7	300～250	920～1440
8	250～200	1130～1770
9	200～150	1450～2280
10	150～100	2050～3230
11	100～70	1800～2860
12	70～50	1700～2740
13	50～30	2580～4160
14	30～20	2050～3310
15	20～10	3510～5650
16	10～07	1850～2990
17	07～05	1850～2940
18	05～03	2960～4580
19	03～02	2410～3690
20	02～01	4120～6360

注 1:非上述气压层之间的厚度气候学界限值,可按其气压所在层应用气压对数差的比例分配方法计算界限值。

注 2:此表由表 A.1 的温度界限值计算而得。

附 录 B
（规范性附录）
计算公式和判定方法

B.1 绝对不稳定条件下的上层极限最低温度计算公式和超绝热温度订正值

极限温度计算公式：

$$TT_{n+1} = (273.15 + t_n) \times (P_{n+1}/P_n)^{R_d/c_p} - CT_{n+1} \quad \cdots\cdots\cdots\cdots\cdots\cdots\text{(B.1)}$$

式中：

TT_{n+1}——第 $n+1$ 层的极限最低温度，单位为开尔文(K)；

t_n ——第 n 层的温度，单位为摄氏度(℃)；

P_{n+1} ——第 $n+1$ 层的气压，单位为百帕(hPa)；

P_n ——第 n 层的气压，单位为百帕(hPa)；

R_d ——干空气气体常数，取值 287.05，单位为焦耳每千克开尔文[J/(kg·K)]；

c_p ——干空气比定压热容，取值 1004.64，单位为焦耳每千克开尔文[J/(kg·K)]；

CT_{n+1}——容许的 n 到 $n+1$ 层超绝热温度订正值，单位为开尔文(K)，见表 B.1。

表 B.1 超绝热温度订正值

序号	层 hPa	超绝热温度订正值 K
1	1100～1000	4.5
2	1000～850	3.5
3	850～700	2.5
4	700～500	1.5
5	500～400	1.0
6	400～0	0.5
注：此表取自欧洲中心高空质量控制方案。		

B.2 厚度偏差检查和判别

B.2.1 厚度偏差计算公式和厚度偏差界限值

相邻两层之间的厚度偏差计算公式：

$$\Delta H = |H_{n+1} - H_n - HH| \quad \cdots\cdots\cdots\cdots\cdots\cdots\text{(B.2)}$$

n 到 $n+1$ 层厚度 HH 由下式算出：

$$HH = (R_d/g) \times ((TV_n + TV_{n+1})/2) \times \ln(P_n/P_{n+1}) \quad \cdots\cdots\cdots\cdots\cdots\cdots\text{(B.3)}$$

n、$n+1$ 层虚温 TV_n、TV_{n+1} 分别由下式算出：

$$TV_n = (273.15 + t_n) \times (1 + 0.378 \times E_n/P_n) \quad \cdots\cdots\cdots\cdots\cdots\cdots\text{(B.4)}$$

$$TV_{n+1} = (273.15 + t_{n+1}) \times (1 + 0.378 \times E_{n+1}/P_{n+1}) \quad \cdots\cdots\cdots\cdots\cdots\cdots\text{(B.5)}$$

式(B.2)～ 式(B.5)中：

ΔH ——n 到 $n+1$ 层探测厚度与计算厚度之偏差值，单位为位势米(gpm)；

H_n ——n 层的位势高度，单位为位势米(gpm)；
H_{n+1} ——$n+1$ 层的位势高度，单位为位势米(gpm)；
HH ——由静力学公式推算的 n 到 $n+1$ 层厚度，单位为位势米(gpm)；
R_d ——干空气气体常数，取值 287.05，单位为焦耳每千克开尔文[J/(kg·K)]；
g ——重力加速度，取值 9.80655，单位为米每二次方秒(m/s^2)；
TV_n ——第 n 层虚温，单位为开尔文(K)；
TV_{n+1} ——第 $n+1$ 层虚温，单位为开尔文(K)；
P_n ——第 n 层气压，单位为百帕(hPa)；
P_{n+1} ——第 $n+1$ 层气压，单位为百帕(hPa)；
t_n ——第 n 层的温度，单位为摄氏度(℃)；
E_n ——第 n 层水汽压(温度等于露点时的饱和水汽压)，单位为百帕(hPa)；
t_{n+1} ——第 $n+1$ 层的温度，单位为摄氏度(℃)；
E_{n+1} ——第 $n+1$ 层水汽压(温度等于露点时的饱和水汽压)，单位为百帕(hPa)；
273.15 ——标准温度(水的冰点)，单位为开尔文(K)。

水汽压(E_n、E_{n+1})E 的计算公式：

$$E=\begin{cases} e_w & t_d \geqslant -10.0℃ \\ e_i & t_d \leqslant -40.0℃ \\ [(40.0+t_d)\times e_w-(10.0+t_d)\times e_i]/30 & -10.0℃ > t_d > -40.0℃ \end{cases} \quad \cdots\cdots(B.6)$$

纯水平液面饱和水汽压 e_w 由下式算出：

$$\lg e_w = 10.79574\times(1-1/J)-5.028\times\lg J+0.000150475\times[1-10^{8.2969\times(1-J)}]+0.00042874\times[10^{4.76955\times(1-1/J)}-1]+0.78614 \quad \cdots\cdots(B.7)$$

纯水平冰面饱和水汽压由下式算出：

$$\lg e_i = 0.78614-9.09685\times(1/J-1)+3.56654\times\lg J+0.87682\times(1-J) \quad \cdots\cdots(B.8)$$

式(B.7)、(B.8)中的 J 由下式算出：

$$J = (t_d+273.15)/273.16 \quad \cdots\cdots(B.9)$$

式(B.6)～式(B.9)中：

e_w ——纯水平液面饱和水汽压，单位为百帕(hPa)；
e_i ——纯水平冰面饱和水汽压，单位为百帕(hPa)；
t_d ——统计层的露点温度，单位为摄氏度(℃)；
273.15 ——标准温度(水的冰点)，单位为开尔文(K)；
273.16 ——水的三相点温度，单位为开尔文(K)。

表 B.2 规定等压面层间厚度偏差阈值

P_{n+1}/hPa	925	850	700	500	400	300	250	200	150	100
P_n/hPa	1000	925	850	700	500	400	300	250	200	150
ΔH_{max}/gpm	15	15	30	40	30	40	35	45	60	60
注：此表取自 1993 年国家气象中心《气象观测资料的质量控制客观分析和四维同化》科技文献。										

B.2.2 厚度偏差阈值计算公式

$$TOL=0.375\times(TE_n+TV_{n+1}-TV_n-TE_{n+1})/2\times(R_d/g)\times\ln(P_n/P_{n+1}) \quad \cdots\cdots(B.10)$$

当 P_n>400 hPa 时，TOL 最小取值 20 gpm，最大取值 50 gpm；

当 $P_n \leqslant 400$ hPa 时，TOL 最大取值 80 gpm。

外插温度 TE_n、TE_{n+1} 由下式算出：

$$TE_{n+1} = TV_n \times (P_{n+1}/P_n)^{R_d/c_p} \quad \cdots\cdots(B.11)$$

$$TE_n = TV_{n+1}/(P_{n+1}/P_n)^{R_d/c_p} \quad \cdots\cdots(B.12)$$

式(B.10)～式(B.12)中：

TOL ——两层间厚度偏差阈值，单位为位势米(gpm)；

TV_n ——第 n 层虚温，单位为开尔文(K)；

TE_{n+1} ——按干绝热直减率从 n 层外插出的 $n+1$ 层温度；

TE_n ——按干绝热直减率从 $n+1$ 层外插出的 n 层温度；

TV_{n+1} ——第 $n+1$ 层虚温，单位为开尔文(K)；

R_d ——干空气气体常数，取值 287.05，单位为焦耳每千克开尔文[J/(kg·K)]；

g ——重力加速度，取值 9.80655，单位为米每二次方秒(m/s^2)；

P_n ——第 n 层的气压，单位为百帕(hPa)；

P_{n+1} ——第 $n+1$ 层的气压，单位为百帕(hPa)；

c_p ——干空气比定压热容，取值 1004.64，单位为焦耳每千克开尔文[J/(kg·K)]。

B.3 风速切变检查计算公式和判别

设第 n 层、第 $n+1$ 层的风速为 F_n、F_{n+1}(风速单位为米每秒)。

若 $|F_n - F_{n+1}| > 20.6 + 0.275 \times (F_n + F_{n+1})$，取 $FX_{n,n+1} = 1$；

否则，若 $|F_n - F_{n+1}| > 16.5 + 0.22 \times (F_n + F_{n+1})$，取 $FX_{n,n+1} = 0.5$；

否则，取 $FX_{n,n+1} = 0$。

同理求得 $FX_{n-1,n}$。

如果 $FX_{n-1,n} + FX_{n,n+1} \geqslant 1.5$，则第 n 层风速错；如果 $1.5 > FX_{n-1,n} + FX_{n,n+1} \geqslant 0.5$，第 n 层风速可疑。

B.4 风向和风速切变检查计算公式和判别

设第 n 层、第 $n+1$ 层的风向、风速为 D_n、F_n、D_{n+1}、F_{n+1}(风向单位为度，风速单位为米每秒)。

若 $F_n + F_{n+1} > F_{max}$，取 $DX_{n,n+1} = 1$；

否则，若 $F_n + F_{n+1} > 0.8 \times F_{max}$，取 $DX_{n,n+1} = 0.5$；

否则，取 $DX_{n,n+1} = 0$。

式中，F_{max} 为不同风向切变($\Delta D = |D_n - D_{n+1}|$，若 $\Delta D > 180°$，则取 $\Delta D = 360° - \Delta D$)条件下风速和的最大阈值(见表 B.3)。

同理求得 $DX_{n-1,n}$。

如果 $DX_{n-1,n} + DX_{n,n+1} \geqslant 1.5$，第 n 层风向、风速错；

如果 $1.5 > DX_{n-1,n} + DX_{n,n+1} \geqslant 0.5$，第 n 层风向、风速可疑。

表 B.3 不同风向切变条件下风速和的最大阈值(F_{max})

气压层范围 hPa	F_{max}/(m/s)							
	$\Delta D<30°$	$30°\leqslant\Delta D<40°$	$40°\leqslant\Delta D<50°$	$50°\leqslant\Delta D<60°$	$60°\leqslant\Delta D<70°$	$70°\leqslant\Delta D<80°$	$80°\leqslant\Delta D<90°$	$90°\leqslant\Delta D$
700～150	—	110	84	77	70	63	52	50
其他	—	72	61	57	53	49	46	41
注:此表取自1993年国家气象中心《气象观测资料的质量控制客观分析和四维同化》科技文献。								

B.5 温、湿度计算检查公式及温度差值阈值

温度差值绝对值计算公式:

$$\Delta T = |TT_n - T_n| \qquad \cdots\cdots\cdots\cdots(B.13)$$

规定等压面层温度 TT_n 由下式算出:

$$TT_n = T_i + [\ln(P_n/P_i)/\ln(P_{i+1}/P_i)]\times(T_{i+1}-T_i) \qquad \cdots\cdots\cdots\cdots(B.14)$$

式(B.13)～式(B.14)中:

ΔT ——规定等压面第 n 层的温度差值绝对值,单位为摄氏度(℃),四舍五入后取小数1位;

TT_n ——内插计算的规定等压面层(第 n 层)温度,单位为摄氏度(℃);

T_n ——规定等压面层(第 n 层)的温度,单位为摄氏度(℃);

T_i ——相邻特性层(第 i 层)的温度,单位为摄氏度(℃);

P_n ——规定等压面层(第 n 层)的气压,单位为百帕(hPa);

P_i ——相邻特性层(第 i 层)的气压,单位为百帕(hPa);

P_{i+1} ——相邻特性层(第 $i+1$ 层)的气压,单位为百帕(hPa);

T_{i+1} ——相邻特性层(第 $i+1$ 层)的温度,单位为摄氏度(℃)。

相对湿度差值绝对值计算公式:

$$\Delta EU = |EEU_n - EU_n| \qquad \cdots\cdots\cdots\cdots(B.15)$$

规定等压面层相对湿度 EEU_n 由下式算出:

$$EEU_n = EU_i + [\ln(P_n/P_i)/\ln(P_{i+1}/P_i)]\times(EU_{i+1}-EU_i) \qquad \cdots\cdots\cdots\cdots(B.16)$$

式(B.15)～式(B.16)中:

ΔEU ——规定等压面第 n 层的相对湿度差值绝对值,单位为百分率(%),四舍五入,取整数;

EEU_n ——内插计算的规定等压面层(第 n 层)相对湿度,单位为百分率(%);

EU_n ——规定等压面层(第 n 层)相对湿度,单位为百分率(%);

EU_i ——相邻特性层(第 i 层)的相对湿度,单位为百分率(%);

P_n ——规定等压面层(第 n 层)的气压,单位为百帕(hPa);

P_i ——相邻特性层(第 i 层)的气压,单位为百帕(hPa);

P_{i+1} ——相邻特性层(第 $i+1$ 层)的气压,单位为百帕(hPa);

EU_{i+1} ——相邻特性层(第 $i+1$ 层)的相对湿度,单位为百分率(%)。

相对湿度(EU_n、EU_i、EU_{i+1})U 计算公式:

$$U = (E/E_{td})\times 100 \qquad \cdots\cdots\cdots\cdots(B.17)$$

式中:

U ——相对湿度,单位为百分率(%);

E ——空气中的水汽压，单位为百帕(hPa)；

E_{td} ——空气温度(或干球温度)所对应的水面饱和水汽压，单位为百帕(hPa)。

水汽压、饱和水汽压的计算见式(B.6)～式(B.9)。

表 B.4 温度差值阈值(ΔT_{max})

ΔT_{max}取值	取值条件
1.0℃	P_n≥300 hPa 并且 P_n≥第一对流层顶气压
2.0℃	P_n< 300 hPa 或者 P_n<第一对流层顶气压
注：此表取自 WMO. Manual on Code. WMO－No. 306，1995。	

B.6 规定等压面层与特性层风向、风速差值计算公式和判别

风速合成值与探测值的差值绝对值计算公式：

$$\Delta F_n = |FF_n - F_n| \qquad \cdots\cdots\cdots\cdots(B.18)$$

规定等压面层风速合成值 FF_n 由下式算出：

$$FF_n = (UU_n^2 + VV_n^2)^{1/2} \qquad \cdots\cdots\cdots\cdots(B.19)$$

规定等压面层风的纬向分量 UU_n、经向分量 VV_n 分别由下式算出：

$$UU_n = U_i + [\ln(P_n/P_i)/\ln(P_{i+1}/P_i)] \times (U_{i+1} - U_i) \qquad \cdots\cdots\cdots\cdots(B.20)$$

$$VV_n = V_i + [\ln(P_n/P_i)/\ln(P_{i+1}/P_i)] \times (V_{i+1} - V_i) \qquad \cdots\cdots\cdots\cdots(B.21)$$

特性层风的纬向分量 U_i、U_{i+1} 分别由下式算出：

$$U_i = F_i \times \sin(\pi/180 \times \alpha_i) \qquad \cdots\cdots\cdots\cdots(B.22)$$

$$U_{i+1} = F_{i+1} \times \sin(\pi/180 \times \alpha_{i+1}) \qquad \cdots\cdots\cdots\cdots(B.23)$$

特性层风的经向分量 V_i、V_{i+1} 分别由下式算出：

$$V_i = F_i \times \cos(\pi/180 \times \alpha_i) \qquad \cdots\cdots\cdots\cdots(B.24)$$

$$V_{i+1} = F_{i+1} \times \cos(\pi/180 \times \alpha_{i+1}) \qquad \cdots\cdots\cdots\cdots(B.25)$$

式(B.18)～式(B.25)中：

ΔF_n ——规定等压面层(第 n 层)风速合成值与探测值的差值绝对值，单位为米每秒(m/s)；

FF_n ——规定等压面层(第 n 层)风速合成值，单位为米每秒(m/s)；

UU_n ——规定等压面层(第 n 层)风的纬向分量，单位为米每秒(m/s)；

U_i ——特性层(第 i 层)风的纬向分量，单位为米每秒(m/s)；

P_n ——规定等压面层(第 n 层)气压，单位为百帕(hPa)；

P_i ——特性层(第 i 层)气压，单位为百帕(hPa)；

P_{i+1} ——特性层(第 $i+1$ 层)气压，单位为百帕(hPa)；

U_{i+1} ——特性层(第 $i+1$ 层)风的纬向分量，单位为米每秒(m/s)；

VV_n ——规定等压面层(第 n 层)风的经向分量，单位为米每秒(m/s)；

V_i ——特性层(第 i 层)风的经向分量，单位为米每秒(m/s)；

V_{i+1} ——特性层(第 $i+1$ 层)风的经向分量，单位为米每秒(m/s)；

F_i ——特性层(第 i 层)风速，单位为米每秒(m/s)；

α_i ——特性层(第 i 层)风向，单位为度(°)；

F_{i+1} ——特性层(第 $i+1$ 层)风速，单位为米每秒(m/s)；

α_{i+1} ——特性层(第 $i+1$ 层)风向，单位为度(°)；

π ——圆周率，取值 3.14159265。

风向合成值计算公式：

$$\omega = (\arctan|UU_n/VV_n|) \times 180/\pi \qquad \cdots\cdots\cdots\cdots (B.26)$$

风向合成值与探测值的差值绝对值计算公式：

$$\Delta D_n = |DD_n - D_n| \qquad \cdots\cdots\cdots\cdots (B.27)$$

若 $\Delta D_n > 180°$，则取 $\Delta D_n = 360° - \Delta D_n$。

式(B.26)～式(B.27)中：

ω ——风向，单位为度(°)；

UU_n ——规定等压面层(第 n 层)风的纬向分量，单位为米每秒(m/s)；

VV_n ——规定等压面层(第 n 层)风的经向分量，单位为米每秒(m/s)；

ΔD_n ——规定等压面层(第 n 层)风向合成值与探测值的差值绝对值，单位为度(°)；

DD_n ——规定等压面层(第 n 层)风向合成值(见表 B.5)，单位为度(°)；

D_n ——规定等压面层(第 n 层)风向探测值，单位为度(°)；

π ——圆周率，取值 3.14159265。

表 B.5 风向(DD_n)取值表

DD_n 取值	取值条件
0°	$VV_n=0$ 并且 $UU_n=0$
90°	$VV_n=0$ 并且 $UU_n>0$
270°	$VV_n=0$ 并且 $UU_n<0$
ω	$VV_n>0$ 并且 $UU_n>0$
$180°-\omega$	$VV_n<0$ 并且 $UU_n\geqslant 0$
$180°+\omega$	$VV_n<0$ 并且 $UU_n<0$
$360°-\omega$	$VV_n>0$ 并且 $UU_n\leqslant 0$

风切变的判定方法：

如果 $\Delta D>10°$，相关规定等压面层和特性层的风向可疑。

如果 $\Delta F>5$ m/s，相关规定等压面层和特性层的风速可疑。

参 考 文 献

[1] QX/T 66—2007 地面气象观测规范 第22部分:观测记录质量控制

[2] QX/T 93—2008 气象数据归档格式 地面气象辐射

[3] QX/T 118—2010 地面气象观测资料质量控制

[4] 中国气象局监测网络司.常规高空气象探测规范(试行),2003

[5] 中国气象局监测网络司.高空气象探测手册("59-701"微机数据处理系统部分).北京:气象出版社,2001

[6] 中国气象局监测网络司.L波段(1型)高空气象探测系统业务操作手册.北京:气象出版社,2005

[7] WMO. Manual on Code. WMO—No.306,1995

ICS 07.060
A 47

中华人民共和国气象行业标准

QX/T 124—2011

大气成分观测资料分类与编码

Data classifying and coding for atmospheric composition observation

2011-04-07 发布　　2011-09-01 实施

中 国 气 象 局　发 布

前　言

本标准按照 GB/T 1.1—2009 给出的规则起草。

本标准由全国气象基本信息标准化技术委员会(SAC/TC 346)提出并归口。

本标准起草单位:中国气象科学研究院。

本标准主要起草人:张晓春、周凌晞、孙俊英、徐晓斌、张小曳、靳军莉、赵鹏。

引　言

为了做好大气成分观测资料分类与编码工作，在 QX/T 102—2009《气象资料分类与编码》基础上，参照国内外相关技术材料，对温室气体、气溶胶、反应性气体、臭氧等主要大气成分观测资料的分类与编码进行了深入、细化和扩展，以适应大气成分观测资料的存储、质量控制、加工处理、交换、存档和服务等要求，提高大气成分观测资料科学管理、储存交换的效率。

大气成分观测资料分类与编码

1 范围

本标准规定了温室气体、气溶胶、反应性气体、臭氧等主要大气成分观测资料的分类与编码规则。

本标准适用于温室气体、气溶胶、反应性气体、臭氧等主要大气成分地基观测资料及相关信息的采集、传输、加工、存储、归档及应用服务等。

2 规范性引用文件

下列文件对于本文件的应用是必不可少的。凡是注明日期的引用文件，仅注日期的版本适用于本文件。凡是不注日期的引用文件，其最新版本(包括所有的修改单)适用于本文件。

QX/T 102—2009 气象资料分类与编码

3 术语和定义

下列术语和定义适用于本文件。

3.1

温室气体 greenhouse gas;GHG

大气中能够吸收红外辐射的气体成分，主要包括水汽(H_2O)、二氧化碳(CO_2)、甲烷(CH_4)、氧化亚氮(N_2O)、六氟化硫(SF_6)、氢氟碳化物(HFCs)、全氟化碳(PFCs)和臭氧(O_3)等。

3.2

大气气溶胶 atmospheric aerosol

液体或固体微粒分散在大气中形成的相对稳定的悬浮体系。

注：大气中悬浮的固体和液体粒子。

3.3

反应性气体 reactive gas

大气中化学反应活性较强、能发生较快的大气化学反应并转化为其他大气成分的气体。

3.4

干沉降 dry deposition

悬浮于大气中的各种粒子通过重力作用以其自身末速度沉降，或与植被、地面土壤、建筑物表面等相碰撞而被捕获的过程。

3.5

湿沉降 wet deposition

悬浮于大气中的各种粒子在降水过程中被冲刷消除的过程。

3.6

同位素 isotope

原子核中质子数相同而中子数不同的原子。

3.7

稳定同位素 stable isotope

不具有放射性的同位素。

3.8

放射性同位素　radioactive isotope

具有放射特性的同位素。

3.9

挥发性有机物　volatile organic compounds;VOCs

在25℃时,饱和蒸汽压高于0.27 kPa的由碳和氢等原子组成的烷烃类、烯烃类、炔烃类、二烯烃类等化合物,但不包括甲烷、二氧化碳、一氧化碳、碳酸、碳酸盐和金属碳化物。

3.10

持久性有机污染物　persistent organic pollutant

对生物代谢、光解、化学分解等具有很强的抵抗能力的天然或人工合成的有机污染物。

3.11

重金属　heavy metal

密度大于5 g/cm^3 的金属。

注:汞、镉、铅、铜、锌、砷、铬、镍等。

4　分类与编码

4.1　总则

根据QX/T 102—2009,5.1大类和代码,大气成分资料代码为大写英文字母CAWN。

按照大气成分资料的区域属性、时间属性、内容属性和要素属性进行分类。

4.2　区域属性

见QX/T 102—2009,5.2.1区域属性分类和代码。

4.3　时间属性

见QX/T 102—2009,5.2.2时间属性分类和代码。

4.4　内容属性

根据大气成分观测资料种类进行划分,分类与编码见表1。

表1　内容属性分类与编码

序号	内容	标识符	说明
01	温室气体资料	GHG	包括 CO_2、CH_4、N_2O、SF_6、卤代烃类等
02	气溶胶资料	AER	包括TSP、PM_{10}、$PM_{2.5}$、$PM_{1.0}$等质量浓度、粒度谱、吸收特性、散射特性、消光特性、凝结核、云凝结核、光学厚度、化学成分等
03	反应性气体资料	REG	包括地面 O_3、SO_2、CO、NO、NO_2、NO_x、NO_y、氨、甲醛、光解速率等
04	大气臭氧总量资料	OZO	包括臭氧柱总量及廓线、臭氧探空等
05	干湿沉降资料	DEP	包括干沉降、湿沉降、沉降物化学成分等

表 1 内容属性分类与编码(续)

序号	内容	标识符	说明
06	同位素资料	ISP	包括稳定和放射性同位素如氡、氪、铅、铍、C-14等
07	挥发性有机物资料	VOC	包括各类挥发性有机物
08	持久性有机污染物资料	POP	包括多环芳烃、苯并芘、多氯联苯、六氯代苯、氯丹、六氯环已烷、六氯化苯等
09	重金属资料	MTL	包括汞、镉、铅、铜、锌、砷、铬、镍等
注:标识符为大写英文字母。			

4.5 要素属性分类与编码

根据大气成分观测资料要素进行划分,分类与编码见表 2。

表 2 要素属性分类与编码

序号	内容名称	标识符	说明	备注
001	多要素	MUL	资料中包含三种及三种以上的要素	
002	双要素		资料中包含两种观测要素,将两种观测要素的标识符合并为一个标识符	
003	水汽	H2O		英文字母 O
004	二氧化碳	CO2		英文字母 O
005	甲烷	CH4		
006	一氧化二氮(氧化亚氮)	N2O		英文字母 O
007	四氯化碳	CCL4		
008	甲基氯仿	CH3CCL3		
009	氯化甲烷	CH3CL		
010	二氯甲烷	CH3CL2		
011	全氟甲烷	CF4		
012	氯仿	CHCL3		
013	氢氟碳化物	HFCS		
014	全氟化碳	PFCS		
015	三氯乙烷	TCA		
016	氯氟碳化合物	CFC		
017	氯氟烃(CFC-11)	CFC11		
018	氯氟烃(CFC-12)	CFC12		

表 2　要素属性分类与编码(续)

序号	内容名称	标识符	说明	备注
019	氯氟烃(CFC-113)	CFC113		
020	氯氟烃(CFC-114)	CFC114		
021	氯氟烃(CFC-115)	CFC115		
022	六氟化硫	SF6		
023	氧氮比	O2N2		英文字母 O
024	氢气	H2		
025	氧气	O2		英文字母 O
026	稳定同位素(δD)	D2H		
027	稳定同位素(δ12C)	C12		
028	稳定同位素(δ13C)	C13		
029	放射性同位素(Δ14C)	C14		
030	稳定同位素(δ18O)	O18		英文字母 O
031	二氧化硫	SO2		英文字母 O
032	三氧化硫	SO3		英文字母 O
033	近地面臭氧	O3		英文字母 O
034	一氧化碳	CO		英文字母 O
035	一氧化氮	NO		英文字母 O
036	二氧化氮	NO2		英文字母 O
037	三氧化氮	NO3		英文字母 O
038	三氧化二氮	N2O3		英文字母 O
039	四氧化二氮	N2O4		英文字母 O
040	五氧化二氮	N2O5		英文字母 O
041	氮氧化物	NOX		英文字母 O
042	总氮氧化物	NOY		英文字母 O
043	氨	NH3		
044	甲醛	HCHO		英文字母 O
045	非甲烷烃	NMHC		
046	氧硫化碳	COS		英文字母 O
047	二硫化碳	CS2		
048	硫化氢	H2S		
049	硫酸	H2SO4		英文字母 O
050	硝酸	HNO3		英文字母 O
051	亚硝酸	HNO2		英文字母 O
052	二甲基硫	DMS		

表 2 要素属性分类与编码(续)

序号	内容名称	标识符	说明	备注
053	过氧化氢	H2O2		英文字母 O
054	氢氧自由基	OH		英文字母 O
055	哈龙	HALON		英文字母 O
056	哈龙 1211	HL1211		
057	哈龙 1301	HL1301		数字 0
058	哈龙 2402	HL2402		数字 0
059	总悬浮颗粒物	TSP		
060	PM_{10}质量浓度	PM10		数字 0
061	$PM_{2.5}$质量浓度	PM25		
062	$PM_{1.0}$质量浓度	PM1		
063	气溶胶数浓度谱	NSD		
064	PM_{10}/$PM_{2.5}$/$PM_{1.0}$质量浓度	PMMUL		
065	气溶胶粒径分级	PSD		
066	气溶胶质量浓度分级	MSD		
067	吸收特性	AAP		
068	散射特性	ASP		
069	凝结核数浓度	CN		
070	云凝结核	CCN		
071	气溶胶光学厚度	AOD		英文字母 O
072	云光学厚度	COD		英文字母 O
073	大气浑浊度	ATB		
074	元素成分	ECM		
075	元素碳	EC		
076	有机碳	OC		英文字母 O
077	臭氧柱总量	TOZ		英文字母 O
078	Umkher 臭氧廓线	UMK		
079	臭氧探空	VOZ		英文字母 O
080	太阳分光光谱观测	SPC		
081	干沉降	DDS		
082	湿沉降	WDS		
083	pH 值	PHV		
084	电导率	CDT		
085	酸雨	AR		
086	化学成分	CHE		

表 2 要素属性分类与编码(续)

序号	内容名称	标识符	说明	备注
087	甲酸	FA		
088	乙酸	HAC		
089	硫酸根	SO4		英文字母 O
090	硝酸根	NO3		英文字母 O
091	氯离子	CL		
092	氟离子	F		
093	钙离子	CA		
094	镁离子	MG		
095	钠离子	NA		
096	钾离子	K		
097	铵离子	NH4		
098	氡	RN222		
099	氪	KR85		
100	铅-210	PB210		数字 0
101	铍-7	BE7		
102	过氧乙酰硝酸酯	PAN		
103	多环芳烃	PAH		
104	苯并芘	BAP		
105	多氯联苯	PCBS		
106	多氯代二苯并二噁英	PCDDS		
107	多氯代二苯并呋喃	PCDFS		
108	多溴代二苯并二噁英	PBDDS		
109	多溴代二苯并呋喃	PBDFS		
110	六氯代苯	HCB		
111	氯丹	CLD		
112	六氯环已烷	HCH		
113	六氯化苯	RHCH		
114	甲基氯	CH3CL		
115	甲基溴	CH3B		
116	二溴甲烷	CH2B2		
117	甲基碘	CH3I		英文字母 I
118	氟化氢	HF		
119	氟化硅	SIF4		英文字母 I
120	氟硅酸	H2SIF6		英文字母 I

表 2　要素属性分类与编码(续)

序号	内容名称	标识符	说明	备注
121	氟气	F2		
122	氯气	CL2		
123	溴气	BR2		
124	铬	CR24		
125	锰	MN25		
126	铁	FE26		
127	钴	CO27		英文字母 O
128	镍	NI28		英文字母 I
129	铜	CU29		
130	锌	ZN30		数字 0
131	砷	AS33		
132	硒	SE34		
133	钼	MO42		英文字母 O
134	银	AG47		
135	镉	CD48		
136	金	AU79		
137	汞	Hg80		数字 0
138	铊	TL81		

参 考 文 献

[1] GB/T 19117—2003 酸雨观测规范
[2] GB/T 20479—2006 沙尘暴天气监测规范

ICS 07.060
A 47

中华人民共和国气象行业标准

QX/T 125—2011

温室气体本底观测术语

Terminology for background greenhouse gases observation

2011-04-07 发布　　2011-09-01 实施

中 国 气 象 局　发 布

前　言

本标准按照 GB/T 1.1—2009 给出的规则起草。

本标准由全国气象防灾减灾标准化技术委员会(SAC/TC 345)提出并归口。

本标准起草单位:中国气象科学研究院。

本标准主要起草人:周凌晞、姚波、刘立新、张芳、温民、张晓春。

引　言

全面掌握我国温室气体的浓度变化和排放吸收状况，可为我国应对气候变化的内政、外交决策提供科学支撑。规范并统一温室气体本底观测术语，对于开展长期、定点、准确、具有地域代表性和国际可比性的大气温室气体的观测至关重要。

温室气体本底观测术语

1 范围

本标准规定了温室气体本底观测的术语。

本标准适用于气象、环境等行业进行温室气体本底观测。

2 规范性引用文件

下列文件对于本文件的应用是必不可少的。凡是注明日期的引用文件，仅注日期的版本适用于本文件。凡是不注日期的引用文件，其最新版本（包括所有的修改单）适用于本文件。

JJF 1001—1998 通用计量术语及定义

3 基本术语

3.1

温室气体 greenhouse gas；GHG

大气中能够吸收红外辐射的气体成分，主要包括水汽（H_2O）、二氧化碳（CO_2）、甲烷（CH_4）、氧化亚氮（N_2O）、六氟化硫（SF_6）、氢氟碳化物（HFCs）、全氟化碳（PFCs）和臭氧（O_3）等。

3.2

温室效应 greenhouse effect

温室气体等大气成分造成的增温效应。

3.3

本底大气 background atmosphere

远离局地排放源、不受局地环境直接影响、基本混合均匀的大气。

3.4

大气本底站 atmosphere watch station

开展大气成分本底长期、定点、联网观测的站点。

3.5

全球大气观测网 global atmosphere watch；GAW

经世界气象组织（WMO）执行委员会批准而建立的全球大气观测系统。通过可靠而系统的观测，获取大气化学组分变化及相关物理特性的信息，以便进一步了解这些变化对环境和气候的影响以及对其进行调控的要求，使那些不良的环境趋势（如全球变暖、臭氧耗减、酸雨等）能得到减缓或制止。

3.6

GAW 全球本底站 GAW global station

世界气象组织/全球大气观测网（WMO/GAW）认定的侧重于监测全球尺度大气成分变化的大气本底站。

3.7

GAW 区域本底站 GAW regional station

世界气象组织/全球大气观测网（WMO/GAW）认定的侧重于监测区域尺度大气成分变化的大气本

底站。

3.8

GAW 自愿参与站　GAW contributing station

尚未正式列入世界气象组织/全球大气观测网(WMO/GAW),自愿报送大气成分相关数据的观测站。

4　温室气体术语

4.1

水汽　water vapor

分子式为 H_2O,气态的水分子或分子团,是地球大气中最主要的温室气体,主要来源于地球表面蒸发和植物蒸腾。

4.2

二氧化碳　carbon dioxide

分子式为 CO_2,化学性质非常稳定,在大气中的滞留时间(寿命)可达几十年或上百年,是影响地球辐射平衡的主要温室气体。人为来源主要是化石燃料和生物质的燃烧、土地利用变化以及工业过程排放,主要汇是陆地和海洋吸收。

4.3

甲烷　methane

分子式为 CH_4,属于碳氢化合物,化学性质较稳定,在大气中的滞留时间约 12 年。以 100 年计,其单个分子对温室效应的贡献约为二氧化碳的 25 倍。主要来源是湿地、农业生产(主要是稻田排放)、反刍动物饲养、白蚁、海洋与天然气开采和使用等,主要汇是大气光化学过程。

4.4

氧化亚氮　nitrous oxide

分子式为 N_2O,俗称"笑气",在大气中的滞留时间约 114 年。以 100 年计,其单个分子对温室效应的贡献约为二氧化碳的 298 倍。主要自然来源是海洋和土壤的生物过程,人为来源是农业(含氮化肥使用)、生物质燃烧、工业过程和反刍动物饲养。

4.5

六氟化硫　sulfur hexafluoride

分子式为 SF_6,在大气中的滞留时间约 3200 年。以 100 年计,其单个分子对温室效应的贡献约为二氧化碳的 22800 倍。主要来源于变压器生产与使用过程中绝缘介质的泄漏、有色金属冶炼等过程释放等。

4.6

卤代温室气体　halogenated greenhouse gases

含卤素原子(氟、氯、溴等)的温室气体的总称,主要包括氯氟碳化物(CFCs)、氢氟碳化物(HFCs)、氢氯氟碳化物(HCFCs)、全氟化碳(PFCs)和溴代烃(Halons)等,几乎全部由人类活动产生,主要来源于制冷剂和溶剂等的使用。

4.7

氯氟碳化物　chlorofluorocarbons;CFCs

氟利昂

含氯和氟原子,但不含氢原子的卤代烃类。由人类活动产生,来源于冷冻剂、喷雾剂、溶剂、泡沫发生剂等的生产过程中的泄漏、扩散或使用过程中的挥发。在大气中的滞留时间可达几十至上千年,在对流层表现为惰性,被输送到平流层后可加速臭氧的破坏。

4.8

氢氯氟碳化物　hydrochlorofluorocarbons;HCFCs

含氢、氟、氯原子的卤代烃。来源于泡沫发生剂等的工作生产过程中泄漏、扩散或使用过程中挥发，工业上生产该物质用作氯氟碳化物的过渡替代品，是《蒙特利尔议定书》规定的需要减排的物种。

4.9

氢氟碳化物　hydrofluorocarbons;HFCs

仅含氢、氟和碳原子的卤代烃。工业上生产该物质用作氯氟碳化物的替代品。

4.10

全氟化碳　perfluorocarbons;PFCs

仅含氟、碳原子的卤代烃，是铝熔融和铀浓缩的副产品，在半导体生产中替代氯氟碳化物。

4.11

哈龙　halons

含溴原子的卤代烃。主要来源于灭火剂生产过程中泄漏和使用过程中挥发。

4.12

臭氧　ozone

分子式为 O_3，是一种具有刺激性特殊气味的不稳定气体，在空气中和水中会分解为氧气，是光化学烟雾中有害气体组成之一。具有强氧化作用。对流层臭氧具有温室效应，主要来源于对流层光化学反应。

4.13

一氧化碳　carbon monoxide

分子式为CO，无色无味有毒，具有间接温室效应，在大气中的滞留时间只有数月。自然来源主要是大气甲烷和挥发性有机物氧化，人为来源主要是化石燃料和生物质不完全燃烧。

4.14

分子氢　molecule hydrogen

分子式为 H_2，无色无味，具有间接温室效应，在大气中的滞留时间约1.4年。主要人为来源是石油加工、冶炼及氢燃料生产和使用过程中的泄漏。

5　观测方法术语

5.1

瓶采样　flask sampling

以硬质玻璃瓶为容器，采集特定时间段的大气样品，并在一定储运和保存时间内，能保持样品中温室气体成分和浓度不变的采样技术。

5.2

罐采样　canister sampling

以内壁经过惰性化处理的不锈钢罐为容器，采集特定时间段的大气样品，并在一定储运和保存时间内，能保持样品中目标物种成分和浓度不变的采样技术。

5.3

现场观测　in situ measurement

在目标地点对目标物进行的直接测量。

5.4

大气遥感　atmospheric remote sensing

通过电、光、声等信号在大气中传播特性变化来反演大气的化学组成、物理状态及其时空分布等的探测方法。

6 观测仪器系统

6.1

非色散红外光谱观测系统 non-dispersive infrared spectroscopy observation system;NDIR

利用某些气体对红外辐射的选择性吸收特性测定温室气体浓度的系统。由非色散红外气体分析仪、进气装置、选择阀、冷阱、标气序列、数据采集(控制)和处理设备所组成。标气序列包括目标气、零气、工作标气等。常用于二氧化碳浓度观测。

6.2

气相色谱-氢火焰离子化检测器观测系统 gas chromatography-flame ionization detector observation system;GC-FID

气体样品组分经过气相色谱柱分离,用氢火焰离子化检测器检测的观测系统。包括安装有氢火焰离子化检测器的气相色谱仪、进气系统、选择阀、冷阱以及标气序列、载气、燃气、助燃气等。常用于甲烷等的浓度观测,安装镍转化炉后还能用于二氧化碳、一氧化碳等浓度的观测。

6.3

气相色谱-电子捕获检测器观测系统 gas chromatography-electron capture detector observation system;GC-ECD

气体样品组分经过气相色谱柱分离,用电子捕获检测器检测的观测系统。包括安装有电子捕获检测器的气相色谱仪、进气系统、选择阀以及标气序列、载气。常用于氧化亚氮、六氟化硫、氯氟碳化物(CFCs)、氢氯氟碳化物(HCFCs)、哈龙(Halons)等温室气体的浓度观测。

6.4

还原性气体观测系统 reduction gas observation system;RGA

还原性气体组分与热氧化汞发生反应生成汞蒸汽。利用汞蒸汽吸收紫外光的特征对还原性气体浓度进行观测的系统。包括还原气体分析仪、进气系统、选择阀以及标气序列。常用于一氧化碳、分子氢等的浓度观测。

6.5

气相色谱-质谱联用分析系统 gas chromatography-mass spectrometer system;GC-MS

气体样品组分经过气相色谱柱分离,用质谱检测器检测的观测系统。包括气相色谱仪、质谱检测器、联用装置、进气系统、选择阀以及标气序列。常用于氯氟碳化物(CFCs)、氢氯氟碳化物(HCFCs)、氢氟碳化物(HFCs)和全氟化碳(PFCs)、溴代烃(Halons)等温室气体的浓度分析。

6.6

气体稳定同位素比质谱分析系统 gas stable isotopic ratio mass spectrometer system;IRMS

气体样品经离子化后,按质荷比在磁场中进行分离和检测的观测系统。包括气体稳定同位素比质谱仪、进气系统、选择阀以及标气序列。常用于本底大气中碳、氧、氢等稳定同位素比率的分析。

6.7

傅里叶变换红外光谱观测系统 Fourier transform infrared spectroscopy system;FTIR

利用某些气体对红外辐射的选择性吸收特性并对光强和光程差的周期变化经快速傅里叶变换测定温室气体浓度的系统。包括迈克尔逊(Michelson)干涉仪、进气系统、选择阀以及标气序列。常用于二氧化碳、甲烷、氧化亚氮等温室气体的浓度以及碳、氧、氢等稳定同位素比率的观测。

6.8

波长扫描光腔衰荡光谱观测系统 wavelength scan cavity ring down spectroscopy system;WS-CRDS

利用单波长激光分别在充满样品和真空的光腔中多次反射衰荡的时间差测定温室气体浓度的系

统。常用于本底大气中二氧化碳、甲烷、氧化亚氮等温室气体的浓度以及碳、氢等稳定同位素比率的分析。

7 系统配套设施

7.1

标气配制系统 standard gas preparation system

制备温室气体本底观测所需混合标气系列的装置，由压缩机、水汽分离器、干燥管、配气管、吸附管及所需测试组分的高浓度气体及气体稀释装置等组成。常用于配制以干洁空气为底气的目标气、参比气和工作气等标气。

7.2

铝合金气瓶 aluminum alloy cylinder

内表面经抛光等特殊处理的铝合金容器，用于储存标气。与碳钢等材质的气瓶相比，能提高二氧化碳、甲烷等温室气体的储存稳定性，减缓其浓度漂移，耐压不低于 17 MPa。

7.3

采样瓶 sampling flask

材质为耐热玻璃，经超声清洗和高温灼烧等预处理的玻璃瓶。有较好的化学稳定性及气密性。

7.4

采样罐 sampling canister

内壁经惰性处理的专用于采集空气样品的不锈钢容器，有较好的化学稳定性及气密性。

8 数据单位

8.1

混合比 mixing ratio

某一组分占总量的比例，可用摩尔混合比、体积混合比和质量混合比表示。

8.2

质量体积浓度 concentration

单位体积内某一组分的质量。

注：常用单位为微克每立方米（$\mu g/m^3$），标准计量单位为千克每立方米（kg/m^3）（$1\ kg/m^3 = 10^9\ \mu g/m^3$）。

9 温室气体本底观测质量控制指标

9.1

测量准确度 accuracy of measurement

测量结果与被测量真值之间的一致程度。

[JJF 1001—1998，定义 5.5]

9.2

精密度 precision

相同条件下多次测量结果之间的接近程度。

9.3

复现性 reproducibility

在改变了的测量条件下，同一被测量的测量结果之间的一致性。

[JJF 1001—1998,定义 5.7]

9.4

重复性 repeatability

在相同测量条件下,对同一被测量进行连续多次测量所得结果之间的一致性。

[JJF 1001—1998,定义 5.6]

9.5

灵敏度 sensitivity

测量仪器响应的变化除以对应的激励变化。

[JJF 1001—1998,定义 7.10]

9.6

检测限 detection limit

在给定置信区间内,特定实验条件下,分析方法能够检测出的目标物种最低值。

9.7

线性范围 linear range

在给定置信区间内,特定实验条件下,检测信号呈线性响应的范围。

10 标气

10.1

校准 calibration

在规定条件下,为确定测量仪器或测量系统所指示的量值,或实物量具或参考物质所代表的量值,与对应的由标准所复现的量值之间关系的一组操作。

[JJF 1001—1998,定义 8.11]

10.2

标气 standard gas

以干洁空气为底气、目标物种浓度已知的混合气体。标气序列的浓度跨度覆盖本底大气浓度变化范围。

10.3

标气漂移 drift in standard gas

气瓶内壁吸附、瓶内压力变化等导致标气中目标物种浓度发生变化的现象。

10.4

世界气象组织一级标气 WMO primary standard

由世界气象组织认定的中心标校实验室制备和保存的标气。

10.5

世界气象组织二级标气 WMO secondary standard

世界气象组织一级标气直接衍生的、由每个国家的中心标校实验室保存的标气。

注:一般为 3 组,必须涵盖今后 30 年～40 年内目标气体可能达到的浓度。每组每 2 年送到世界气象组织中心标校实验室重新标定,一般维持 30 年～40 年。

10.6

实验室标气 laboratory standard

世界气象组织二级标气直接衍生的、由某个机构或者实验室保存的标气。一般维持 20 年～30 年。每 2 年用上一级标气重新标定。

10.7

传递标气　transfer standard

实验室标气直接衍生的、用于传递标校的标气，用来标定台站工作标气。传递前后各标定一次。

10.8

工作标气　working standard

实验室标气直接衍生的、供某套特定观测系统日常使用的标气，用于样品中目标物种的定量。根据仪器消耗标气的量和使用频率而有所不同。使用前后用上一级标气各标定一次。

10.9

目标气　target gas

工作标气的一种，将浓度(接近目标物质的大气浓度)已知的标气作为待测气体，每隔一定周期重复测定，用以监视分析系统的运行情况。

索　引

中文索引

英文索引

ICS 07.060
A 47

中华人民共和国气象行业标准

QX/T 126—2011

空盒气压表(计)示值检定箱测试方法

Test method of calibration device for aneroid barometer(barograph)

2011-04-07 发布　　2011-09-01 实施

中 国 气 象 局　发布

前　　言

本标准按照 GB/T 1.1—2009 给出的规则起草。

本标准由全国气象仪器和观测方法标准化技术委员会(SAC/TC 507)提出并归口。

本标准起草单位:黑龙江省气象局。

本标准主要起草人:张纯钧、张维、赵旭、姚爱国、周彦林、陈征、徐嘉、王海。

空盒气压表(计)示值检定箱测试方法

1 范围

本标准规定了空盒气压表(计)示值检定箱(简称气压检定箱)技术性能的测试方法、测试规则等内容。

本标准适用于气压检定箱性能测试。

2 术语和定义

下列术语和定义适用于本文件。

2.1

漏气率 leak rate

等温等容条件下,密封容器内气压随时间的变化率。

注:单位为百帕每分钟(hPa/min)。

2.2

压力波动度 fluctuation range of pressure

压力稳定后,气压检定箱内压力的最大值与最小值之差的正负二分之一。

注:单位为百帕(hPa)。

2.3

压力控制偏差 deviation of pressure control

气压检定箱内压力实测平均值与设定值之差的绝对值。

注:单位为百帕(hPa)。

3 测试仪器、测试环境

3.1 测试仪器

3.1.1 气压测量仪器

测量范围为500 hPa~1100 hPa,最大允许误差为±0.3 hPa,分辨力为0.01 hPa。

3.1.2 温度计

测量范围为10℃~30℃,最大允许误差为±0.1℃,分辨力为0.02℃。

3.1.3 计时器或秒表

3.2 环境条件

3.2.1 温度应在15℃~30℃。在进行漏气率测试时,10分钟内室内环境温度波动应在±0.1℃以内。

3.2.2 相对湿度应小于80%。

3.2.3 在进行漏气率测试过程中,应尽量减少人员、机械、照明、阳光照射等其他可能使箱内气体温度产生变化和波动的因素。

4 漏气率测试

4.1 测试方法

4.1.1 测试点

压力测试点为 1050 hPa 和 800 hPa(高原地区为 550 hPa),各点控制在与测试点相差±5 hPa 以内。

4.1.2 测试步骤

将气压检定箱内的压力调整至选定的测试点,稳定 10 分钟后,停止压力控制,读取初始压力值和温度值,10 分钟后再次读取压力值和温度值,测试期间温度变化不应超过 0.1℃。

在测试过程中,在高于环境气压测点测试时压力逐渐增大时,或在低于环境气压测点测试时压力逐渐减小时,应查明原因并消除后再重新进行测试。

一个压力点测试结束后,再按上述方法进行另一个压力点的测试。

4.2 数据处理

4.2.1 根据式(1)计算出气压检定箱内某压力测试点 10 分钟内的气压变化量 ΔP_1:

$$\Delta P_1 = P - P_0 \qquad \cdots\cdots(1)$$

式中:

P ——第 10 分钟时的压力测值,单位为百帕(hPa);

P_0——初始压力测值,单位为百帕(hPa)。

$|\Delta P_1|/10$ 即为气压检定箱该压力测试点 10 分钟内的漏气率。

4.2.2 以两个测试点测得的漏气率值较大的作为该气压检定箱的漏气率。

5 压力场波动度测试

5.1 测试方法

5.1.1 测试点

按 4.1.1 的规定,并增加当地常压点的测试。

5.1.2 测试步骤

将气压检定箱内的压力,调整至选定的测试点后,使用自动控制稳压系统对箱内压力实行动态稳定,待压力稳定后读取压力值,并记录时间,然后每隔 10 秒读取一次检定箱内压力值,直到读取第 10 分钟测值后停止。

一个压力点测试结束后,再按上述方法进行另一个压力点的测试。

5.2 数据处理

5.2.1 根据式(2)计算出气压检定箱内某压力测试点 10 分钟内的波动度 ΔP_b:

$$\Delta P_b = \pm \frac{1}{2}(P_{i\max} - P_{i\min}) \qquad \cdots\cdots(2)$$

式中：

P_{imax}——10 分钟内测得的压力最大值，单位为百帕(hPa)；

P_{imin}——10 分钟内测得的压力最小值，单位为百帕(hPa)。

5.2.2 以三个测试点测得的波动度最大值作为该气压检定箱的压力波动度。

6 压力控制偏差测试

6.1 测试方法

6.1.1 气压测试点应符合 5.1.1 的规定。

6.1.2 测试步骤按 5.1.2 的规定进行。

6.2 数据处理

6.2.1 根据式(3)计算出气压检定箱在某压力测试点的压力控制偏差 ΔP_c：

$$\Delta P_c = |P_p - P_s| \qquad \cdots\cdots(3)$$

式中：

P_p——气压检定箱在 10 分钟内的压力实测平均值，单位为百帕(hPa)；

P_s——箱内压力设定值，单位为百帕(hPa)。

6.2.2 以三个压力测试点测得的压力控制偏差最大值作为该气压检定箱的压力控制偏差。

7 测试规则及报告

7.1 采用自动控制的气压检定箱应进行第 4 章至第 6 章的全部性能测试。

7.2 测试后出具测试报告，测试报告中应包括测试所使用的主要计量器具、测试环境条件和测试结果。

ICS 07.060
A 47

中华人民共和国气象行业标准

QX/T 127—2011

气象卫星定量产品质量评价指标和评估报告要求

Requirements for quality assessment index and report on quantitative products of meteorological satellites

2011-04-07 发布　　2011-09-01 实施

中 国 气 象 局 发布

前　　言

本标准按照 GB/T 1.1—2009 给出的规则起草。

本标准由全国卫星气象和空间天气标准化技术委员会(SAC/TC 347)提出并归口。

本标准起草单位:国家卫星气象中心。

本标准主要起草人:师春香、刘瑞霞、张艳、游然。

引　言

随着我国静止和极轨气象卫星从试验应用转为业务服务，已有众多的气象卫星遥感定量产品对公众发布，在发布这些产品时，由于质量信息对用户使用产品具有重要的意义，因此需要同时发布其质量信息。然而目前还没有气象卫星定量产品质量信息的评价标准，不利于气象卫星定量产品应用的效果。本标准规定了气象卫星定量产品质量评价指标和质量评估报告形式和内容，建立了一套可行的气象卫星定量产品质量评价标准，为建立气象卫星定量产品质量检验和评价业务化体系提供基础。

气象卫星定量产品质量评价指标和评估报告要求

1 范围

本标准规定了气象卫星定量产品质量评价的定义、指标和评估报告的内容。

本标准适用于气象卫星定量产品质量评价业务、服务和科研工作。

2 术语和定义

下列术语和定义适用于本文件。

2.1

气象卫星 meteorological satellite

对大气层进行气象观测的人造极轨卫星和静止卫星。

2.2

气象卫星定量产品 quantitative products of meteorological satellite

利用搭载在气象卫星上的遥感探测仪器对地球系统观测所获取的辐射信息，通过物理或统计的方法定量地推算出来的地球物理参数。

示例：包括气象卫星反演出的大气温度和湿度廓线、地表温度、海表温度产品等。

2.3

定量产品质量评价 quality assessment of quantitative product

选用适当的同类地球物理参数，通过对气象卫星定量产品进行对比分析以及误差统计量评估，对气象卫星反演的定量产品进行评判。

2.4

定量产品质量评价指标 quality assessment index of quantitative product

用来评判气象卫星反演定量产品质量信息的定量指标。

2.5

定量产品质量评估报告 quality assessment report of quantitative product

用来描述卫星反演定量产品质量的文档。

2.6

检验源数据 data used to calibrate satellite retrieval product

用来检验被检验产品的数据。

注：检验源数据主要包括地面常规观测数据、同类卫星反演产品、数值预报分析场数据及外场同步观测数据。

2.7

时间匹配 temporal matching

建立被检验产品和检验源数据之间的时间对应关系。

2.8

匹配样本数据集 matched sample

对卫星定量产品进行质量检验和评价时，需要选择一定时间段、一定空间范围内，以某种时间和空间匹配规则将被检验产品和检验源数据进行匹配处理，形成用于评价卫星定量产品质量的一组数据。

3 评价指标

3.1 评价指标

3.1.1 偏差(Bias)

$$Bias = \frac{1}{N}\sum_{i=1}^{N}(x_i - x_{0i}) \quad \cdots\cdots(1)$$

式中：

$Bias$ ——偏差；

N ——匹配样本数量；

x_i ——被检验数据；

x_{0i} ——检验源数据。

3.1.2 绝对误差(AE)

$$AE = \frac{1}{N}\sum_{i=1}^{N}\left|(x_i - x_{0i})\right| \quad \cdots\cdots(2)$$

式中：

AE ——绝对偏差；

N ——匹配样本数量；

x_i ——被检验数据；

x_{0i} ——检验源数据。

3.1.3 相对误差(RE)

$$RE = \frac{1}{N}\sum_{i=1}^{N}\left|(\frac{x_i - x_{0i}}{x_{0i}}) \times 100\%\right| \quad \cdots\cdots(3)$$

式中：

RE ——相对偏差；

N ——匹配样本数量；

x_i ——被检验数据；

x_{0i} ——检验源数据。

3.1.4 均方根误差(RMSE)

$$RMSE = \sqrt{\frac{1}{N}\sum_{i=1}^{N}(x_i - x_{0i})^2} \quad \cdots\cdots(4)$$

式中：

$RMSE$ ——为均方根误差；

N ——匹配样本数量；

x_i ——被检验数据；

x_{0i} ——检验源数据。

3.1.5 相关系数(Corr)

$$Corr = \frac{\sum_{i=1}^{N}(x_i - \overline{X})(x_{0i} - \overline{X}_0)}{\sqrt{\sum_{i=1}^{N}(x_i - \overline{X})^2}\sqrt{\sum_{i=1}^{N}(x_{0i} - \overline{X}_0)^2}} \quad \cdots\cdots(5)$$

式中：

$Corr$ ——相关系数；

N ——匹配样本数量；

x_i ——被检验数据；

x_{0i} ——检验源数据；

$\overline{X}$ ——被检验数据样本均值；

$\overline{X}_0$ ——检验源数据样本均值。

3.2 指标的应用

对卫星定量反演产品进行质量检验和评价，可计算被检验产品与检验源数据之间如上述误差统计量作为评价指标，同时对该误差统计量进行统计显著性检验，并给出显著性检验方法和置信区间。统计检验方法参见附录A。

4 评价报告要求

4.1 评价报告内容

气象卫星定量产品质量评估报告的必需组成部分包括：

a) 被检验产品描述；

b) 检验源数据描述；

c) 评价指标(误差统计量)计算所用的样本数据描述；

d) 定量产品质量评价指标解释；

e) 产品综合质量评价描述。

4.2 被检验产品描述

在气象卫星定量产品质量评价报告中，需要描述被检验产品的下列信息：

a) 被检验产品名称；

b) 被检验产品物理含义、单位；

c) 被检验产品设计指标；

d) 被检验产品算法介绍；

e) 卫星和探测器名称；

f) 被检验产品空间覆盖范围；

g) 被检验产品时间跨度；

h) 被检验产品空间分辨率；

i) 被检验产品时间分辨率；

j) 被检验产品数据格式(可选)；

k) 被检验产品读取范例(可选)；

l）被检验产品版本（可选）；
m）被检验产品缺测说明（可选）；
n）被检验产品生产者；
o）投影方式。

4.3 检验源数据描述

常用于检验被检验产品的数据包括：地面常规观测数据、同类卫星反演产品数据、数值预报分析场数据及外场同步观测数据。

在气象卫星定量产品质量评估报告中，需要描述检验源数据的如下相关信息：

a）检验源数据名称；
b）检验源数据类型；
c）检验源数据物理意义和单位；
d）检验源数据算法介绍；
e）检验源数据空间覆盖范围；
f）检验源数据时间跨度；
g）检验源数据空间分辨率；
h）检验源数据时间分辨率；
i）检验源数据生产者；
j）检验源数据格式（可选）；
k）检验源数据读取范例（可选）；
l）检验源数据的精度和质量信息；
m）检验源数据版本（可选）；
n）检验源数据提供者。

4.4 匹配样本数据集

对匹配样本数据集应从下列几方面进行描述：

a）被检验产品和检验源数据时间匹配方法说明（含观测或计算时间差最大值信息）；
b）被检验产品和检验源数据空间匹配方法说明（含在空间距离上最大值信息）；
c）匹配样本数据时间跨度；
d）匹配样本数据空间覆盖范围；
e）匹配样本数据样本数量；
f）匹配样本数据预处理说明（去除明显不合理样本等的处理过程）。

4.5 定量产品质量评价指标

定量产品质量评价指标应包括如下内容：

a）定量产品质量评价指标计算公式；
b）评价指标（误差统计量）计算所用样本数；
c）评价指标（误差统计量）置信度检验结果描述（置信度检验方法参见附录 A）。

4.6 产品综合质量评价描述

采用定量指标数据、图、表格和文字等表达方式，对卫星定量产品质量给出综合评价。

附　录　A
(资料性附录)
统计显著性检验方法

A.1　统计检验的基本原理

统计检验是先对总体的分布规律作出某种假说，然后根据样本提供的数据，通过统计运算，根据运算结果，对假说作出肯定或否定的决策。如果要检验实验组和对照组的平均数(μ_1 和 μ_2)有没有差异，其步骤为：

A.1.1　第一步，建立虚无假设，即先认为两者没有差异，用 $H_0=\mu_1-\mu_2$ 表示；

A.1.2　第二步，通过统计运算，确定假设 H_0 成立的概率 P；

A.1.3　第三步，根据 P 的大小，判断假设 H_0 是否成立，参见表 A.1。

表 A.1　P 与 H_0 的关系

P 值	H_0 成立概率大小	差异显著程度
$P\leqslant 0.01$	H_0 成立概率小	差异非常显著
$0.01<P\leqslant 0.05$	H_0 成立概率小	差异显著
$P>0.05$	H_0 成立概率大	差异不显著

A.2　大样本平均数差异的显著性检验——Z 检验

A.2.1　Z 检验法适用于大样本(样本容量大于 30)的两平均数之间差异显著性检验的方法。它是通过计算两个平均数之间差的 Z 分数来与规定的理论 Z 值相比较，看是否大于规定的理论 Z 值，从而判定两平均数的差异是否显著的一种差异显著性检验方法。

A.2.2　Z 检验的一般步骤

A.2.2.1　第一步，建立虚无假设 $H_0=\mu_1-\mu_2$，即先假定两个平均数之间没有显著差异。

A.2.2.2　第二步，计算统计量 Z 值，对于不同类型的问题选用下列不同的统计量计算方法。

a)　如果检验一个样本平均数($\overline{X}$)与一个已知的总体平均数(μ_0)的差异是否显著，其 Z 值计算公式为：

$$Z=(\overline{X}-\mu_0)/(S/\sqrt{n}) \qquad \cdots\cdots(A.1)$$

式中：

$\overline{X}$ ——样本平均数；

μ_0 ——已知的总体平均数；

S ——样本的方差；

n ——样本容量。

b)　如果检验来自两组样本平均数的差异性，从而判断它们各自代表的总体差异是否显著。其 Z 值计算公式为：

$$Z=(\overline{X}_1-\overline{X}_2)/\sqrt{S_1/n_1+S_2/n_2} \qquad \cdots\cdots(A.2)$$

式中：

$\overline{X}_1$——样本 1 的平均数；

$\overline{X}_2$——样本 2 的平均数；

S_1 ——样本 1 的标准差；

S_2 ——样本 2 的标准差；

n_1 ——样本 1 的容量；

n_2 ——样本 2 的容量。

A.2.2.3　第三步，比较计算所得 Z 值与理论 Z 值，推断发生的概率，依据 Z 值与差异显著性关系表作出判断，参见表 A.2。

表 A.2　P 与 $|Z|$ 的关系

$\lvert Z\rvert$	P 值	差异显著程度
$1.96<\lvert Z\rvert\leqslant 2.58$	$P\leqslant 0.01$	差异非常显著
$\lvert Z\rvert\leqslant 1.96$	$0.01<P\leqslant 0.05$	差异显著
$\lvert Z\rvert>2.58$	$P>0.05$	差异不显著

A.2.2.4　根据以上分析，结合具体情况，作出结论。

A.3　小样本平均数差异的显著性检验——t 检验

A.3.1　t 检验是用于小样本(样本容量小于 30)的两个平均值差异程度的检验方法。它是用 t 分布理论来推断差异发生的概率，从而判定两个平均数的差异是否显著。

A.3.2　t 检验的一般步骤

A.3.2.1　第一步，建立虚无假设 $H_0=\mu_1-\mu_2$，即先假定两个总体平均数之间没有显著差异。

A.3.2.2　第二步，计算统计量 t 值，对于不同类型的问题选用下列不同的统计量计算方法。

a)　如果要评断一个总体中的小样本平均数与总体平均值之间的差异程度，其统计量 t 值的计算公式为：

$$t=(\overline{X}-\mu_0)/\sqrt{S/(n-1)} \quad \cdots\cdots(A.3)$$

式中：

$\overline{X}$ ——检验样本的平均数；

μ_0 ——已知总体的平均数；

S ——样本的方差；

n ——样本容量。

b)　如果要评断两组样本平均数之间的差异程度，其统计量 t 值的计算公式为：

$$t=(\overline{X}_1-\overline{X}_2)/\sqrt{(\sum x_1^2+\sum x_2^2)/(n_1+n_2-2)\times(n_1+n_2)/(n_1\times n_2)} \quad \cdots\cdots(A.4)$$

式中：

$\overline{X}_1$——第一组检验样本的平均数；

$\overline{X}_2$——第二组检验样本的平均数；

X_1——第一组检验样本；

X_2——第二组检验样本；

n_1 ——第一组样本容量；

n_2 ——第二组样本容量。

A.3.2.3　第三步，根据自由度 $df=n-1$，查 t 值表，找出规定的 t 理论值并进行比较。理论值差异的显著水平为 0.01 级或 0.05 级。不同自由度的显著水平理论值记为 $t(df)0.01$ 和 $t(df)0.05$。

A.3.2.4 第四步，比较计算得到的 t 值和理论 t 值，推断发生的概率，依据表 A.3 给出的 t 值与差异显著性关系表作出判断。

表 A.3 P 与 t 的关系

t	P 值	差异显著程度
$t \geqslant t(df)0.01$	$P \leqslant 0.01$	差异非常显著
$t < t(df)0.01$	$0.01 < P \leqslant 0.05$	差异显著
$t < t(df)0.05$	$P > 0.05$	差异不显著

A.3.2.5 根据以上分析，结合具体情况，作出结论。

ICS 07.060
A 47

中华人民共和国气象行业标准

QX/T 128—2011

浮标气象观测数据格式

Data format of buoy meteorological observation

2011-04-22 发布　　2011-10-01 实施

中 国 气 象 局　发 布

前　言

本标准按照GB/T 1.1—2009给出的规则起草。

本标准由全国气象基本信息标准化技术委员会(SAC/TC 346)提出并归口。

本标准起草单位:湖北省气象局、青岛市气象局、中国华云技术开发公司。

本标准主要起草人:刘学忠、杨志彪、侯建伟、刘钧。

浮标气象观测数据格式

1 范围

本标准规定了浮标气象观测的正点海洋气象要素数据文件格式和分钟海洋气象要素数据文件格式。

本标准适用于海洋锚锭浮标和固定平台的自动气象观测和数据记录。

2 术语和定义

下列术语和定义适用于本文件。

2.1

表层海水温度　sea surface temperature

海水表面到 0.5 m 深处之间的海水温度。

[GB/T 14914—2006,定义 3.3]

2.2

海水电导率　conductivity of sea water

海水通过的电流密度与施加其上的电场强度的比。

注:电导率的国际单位制主单位为西[门子]每米(S/m),海水电导率单位为毫西[门子]每厘米(mS/cm)。西[门子](S)是 1 欧姆(Ω)的电导,即 1S=1 Ω^{-1}。

2.3

表层海水电导率　sea surface conductivity

海水表面到 0.5 m 深处之间的海水电导率。

2.4

盐度　salinity

海水中含盐量的一个标度。

[GB/T 12763.2—2007,定义 3.4]

2.5

表层海水盐度　sea surface salinity

海水表面到 0.5 m 深处之间的海水盐度。

[GB/T 14914—2006,定义 3.4]

2.6

波高　wave height

相邻的波峰与波谷间的高度差。

[GB/T 15920—1995,定义 4.8]

2.7

有效波　significant wave

具有某时段内测得的 1/3 个大波波高平均值的波。

[GB/T 15920—1995,定义 4.9]

2.8

波周期　wave period

相邻两个波峰(谷)通过同一地点的时间间隔。

[GB/T 15920—1995,定义 4.10]

2.9

波向　wave direction

波浪传来的方向。

2.10

海水浊度　turbidity of sea water

海水中悬浮物对光线透过时所发生的阻碍程度。

注:单位为度,用 NTU 表示,NTU 为 nephelometric turbidity unit 的缩写。国际地质科学联合会(IUGS)推荐采用高岭土单位毫克每升(mg/L)。我国《地质行业法定计量单位使用手册》中规定以 mg/L 为浑浊度单位。

2.11

海水叶绿素浓度　concentration of sea water chlorophyll

单位海水体积中光合色素及其降解产物的含量。

注:单位为毫克每立方米(mg/m^3)。

3　正点海洋气象要素数据文件

3.1　文件命名

"正点海洋气象要素数据文件"为文本文件,文件名为"OIIiiiMM.YYYY"。文件名中字符的含义如下:

O　　——固定代码,表示文件为自动气象站海洋气象观测资料;

IIiii　——观测站的区站号;

MM　——观测资料月份,位数不足时,高位补"0";

YYYY——观测资料年份。

3.2　文件结构

3.2.1　文件每站月一个,由基本参数和观测数据两部分组成。文件中每条记录占一行,每条记录用回车换行结束。第 1 条记录为基本参数,从第 2 条记录开始直至文件结束为观测数据。

3.2.2　每条记录定长,为 218 B(不含回车换行符),由若干数据组组成,每组长度固定,顺序排列。

3.2.3　观测数据每小时一条记录,从每月 1 日 01 时开始,直至当月最后一日的 24 时结束。记录号与日、时的关系为:

$$N=(D-1)\times 24+T+1 \qquad (1)$$

式中:

N ——记录号;

D ——世界时制的日期;

T ——世界时制的时。

3.2.4　观测数据的各条记录,若相应数据组无观测值,均用相应长度的"-"字符记录。

3.3　文件内容

3.3.1　文件内容采取 ASCII 编码。

3.3.2　基本参数由区站号、观测资料年月、地理位置、自动气象站及各传感器标识等组成,共 35 组,记录格式见附录 A 表 A.1。

3.3.3 每条观测数据包含观测时间，风向、风速、气温、湿度、本站气压、能见度等气象观测要素数据，表层海水温度、表层海水盐度、波高、波向、海流速度和海水浊度等水文观测要素数据，共 54 组，记录格式见附录 A 表 A.2。

4 分钟海洋气象要素数据文件

4.1 文件命名

"分钟海洋气象要素数据文件"包括本站气压、气温、相对湿度、1 分钟平均风向风速和降水量五种，文件名为"XIIiiiMM.YYYY"。文件名中字符的含义如下：

X ——要素指示标识，固定为 P、T、U、W、R，分别表示本站气压、气温、相对湿度、1 min 平均风向风速和降水量；

IIiii ——观测站的区站号；

MM ——观测资料月份，位数不足时，前面补"0"；

YYYY——观测资料年份。

4.2 文件结构

4.2.1 各类要素文件均每站月一个，由基本参数和观测数据两部分组成。文件中每条记录占一行，每条记录用回车换行结束。第 1 条记录为基本参数，从第 2 条记录开始直至文件结束为观测数据。

4.2.2 每条记录定长，其中本站气压、气温为 244 B，相对湿度、降水量为 124 B，1 分钟平均风向风速为 364 B，均不含回车换行符。

4.2.3 每条记录由若干数据组组成，每组长度固定，顺序排列。

4.2.4 观测数据每条记录规定同 3.2.3。

4.2.5 观测数据的各条记录，若相应数据组无观测值，均用相应长度的"-"字符记录。

4.3 文件内容

4.3.1 文件内容采取 ASCII 编码。

4.3.2 基本参数由区站号、观测资料年月、地理位置、自动气象站标识等组成，共 11 组，记录格式见附录 B 中表 B.1。

4.3.3 每条观测数据包含观测时间和 1h 内逐分钟的相应要素值，共 61 组。第 1 组为观测时间组，世界时制的日和时，各两位，位数不足时，高位补"0"。第 2 组～第 61 组分别是第 1 分钟～第 60 分钟的要素值，各组要素值记录格式见附录 A 表 B.2。

附 录 A
(规范性附录)
正点海洋气象要素数据文件内容

A.1 基本参数行

表 A.1 规定了正点海洋气象要素数据文件基本参数行的记录内容和格式。

表 A.1 基本参数行记录内容及格式

序号	参数项	位长/B	格式说明
1	区站号	5	
2	年	5	位数不足时,高位补空(即用半角空格补位,下同)
3	月	5	位数不足时,高位补空
4	经度	8	格式:DDDCCSSL,其中:DDD 为度,CC 为分,SS 为秒,L 为东、西经标识,东经为"E",西经为"W";度、分、秒位数不足时,高位补"0";不明时,用"////////"记录
5	纬度	7	格式:DDCCSSL,其中:DD 为度,CC 为分,SS 为秒,L 为北、南纬标识,北纬为"N",南纬为"S";度、分、秒位数不足时,高位补"0";不明时,用"///////"记录
6	观测平台距海面高度	5	保留 1 位小数,原值扩大 10 倍记录,位数不足时,高位补空;不明时,用"/////"记录
7	站类标识	5	浮标站为"1",海上平台站为"2",其他站为"3",高位补空记录
8	干湿表通风系数 A_i 值	5	原值扩大 10^7 倍记录,不明时,用"/////"记录
9	气压传感器海拔高度	5	保留 1 位小数,原值扩大 10 倍记录,位数不足时,高位补空;不明时,用"/////"记录
10	风传感器距海面高度	5	保留 1 位小数,原值扩大 10 倍记录,位数不足时,高位补空;不明时,用"/////"记录
11	温盐传感器距海面深度	5	保留 1 位小数,原值扩大 10 倍记录,位数不足时,高位补空;不明时,用"/////"记录
12	波高传感器距海面高度	5	保留 1 位小数,原值扩大 10 倍记录,位数不足时,高位补空;不明时,用"/////"记录
13	采集器型号	10	任意字符,位数不足时,高位补空记录
14	气温传感器标识	5	有该传感器时为"1",无时为"0",高位补空记录
15	湿球温度传感器标识	5	有该传感器时为"1",无时为"0",高位补空记录
16	湿敏电容传感器标识	5	有该传感器时为"1",无时为"0",高位补空记录
17	气压传感器标识	5	有该传感器时为"1",无时为"0",高位补空记录
18	风向传感器标识	5	有该传感器时为"1",无时为"0",高位补空记录
19	风速传感器标识	5	有该传感器时为"1",无时为"0",高位补空记录
20	降水量传感器标识	5	有该传感器时为"1",无时为"0",高位补空记录
21	能见度传感器标识	5	有该传感器时为"1",无时为"0",高位补空记录

表 A.1 基本参数行记录内容及格式(续)

序号	参数项	位长/B	格式说明
22	浮标方位传感器标识	5	有该传感器时为“1”,无时为“0”,高位补空记录
23	水温传感器标识	5	有该传感器时为“1”,无时为“0”,高位补空记录
24	盐度传感器标识	5	有该传感器时为“1”,无时为“0”,高位补空记录
25	波高传感器标识	5	有该传感器时为“1”,无时为“0”,高位补空记录
26	海流传感器标识	5	有该传感器时为“1”,无时为“0”,高位补空记录
27	水质传感器标识	5	有该传感器时为“1”,无时为“0”,高位补空记录
28	保留位	68	用“－”填充
29	版本号	5	格式为 VM.mm,其中 V 为固定编码,M 为主版本号,mm 为次版本号,位数不足时,高位补“0”
注:版本号从 V1.00 开始编,若某条记录或数据组的长度改变,则主版本号加 1;若没有改变任意条记录或数据组的长度,仅数据组记录规定有改变,则次版本号加 1。			

A.2 观测要素数据行

表 A.2 规定了正点海洋气象要素数据文件观测数据行的记录内容和格式。

表 A.2 观测数据行记录内容及格式

序号	数据组	位长/B	单位	格式说明
1	观测时间	4		记录识别标志,世界时制的时和分,各两位,位数不足时,高位补“0”
2	2 分钟平均风向	4	1°	原值记录
3	2 分钟平均风速	4	0.1 m/s	保留 1 位小数,原值扩大 10 倍记录
4	10 分钟平均风向	4	1°	原值记录
5	10 分钟平均风速	4	0.1 m/s	保留 1 位小数,原值扩大 10 倍记录
6	最大风速对应风向	4	1°	原值记录
7	最大风速	4	0.1 m/s	保留 1 位小数,原值扩大 10 倍记录
8	最大风速出现时间	4		世界时制的时和分,各两位,位数不足时,高位补“0”
9	最大瞬时风速对应风向	4	1°	原值记录
10	最大瞬时风速	4	0.1 m/s	保留 1 位小数,原值扩大 10 倍记录
11	极大风速对应风向	4	1°	原值记录
12	极大风速	4	0.1 m/s	保留 1 位小数,原值扩大 10 倍记录
13	极大风速出现时间	4		世界时制的时和分,各两位,位数不足时,高位补“0”
14	累计降水量	4	0.1 mm	保留 1 位小数,原值扩大 10 倍记录;无降水用 4 个空格记录,微量用“0000”记录,雨量传感器停止使用期间用“－－－－”记录
15	气温	4	0.1℃	保留 1 位小数,原值扩大 10 倍记录

表 A.2 观测数据行记录内容及格式(续)

序号	数据组	位长/B	单位	格式说明
16	最高气温	4	0.1℃	保留 1 位小数,原值扩大 10 倍记录
17	最高气温出现时间	4		世界时制的时和分,各两位,位数不足时,高位补“0”
18	最低气温	4	0.1℃	保留 1 位小数,原值扩大 10 倍记录
19	最低气温出现时间	4		世界时制的时和分,各两位,位数不足时,高位补“0”
20	湿球温度	4	0.1℃	保留 1 位小数,原值扩大 10 倍记录;当为湿敏电容测定湿度时,用“****”记录
21	湿敏电容湿度值	4	1%	原值记录
22	相对湿度	4	1%	原值记录
23	最小相对湿度	4	1%	原值记录
24	最小相对湿度出现时间	4		世界时制的时和分,各两位,位数不足时,高位补“0”
25	水汽压	4	0.1 hPa	保留 1 位小数,原值扩大 10 倍记录
26	露点温度	4	0.1℃	保留 1 位小数,原值扩大 10 倍记录
27	本站气压	4	0.1 hPa	保留 1 位小数,原值扩大 10 倍记录,当气压值大于等于 1000.0 hPa 时,取后 4 位记录
28	最高本站气压	4	0.1 hPa	保留 1 位小数,原值扩大 10 倍记录,当气压值大于等于 1000.0 hPa 时,取后 4 位记录
29	最高本站气压出现时间	4		世界时制的时和分,各两位,位数不足时,高位补“0”
30	最低本站气压	4	0.1 hPa	保留 1 位小数,原值扩大 10 倍记录,当气压值大于等于 1000.0 hPa 时,取后 4 位记录
31	最低本站气压出现时间	4		世界时制的时和分,各两位,位数不足时,高位补“0”
32	能见度	5	1 m	原值记录
33	最小能见度	5	1 m	原值记录
34	最小能见度出现时间	4		世界时制的时和分,各两位,位数不足时,高位补“0”
35	浮标方位	4	1°	原值记录
36	表层海水温度	4	0.1℃	保留 1 位小数,原值扩大 10 倍记录
37	表层海水最高温度	4	0.1℃	保留 1 位小数,原值扩大 10 倍记录
38	表层海水最高温度出现时间	4		世界时制的时和分,各两位,位数不足时,高位补“0”
39	表层海水最低温度	4	0.1℃	保留 1 位小数,原值扩大 10 倍记录
40	表层海水最低温度出现时间	4		世界时制的时和分,各两位,位数不足时,高位补“0”
41	表层海水盐度	4	无量纲	保留 1 位小数,原值扩大 10 倍记录
42	平均表层海水盐度	4	无量纲	保留 1 位小数,原值扩大 10 倍记录
43	表层海水电导率	4	0.01 mS/cm	保留 2 位小数,原值扩大 100 倍记录

表 A.2 观测数据行记录内容及格式(续)

序号	数据组	位长/B	单位	格式说明
44	平均表层海水电导率	4	0.01 mS/cm	保留2位小数,原值扩大100倍记录
45	有效波高	4	0.1 m	保留1位小数,原值扩大10倍记录
46	有效波周期	4	0.1 s	保留1位小数,原值扩大10倍记录
47	最大波周期	4	0.1 s	保留1位小数,原值扩大10倍记录
48	最大波高	4	0.1 m	保留1位小数,原值扩大10倍记录
49	波向	4	1°	原值记录
50	表层海洋面流速	4	0.1 m/s	保留1位小数,原值扩大10倍记录
51	海水浊度	4	1 NTU	原值记录
52	平均海水浊度	4	1 NTU	原值记录
53	海水叶绿素浓度	4	1 mg/m^3	原值记录
54	平均海水叶绿素浓度	4	1 mg/m^3	原值记录

注1:除格式说明中已有规定外,各数据组位数不足时,高位补空。

注2:数据组缺测或不明时,均按规定位长每个字节位记录一个"/"字符。

注3:要素极值均为当时小时内的极值。

附　录　B
（规范性附录）
分钟海洋气象要素数据文件内容

B.1　基本参数行

表 B.1 规定了分钟海洋气象要素数据文件基本参数行的记录内容和格式。

表 B.1　基本参数行记录内容及格式

序号	参数项	位长/B	格式说明
1	区站号	5	
2	年	5	位数不足时，高位补空（即用半角空格补位，下同）
3	月	5	位数不足时，高位补空
4	经度	8	格式：DDDCCSSL，其中：DDD 为度，CC 为分，SS 为秒，L 为东、西经标识，东经为“E”，西经为“W”；度、分、秒位数不足时，高位补“0”；不明时，用“////////”记录
5	纬度	7	格式：DDCCSSL，其中：DD 为度，CC 为分，SS 为秒，L 为北、南纬标识，北纬为“N”，南纬为“S”；度、分、秒位数不足时，高位补“0”；不明时，用“///////”记录
6	气压传感器海拔高度	5	保留 1 位小数，原值扩大 10 倍记录，位数不足时，高位补空；不明时，用“/////”记录
7	人工定时观测次数	5	固定为“0”、“3”、“4”、“24”，高位补空记录
8	干湿表通风系数	5	原值扩大 10^7 倍记录，不明时，用“/////”记录
9	观测平台距海拔高度	5	保留 1 位小数，原值扩大 10 倍记录，位数不足时，高位补空；不明时，用“/////”记录
10	采集器型号	10	任意字符，位数不足时，高位补空记录
11	保留位	随要素而定，见表注	用“－”填充
注：本站气压、气温的保留位为 184 B，相对湿度、降水量的保留位为 64 B，1 min 平均风向、风速的保留位为 304 B。			

B.2　观测要素数据组

表 B.2 规定了分钟海洋气象要素数据文件观测数据行观测要素数据组的记录格式。

表 B.2　观测要素组格式

观测要素	每组位长/B	单位	格式说明
本站气压	4	0.1 hPa	保留 1 位小数，原值扩大 10 倍记录，当气压值大于等于 1000.0 hPa 时，取后 4 位记录，位数不足时，高位补空
气温	4	0.1℃	保留 1 位小数，原值扩大 10 倍记录，位数不足时，高位补空
相对湿度	2	1%	原值记录，位数不足时，高位补空；为 100 时，用“%%”记录

表 B.2 观测要素组格式(续)

观测要素	每组位长/B	单位	格式说明
1分钟平均风向、风速	6	1°(风向) 0.1 m/s(风速)	前三位为风向,按原值记录,位数不足时,高位补空;后三位为风速,保留1位小数,原值扩大10倍记录,位数不足时,高位补空
降水量	2	0.1 mm	保留1位小数,原值扩大10倍记录,位数不足时,高位补空;无降水用“00”记录,微量用“,,”记录,≥10.0mm时,一律以“99”记录
注:某要素组缺测或不明时,均按规定位长每个字节位记录一个“/”字符。			

参 考 文 献

[1] GB/T 12763.2—2007 海洋调查规范 第2部分:海洋水文观测

[2] GB/T 14914—2006 海滨观测规范

[3] GB/T 15920—1995 海洋学术语 物理海洋学

[4] QX/T 45—2007 地面气象观测规范 第1部分:总则

[5] QX/T 47—2007 地面气象观测规范 第3部分:气象能见度观测

[6] QX/T 49—2007 地面气象观测规范 第5部分:气压观测

[7] QX/T 50—2007 地面气象观测规范 第6部分:空气温度和湿度观测

[8] QX/T 51—2007 地面气象观测规范 第7部分:风向和风速观测

[9] QX/T 61—2007 地面气象观测规范 第17部分:自动气象站观测

ICS 07.060
A 47

中华人民共和国气象行业标准

QX/T 129—2011

气象数据传输文件命名

File naming for meteorological data transmission

2011-04-22 发布　　2011-10-01 实施

中 国 气 象 局　发 布

前　言

本标准按照 GB/T 1.1—2009 给出的规则起草。

本标准由全国气象基本信息标准化技术委员会(SAC/TC 346)提出并归口。

本标准起草单位:国家气象信息中心。

本标准主要起草人:杨根录、李湘。

气象数据传输文件命名

1 范围

本标准规定了气象通信系统传输文件命名的结构、格式和字段。

本标准适用于气象通信系统传输文件的命名。

2 术语和定义

下列术语和定义适用于本文件。

2.1

文件 file

在气象数据传输过程中交换的基本单位。

2.2

字段 field

标识文件属性的一个或一组代码，是文件名的基本组成单元。一个文件名由多个字段构成。

2.3

强制字段 mandatory field

类型、格式、顺序都无法改变的字段，在文件命名时强制执行。

2.4

自由字段 free format

由数据或产品生成中心自行定义的字段。

2.5

简式报头 abbreviated heading

世界气象组织规定的在全球气象通信系统中交换数据的报文指示码，每一种报文都有唯一的标识，用以区分气象数据的类型、格式、范围、时次等信息，是气象通信系统的数据交换基本单位代码。

2.6

目的地址 destination

在文件名中标识的交换目的单位的代码，指示传输系统识别文件的路由方向。

注：在气象部门，是指气象台站的区站号和部门代号。

3 文件命名规则

3.1 结构

气象数据传输文件名由强制字段、自由字段及字段分隔符组成。

强制字段描述文件的基本信息，强制字段间用下划线“_”或小数点“.”分隔。气象数据传输文件名应符合强制字段的要求。

自由字段描述文件的自定义信息，由数据或产品生成中心自行定义和扩展。自由字段间用减号“—”分隔。

强制字段与自由字段间用下划线“_”分隔。

3.2 格式

pflag_productidentifier_oflag_originator_yyyyMMddhhmmss_ftype[_freeformat][_destination].type[.compression]

其中,freeformat 字段为自由字段,其他字段为强制字段。带有方括号“[ ]”的字段为可选字段。

文件名中可以使用的合法字符:英文字母“A”~“Z”,数字“0”~“9”,以及减号“-”、下划线“_”和小数点“.”。

文件名中,英文字母应大写。

文件名总长度不应超过 256 个字符。

3.3 字段

3.3.1 pflag

指示 productidentifier 字段的编码方式,长度为一个字符,取值见表 1。

表 1 pflag 字段代码表

pflag	含 义
T	productidentifier 采用现行的世界气象组织(以下简称 WMO)简式报头 $T_1T_2A_1A_2ii$ 数据标识符格式进行编码(参见附录 A)
A	productidentifier 采用现行的 WMO 简式报头 $T_1T_2A_1A_2$iiCCCCYYGGgg[BBB]编码(参见附录 A)
W	预留
Z	不符合 WMO 编码格式的气象数据传输标识

3.3.2 productidentifier

数据或产品的类型标识,根据数据或产品类型的英文缩写编码,长度不超过八个字符。pflag 字段取值为“T”或“A”时,productidentifier 字段用简式报头编码,$T_1T_2A_1A_2$ii、CCCC、BBB 的代码表见附录 A,pflag 字段取值为“Z”时,productidentifier 字段取值见表 2。

表 2 productidentifier 字段代码表

类别名称	productidentifier	说 明
地面气象	SURF	人工和自动地面观测资料及其综合分析、统计产品
高空气象	UPAR	高空观测、飞机、GPS、风廓线仪、闪电探测资料及其分析、统计产品
海洋气象	OCEN	海洋船舶、浮标获得的海洋观测资料和加工产生的海洋预报产品
气象辐射	RADI	常规地面辐射台站等台站地面观测取得的辐射资料
农业气象	AGME	农业气象台站观测的资料
数值分析	NAFP	通过数值分析预报模式获得的各种分析和预报产品
大气成分	CAWN	大气成分的组成、含量、物理和化学特性等的观测资料和产品
气象灾害	DISA	各种气象灾害的观测资料和加工产品
气象雷达	RADA	各种气象雷达探测获得的资料和产品

表 2　productidentifier 字段代码表(续)

类别名称	productidentifier	说　明
气象卫星	SATE	各种卫星探测获得的气象资料和产品
科学试验	SCEX	科学试验和考察中获得的各种资料和产品
气象服务和预报	SEVP	决策服务、公众服务的各类产品
气象实况录像	WLRD	自动或人工摄取的天气实况录像资料
气象实况图片	WLPD	自动或人工摄取的天气实况图片
文件交换系统相关信息	NOTES	业务通知、管理信息、日志信息、系统之间交换信息等
其他资料	OTHE	指无法归并到上述资料内的气象资料和产品

3.3.3　oflag

指示 originator 字段的编码方式,长度为一个字符,取值见表 3。

表 3　oflag 字段代码表

oflag	含　义
C	originator 字段按编报中心进行编码
I	originator 字段按前台站区站号进行编码

3.3.4　originator

数据或产品生成中心标识。oflag 取值为"C"时,originator 为编报中心或产品生成中心的四位字母代号(CCCC),取值见附录 A,oflag 取值为"I"时,originator 为编报台站的区站号。

3.3.5　yyyyMMddhhmmss

文件的生成时间,使用国际协调时(UTC),用年月日时分秒表示,长度固定,中间没有特定取值时,以数字"0"填充。

3.3.6　ftype

文件属性,长度为一个字符,取值见表 4。

表 4　ftype 字段代码表

ftype	含　义
B	业务通知
O	观测资料
P	加工产品、反演资料、预报产品、服务产品
C	台站基本信息
R	各种统计信息系统评测报告、质量管理信息、报表信息、系统运行状态信息、系统运行日志文件
W	警报类信息

3.3.7 freeformat

自由字段，可根据不同数据或产品，由生产中心按照要素、范围、高度、频次、时效等属性编码，字段之间以减号“－”分隔，自由字段总长度不超过128个字符。

3.3.8 destination

文件传输目的地指示码，编码方式为“C＋传输目的地代码”或“I＋传输目的地代码”，其中，“C＋”为固定代码，指示其后用四位字母代号(CCCC)标识传输目的地；“I＋”为固定代码，指示其后用区站号(IIiii)标识传输目的地。

无特定的传输目的地时，destination字段应省略不编。

3.3.9 type

文件类型标识，取值见表5。type字段与其他字段使用小数点“.”分隔。

表5 type字段代码表

Type	含义
AVI	AVI格式视频文件
AWX	高级气象卫星数据交换格式文件(Advanced Weather-satellite eXchange format)
BIN	按WMO规定的二进制编码格式编码的文件，如GRIB码文件或BUFR码文件
BMP	BMP格式图像文件
DOC	Word文档
GIF	GIF格式图像文件
HDF	科学数据记录格式文件(Hierarchical Data Format)
HTM	HTML超文本文件
JPG	JPEG格式图像文件
MET	信息格式文件，是用来描述同名数据文件的内容和格式
MIC	MICAPS数据文件
PDF	Adobe Acrobat格式文件
PPT	PowerPoint文件
PS	Postscript文件
RNX	GPS观测资料编码格式RENIX
TIF	TIFF格式图像文件
TXT	文本文件
WMF	WMF格式视频文件
XLS	EXCEL文档
XML	XML格式文档

3.3.10 compression字段

文件压缩方式标识，取值见表6。文件未经压缩时，compression字段应省略不编。

表 6　compression 字段代码表

Compression	含　义
Z	采用 Unix COMPRESS 技术压缩的文件
zip	采用 PKWare zip 技术压缩的文件
gz	采用 Unix gzip 技术压缩的文件
bz2	采用 Unix bzip2 技术压缩的文件
rar	采用 RAR 技术压缩的文件
t4	采用 CCITT T.4 编码的传真图

附 录 A
（资料性附录）
简式报头 $T_1T_2A_1A_2ii$、CCCC、BBB 中的资料代号说明

本附录定义了气象通信系统中符合世界气象组织（WMO）的通信简式报头代码，通过代码组合表示各类气象通信文件名。

表 A.1 用于 $T_1T_2A_1A_2ii$ 定义的资料类型 T_1 代号与附表的对应关系

T_1	资料类型	T_2	A_1	A_2	ii
A	分析	表 A.2	表 A.4	表 A.4	
B	有地址报				
C	气候资料	表 A.2	表 A.4	表 A.4	
D	格点信息 (GRID)	表 A.3	表 A.6	表 A.8	表 A.12
E	卫星图像	表 A.3	表 A.4	表 A.4	
F	预报	表 A.2	表 A.4	表 A.4	
G	格点信息(GRID)	表 A.3	表 A.6	表 A.7	表 A.12
H	格点信息(GRIB)	表 A.3	表 A.6	表 A.7	表 A.12
I	观测资料(二进制编码)-BUFR	表 A.3	表 A.9	表 A.6	
J	预报信息(二进制编码)-BUFR	表 A.3	表 A.9	表 A.7	表 A.12
K	CREX	表 A.3	表 A.10	表 A.6	
L	未定义				
M	未定义				
N	通知	表 A.2	表 A.4	表 A.4	
O	海洋信息(GRIB)	表 A.3	表 A.6	表 A.7	表 A.11
P	图像信息(二进制编码)	表 A.3	表 A.6	表 A.7	表 A.12
Q	图像信息区域(二进制编码)	表 A.3	表 A.6	表 A.8	表 A.12
R	未定义				
S	地面资料	表 A.2	表 A.4/表 A.5	表 A.4/表 A.5	
T	卫星资料	表 A.2	表 A.6	表 A.7	
U	高空大气资料	表 A.2	表 A.4/表 A.5	表 A.4/表 A.5	
V	国家使用资料			表 A.4	
W	警报	表 A.2	表 A.4	表 A.4	
X	区域范围使用的 GRID 资料	表 A.3	表 A.6	表 A.8	表 A.12
Y	区域范围使用的 GRIB 资料	表 A.3	表 A.6	表 A.8	表 A.12
Z	未定义				

表 A.2 资料类型代号 T_2(当 T_1=A,C,F,N,S,T,U,W 时)

T_1	T_2	资料类型	编码格式(名称)
A(分析)	C	龙卷风	[文本]
	G	水文/航海	[文本]
	H	厚度	[文本]
	I	冰冻	FM 44 (ICEAN)
	O	臭氧层	[文本]
	R	雷达	[文本]
	S	水面	FM 45 (IAC)/FM 46 (IAC FLEET)
	U	高空	FM 45 (IAC)
	W	天气概要	[文本]
	X	杂项	[文本]
C(气候资料)	A	气候距平资料	[文本]
	E	月平均值(高空)	FM 76 (CLIMAT TEMP SHIP)
	H	月平均值 (地面)	FM 72 (CLIMAT SHIP)
	O	月平均值(海洋区域)	FM 73 (NACLI,CLINP,SPCLI,CLISA,INCLI)
	S	月平均值(地面)	FM 71 (CLIMAT)
	U	月平均值(高空)	FM 75 (CLIMAT TEMP)
F(预报)	A	航空区域预报/GAMET/告警	FM 53 (ARFOR)/[文本]
	B	高空风和温度预报	FM 50 (WINTEM)
	C	机场预报 (VT≤12 h)	FM 51 (TAF)
	D	辐射预报	FM 57 (RADOF)
	E	中期预报	[文本]
	F	航海预报	FM 46 (IAC FLEET)
	G	水文预报	FM 68 (HYFOR)
	H	高空厚度预报	[文本]
	I	流冰预报	[文本]
	J	无线电警报业务 (包括 IUWDS 资料)	[文本]
	K	热带气旋告警预报	[文本]
	L	本地/区域预报	[文本]
	M	温度极限预报	[文本]
	O	指导预报	[文本]
	P	公众预报	[文本]
	Q	其他航海预报	[文本]
	R	航线预报	FM 54 (ROFOR)
	S	地面预报	FM 45 (IAC)/FM 46 (IAC FLEET)
	T	机场预报(VT > 12 h)	FM 51 (TAF)
	U	高空预报	FM 45 (IAC)
	V	火山灰烬告警预报	[文本]
	W	冬季运动预报	[文本]
	X	混合预报	[文本]

表 A.2 资料类型代号 T_2(当 T_1＝A,C,F,N,S,T,U,W 时)(续)

T_1	T_2	资料类型	编码格式(名称)
F(预报)	Z	航海预报、区域预报	FM 61 (MAFOR)
N(通知)	G	水文	[文本]
	H	海运	[文本]
	N	核应急反应	[文本]
	O	METNO/WIFMA	[文本]
	P	产品生成延迟	[文本]
	T	测试信息[相关系统]	[文本]
	W	相关告警和/或取消	[文本]
S(地面)	A	航空常规报告	FM 15 (METAR)
	B	雷达报告(A 部分)	FM 20 (RADOB)
	C	雷达报告(B 部分)	FM 20 (RADOB)
	D	雷达报告(A 和 B 部分)	FM 20 (RADOB)
	E	地震资料	(地震)
	F	大气报告	FM 81 (SFAZI)/FM 82 (SFLOC)/FM 83 (SFAZU)
	G	辐射资料	FM 22 (RADREP)
	I	中间时次天气报告	FM 12 (SYNOP)/FM 13 (SHIP)
	M	主要时次天气报告	FM 12 (SYNOP)/FM 13 (SHIP)
	N	非标准时次天气报告	FM 12 (SYNOP)/FM 13 (SHIP)
	O	海洋资料	FM 63 (BATHY)/FM 64 (TESAC)/FM 65(WAVEOB)/FM 62 (TRACKOB)
	P	特殊航空天气报告	FM 16 (SPECI)
	R	水文(河流)报告	FM 67 (HYDRA)
	S	浮标站报告	FM 18 (BUOY)
	T	海冰资料	[文本]
	U	雪深	[文本]
	V	湖冰	[文本]
	X	杂项	[文本]
T(卫星)	B	卫星轨道参数	[文本]
	C	卫星观测的云	FM 85 (SAREP)
	H	卫星高空探测资料	FM 86 (SATEM)
	R	晴空辐射资料	FM 87 (SARAD)
	T	海平面温度	FM 88 (SATOB)
	W	风速和云层温度	FM 88 (SATOB)
	X	杂项	[文本]

表 A.2 资料类型代号 T_2(当 T_1=A,C,F,N,S,T,U,W 时)(续)

T_1	T_2	资料类型	编码格式(名称)
U(高空)	A	飞机报告	FM 41 (CODAR), ICAO (AIREP)
	D	飞机报告	FM 42 (AMDAR)
	E	高层气压,温度,湿度和风(D 部)	FM 35 (TEMP)/FM 36 (TEMP SHIP)/FM 38(TEMP MOBIL)
	F	高层气压,温度,湿度和风(C 部和 D 部)	FM 35 (TEMP)/FM 36 (TEMP SHIP)
	G	高空风(B 部)	FM 32 (PILOT)/FM 33 (PILOT SHIP)/FM 34(PILOT MOBIL)
	H	高空风(C 部)	FM 32 (PILOT)/FM 33 (PILOT SHIP)/FM 34(PILOT MOBIL)
	I	高空风 (A 部和 B 部)[国家、双边使用]	FM 32 (PILOT)/FM 33 (PILOT SHIP)/FFM 34(PILOT MOBIL)
	K	高层气压,温度,湿度和风速 (B 部)	FM 35 (TEMP)/FM 36 (TEMP SHIP)/FM 38(TEMP MOBIL)
U(高空大气资料)	L	高层气压,温度,湿度和风速 (C 部)	FM 35 (TEMP)/FM 36 (TEMP SHIP)/FM 38(TEMP MOBIL)
	M	高层气压,温度,湿度和风速 (A 部和 B 部)[国家、双边使用]	FM 35 (TEMP)/FM 36 (TEMP SHIP)/FM 38(TEMP MOBIL)
	N	火箭探空仪报告	FM 39 (ROCOB)/FM 40 (ROCOB SHIP)
	P	高空风 (A 部)	FM 32 (PILOT)/FM 33 (PILOT SHIP) FM 34(PILOT MOBIL)
	Q	高空风 (D 部)	FM 32 (PILOT)/FM 33 (PILOT SHIP)/ FM34(PILOT MOBIL)
	R	飞机报告	[国家 * *] (RECCO)
	S	高层气压,温度,湿度和风速 (A 部)	FM 35 (TEMP)/FM 36 (TEMP SHIP) FM 38(TEMP MOBIL)
	T	飞机报告	FM 41 (CODAR)
	X	综合高空资料	[文本]
	Y	高空风 (C 部和 D 部) [国家、双边使用]	FM 32 (PILOT)/FM 33 (PILOT SHIP)/FM 34(PILOT MOBIL)
	Z	从气球或飞机施放的探测仪获得的高层气压,温度,湿度和风速 (A 部,B 部,C 部,D 部)	FM 37 (TEMP DROP)

表 A.2 资料类型代号 T_2(当 T_1＝A,C,F,N,S,T,U,W 时)(续)

T_1	T_2	资料类型	编码格式(名称)
W(警告)	A	AIRMET	[文本]
	C	热带气旋(重要气象资料)	[文本]
	E	海啸	[文本]
	F	龙卷风	[文本]
	G	水文/河流洪水	[文本]
	H	海/沿海洪水	[文本]
	O	其他警报	[文本]
	S	重要气象资料	[文本]
	T	热带气旋(台风)	[文本]
	U	雷暴	[文本]
	V	火山灰云(重要气象资料)	[文本]
	W	警报和天气综述	[文本]

表 A.3 资料类型代号 T_2(当 T_1＝D,G,H,P,Q,V,X,Y 时)

T_1	T_2	资料类型
D	A	雷达资料
	B	云
	C	晴空湍流
	D	厚度(相对形势)
	E	降水
	F	[未分配]
	G	重要天气
	H	高度
	I	[未分配]
	J	波高＋组合
	K	小高度＋组合
	L	[未分配]
	M	供国家使用
	N	辐射
	O	垂直速度
	P	气压
	Q	湿球温度
	R	相对湿度
	S	[未分配]
	T	气温
	U	东风分量
	V	北风分量
	W	风
	X	抬升指数
	Y	观测填图
	Z	[未分配]

表 A.3　资料类型代号 T_2(当 T_1 =D,G,H,P,Q,V,X,Y 时)(续)

T_1	T_2	资料类型
I 或 J	O	海洋/湖泊（水资源）
	P	图像
	S	地面/海面
	T	文本（明语信息）
	U	高空
	X	其他资料类型
	Z	混合资料类型
O	D	结冰深度
	E	冰密集度
	F	冰厚度
	G	浮冰
	H	冰增长
	I	冰汇集/发散
	Q	温度距平
	R	深度距平
	S	盐度
	T	温度
	U	海流分量
	V	海流分量
	W	暖温
	X	混合资料
E	C	云顶温度
	F	雾
	I	红外线
	S	地表温度
	V	可见光
	W	水汽
	Y	用户自定义
	Z	[未分配]
K	F	预报产品——水面/海平面
	O	观测资料和预报产物——海洋/湖泊
	S	观测资料——水面
	U	观测资料——高空大气
	V	预报产品——高空大气

表 A.4　区域代号

A_1A_2	地理区域	A_1A_2	地理区域
AA	南极	MM	地中海地区
AC	北极	MP	中地中海地区
AE	东南亚	MQ	西地中海地区
AF	非洲	NA	北美
AM	中非	OC	大洋洲
AO	西非	OH	鄂霍次克海
AP	南部非洲	PA	太平洋地区
AS	亚洲	PE	波斯湾地区
AW	近东	PN	北太平洋地区
AX	阿拉伯海地区	PQ	西北太平洋地区
BQ	波罗的海地区	PS	南太平洋地区
CA	加勒比海及中美洲	PW	西太平洋地区
EA	东非	PZ	东太平洋区域地区
EC	东中国海地区	SA	南美
EE	东欧	SE	南部海洋地区
EM	中欧	SJ	日本海地区
EN	北欧	SS	南中国海地区
EU	欧洲	ST	南大西洋地区
EW	西欧	XE	东半球
FE	远东	XN	北半球
GA	阿拉斯加湾海湾	XS	南半球
GX	墨西哥湾海湾	XT	热带
IO	印度洋地区	XW	西半球
ME	东地中海地区	XX	在其他代号不适合的情况下使用

表 A.5　来自海洋自动站的天气报告和海洋资料地理代号 A_1A_2

A_1	A_2	地理区域
W或V	A	30°N～60°S,035°W～070°E
	B	90°N～05°N,070°E～180°E
	C	05°N～60°S,120°W～035°W
	D	90°N～05°N,180°W～035°W
	E	05°N～60°S,070°E～120°W
	F	90°N～30°N,035°W～070°E
	J	60°S以南区域
	X	一个以上的区域

注1:第一个字母 A_1 表示船舶或海洋自动站的;

海洋天气站:W;

移动船和其他海洋气象站:V。

注2:第二个字母 A_2 表示包含在公报中的报告的来源区域。

表 A.6　地理区域代号 A_1（当 T_1＝D,G,H,O,P,Q,T,X 或 Y 时）和地理区域代号 A_2（当 T_1＝I 或 J 时）

A_1 或 A_2	地理区域
A	0°～ 90°W 北半球
B	90°W～180°南半球
C	180°～90°E 北半球
D	90°E～0° 北半球
E	0°～90°W 热带圈
F	90°W～180° 热带圈
G	180°～90°E 热带圈
H	90°E～0° 热带圈
I	0°～90°W 南半球
J	90°W～180° 南半球
K	180°～90°E 南半球
L	90°E～0° 南半球
N	北半球
S	南半球
T	45°W～180° 北半球
X	全球区域（未定义的区域）

表 A.7　参考时间代号 A_2（当 T_1＝D,G,H,J,O,P 或 T 时）

A_2	参考时间
A	分析(00 时)
B	6 小时预报
C	12 小时预报
D	18 小时预报
E	24 小时预报
F	30 小时预报
G	36 小时预报
H	42 小时预报
I	48 小时预报
J	60 小时预报
K	72 小时预报
L	84 小时预报
M	96 小时预报
N	108 小时预报
O	120 小时预报(5 天)

表 A.7 参考时间代号 A_2(当 T_1=D,G,H,J,O,P 或 T 时)(续)

A_2	参考时间
P	132 小时预报
Q	144 小时预报
R	156 小时预报(7 天)
S	168 小时预报
T	10 天预报
U	15 天预报
V	30 天预报
W	[未分配]
X	[未分配]
Y	[未分配]
Z	[未分配]

表 A.8 参考时间代号 A_2(当 T_1=Q,X 或 Y 时)

A_2	参考时间
A	分析(00 时)
B	3 小时预报
C	6 小时预报
D	9 小时预报
E	12 小时预报
F	15 小时预报
G	18 小时预报
H	21 小时预报
I	24 小时预报
J	27 小时预报
K	30 小时预报
L	33 小时预报
M	36 小时预报
N	39 小时预报
O	42 小时预报
P	45 小时预报
Q	48 小时预报

表 A.9 资料类型代号 A_1(当 T_1=I、J 时)

T_1/T_2	A_1	资料类型
T_1=I 观测资料(二进制编码)-BUFR T_2=O 海洋/湖泊(水资源)	I	海冰
	S	海面和海面以下探测资料
	T	海面温度
	W	海面波浪
	X	其他海洋环境
	Z	混合海洋类型收集
T_1=I 观测资料(二进制编码)-BUFR T_2=P 图像	I	卫星图像资料
	R	雷达报告
	X	未定义
	Z	混合资料类型
T_1=I 观测资料(二进制编码)-BUFR T_2=S 地面/海平面	A	陆地每小时报告
	C	气候报告
	I	陆地中间时次天气报告
	M	陆地主要时次天气报告
	N	陆地非主要时次天气报告
	P	陆地每小时特殊天气报告
	R	水文报告
	S	移动平台(船舶、浮标等)
	X	其他地面资料
	Z	混合资料类型公报
T_1=I 观测资料(二进制编码)-BUFR T_2=T 文本(明语资料)	A	行政公电
	B	业务公电
	R	资料请求(包括资料类型)
	X	其他文本信息
	Z	混合文本类型
T_1=I 观测资料(二进制编码)-BUFR T_2=U 高空	A	单层飞机报告
	B	单层气球报告
	C	单层卫星反演报告
	D	下投式探空仪/测风仪
	L	臭氧资料
	N	火箭探空仪
	P	风廓线资料
	R	辐射资料
	S	无线电探空仪/测风仪报告
	T	卫星反演探空
	X	其他高空报告
	Z	混合高空资料报告

表 A.9 资料类型代号 A_1(当 T_1＝I、J 时)(续)

T_1/T_2	A_1	资料类型
T_1＝J 预报资料(二进制编码)-BUFR T_2＝O 海洋/湖泊 (水资源)	I	海冰
	S	海面和海面以下探测资料
	T	海面温度
	W	海面波浪
	X	其他海洋环境
	Z	混合海洋类型收集
T_1＝J 预报资料(二进制编码)-BUFR T_2＝S 地面/海面	A	地面区域预报(例如航线)
	M	地面预报
	P	订正预报(航线)
	R	水文预报
	S	订正预报(TAF)
	T	机场预报(TAF)
	X	其他地面预报
	Z	混合预报收集
T_1＝J 预报资料(二进制编码)-BUFR T_2＝T 文本(明语资料)	E	海啸
	H	飓风,台风,热带风暴警报
	S	灾害性天气, SIGMET
	T	龙卷风警报
	X	其他警报
	Z	混合警报收集
T_1＝J 预报资料(二进制编码)-BUFR T_2＝U 高空	A	单层预报
	B	二进制编码 SIGWX,嵌入积雨云
	C	二进制编码 SIGWX,晴空湍流
	F	二进制编码 SIGWX,锋线
	N	二进制编码 SIGWX,其他 SIGWX 参数
	O	二进制编码 SIGWX,湍流
	S	预报探空
	T	二进制编码 SIGWX,对流顶层
	V	二进制编码 SIGWX,热带风暴,沙暴,火山
	W	二进制编码 SIGWX,高层风
	X	其他高空预报
	Z	混合预报收集

表 A.10 资料类型代号 A_1(当 T_1=K 时)

T_2	A_1	资料类型
T_2= F 预报产品——地面/海平面	A	地面区域预报(例如航线)
	M	地面预报(例如 MOS)
	P	订正预报(航线)
	R	水文预报
	S	订正预报(TAF)
	T	机场预报(TAF)
	X	其他地面预报
	Z	混合预报收集
T_2=O 观测资料和预测产品——海洋/湖泊	I	海冰
	S	海面和海面以下探测资料
	T	海面温度
	W	海面波浪
	X	其他海洋环境
	Z	混合海洋类型收集
T_2=S 观测资料——地面	A	陆地每小时报告
	C	气候报告
	I	陆地中间时次天气报告
	M	陆地主要时次天气报告
	N	陆地非主要时次天气报告
	P	陆地每小时特殊天气报告
	R	水文报告
	S	移动平台(船舶、浮标等)
	X	其他地面资料
	Z	混合资料类型公报
T_2=U 观测资料——高空	A	单层飞机报告
	B	单层气球报告
	C	单层卫星反演报告
	D	下投式探空仪/测风仪
	L	臭氧资料
	N	火箭探空仪
	P	风廓线资料
	R	辐射资料
	S	无线电探空仪/测风仪报告
	T	卫星反演探空
	X	其他高空报告
	Z	混合高空资料报告
T_2=V 预报产品——高空	A	单层预报
	S	预报探测
	X	其他高空预报
	Z	混合预报收集

表 A.11　T_1＝O 层次代号 ii

ii	层次 m	ii	层次 m
98	地面	62	500
96	2.5	60	600
94	5.0	58	700
92	7.5	56	800
90	12.5	54	900
88	17.5	52	1000
86	25.0	50	1100
84	32.5	48	1200
82	40.0	46	1300
80	50.0	44	1400
78	62.5	42	1500
76	75.0	40	1750
74	100	38	2000
72	125	36	2500
70	150	34	3000
68	200	32	4000
66	300	30	5000
64	400	01	原生层深度

表 A.12　T_1＝D,G,H,J,P,Q,X,Y 层次代号 ii

ii	层次	ii	层次
99	1000 hPa	49	490 hPa
98	地面层	48	480 hPa
97	对流层	47	470 hPa
96	最大风层	46	460 hPa
95	950 hPa	45	450 hPa
94	0℃等温线级别	44	440 hPa
93	975 hPa	43	430 hPa
92	925 hPa	42	420 hPa
91	875 hPa	41	410 hPa
90	900 hPa	40	400 hPa
89	任何简化海平面的参数(例如 MSLP)	39	390 hPa

表 A.12　T_1＝D,G,H,J,P,Q,X,Y 层次代号 ii(续)

ii	层次	ii	层次
88	地球表面的土壤或水特性(例如雪覆盖,波浪和海涌)	38	380 hPa
87	1000 hPa～500 hPa 厚度	37	370 hPa
86	边界层	36	360 hPa
85	850 hPa	35	350 hPa
84	840 hPa	34	340 hPa
83	830 hPa	33	330 hPa
82	825 hPa	32	320 hPa
81	810 hPa	31	310 hPa
80	800 hPa	30	300 hPa
79	790 hPa	29	290 hPa
78	780 hPa	28	280 hPa
77	775 hPa	27	270 hPa
76	760 hPa	26	260 hPa
75	750 hPa	25	250 hPa
74	740 hPa	24	240 hPa
73	730 hPa	23	230 hPa
72	725 hPa	22	220 hPa
71	710 hPa	21	210 hPa
70	700 hPa	20	200 hPa
69	690 hPa	19	190 hPa
68	680 hPa	18	180 hPa
67	675 hPa	17	170 hPa
66	660 hPa	16	160 hPa
65	650 hPa	15	150 hPa
64	640 hPa	14	140 hPa
63	630 hPa	13	130 hPa
62	625 hPa	12	120 hPa
61	610 hPa	11	110 hPa
60	600 hPa	10	100 hPa
59	590 hPa	09	090 hPa
58	580 hPa	08	080 hPa
57	570 hPa	07	070 hPa
56	560 hPa	06	060 hPa
55	550 hPa	05	050 hPa
54	540 hPa	04	040 hPa
53	530 hPa	03	030 hPa
52	520 hPa	02	020 hPa
51	510 hPa	01	010 hPa
50	500 hPa	00	整个大气层

表 A.13 国内编报中心代码(CCCC)

CCCC 码	单位	CCCC 码	单位
BABA	中国气象局	BEHT	呼和浩特
BABJ	国家气象中心	BEHZ	杭州
BAQH	国家气候中心	BEJN	济南
BAQK	中国气象科学研究院	BEKM	昆明
BAWX	国家卫星气象中心	BELS	拉萨
BCGZ	广州	BENB	宁波
BCLZ	兰州	BENC	南昌
BCSH	上海	BENJ	南京
BEPK	北京	BENN	南宁
BECC	长春	BEQD	青岛
BECQ	重庆	BESZ	石家庄
BCSY	沈阳	BETJ	天津
BCUQ	乌鲁木齐	BETY	太原
BCWH	武汉	BEXA	西安
BECS	长沙	BEXM	厦门
BEDL	大连	BEXN	西宁
BEFZ	福州	BEYC	银川
BEGY	贵阳	BEZZ	郑州
BEHB	哈尔滨	BCTP	台北
BEHF	合肥	VHHH	香港
BEHK	海口	VMMC	澳门

表 A.14 附注项(BBB)编码规定

BBB	指示含义
RRA(或 RRB、RRC……)	迟到电报
CCA(或 CCB、CCC……)	更正电报
AAA(或 AAB、AAC)	补正电报
FKT	风速以海里/小时为单位编报的地面报
ZZZ	保密电报

参考文献

[1] QX/T 102—2009 气象资料分类与编码
[2] WMO-No. 386-Manual on the Global Telecommunication System

ICS 07.060
A 47

中华人民共和国气象行业标准

QX/T 130—2011

电离层突然骚扰分级

Sudden ionospheric disturbance classification

2011-04-22 发布　　2011-10-01 实施

中 国 气 象 局　发 布

前　言

本标准按照 GB/T 1.1—2009 给出的规则起草。

本标准由全国卫星气象与空间天气标准化技术委员会空间天气监测预警分技术委员会(SAC/TC 347/SC 3)提出并归口。

本标准的起草单位:国家卫星气象中心(国家空间天气监测预警中心)。

本标准的主要起草人:余涛、王云冈、毛田。

电离层突然骚扰分级

1 范围

本标准规定了电离层突然骚扰分级方法。

本标准适用于电离层突然骚扰的监测预警业务。

2 术语和定义

下列术语和定义适用于本文件。

2.1

电离层 ionosphere

地球大气的一个区域，高度范围在 60 km～1000 km，存在着大量的自由电子，足以影响无线电波的传播。

2.2

电离层突然骚扰 sudden ionospheric disturbance

太阳耀斑电磁辐射导致的地球向阳面电离层电子密度的突然增大。

2.3

电离层电子总含量 total electron content;TEC

电离层电子柱含量

电离层电子积分含量

电子密度沿高度的积分。

注：单位为 10^{16} 每二次方米（m^{-2}），简称 TECU。

3 分级

3.1 原则

依据 TEC 变化量（计算方法见附录 A）将电离层突然骚扰分为弱、中等、强共三级。

3.2 弱电离层突然骚扰

TEC 变化量在 10 min 内达到 0.1 TECU～0.5 TECU（包含 0.5 TECU）。

3.3 中等电离层突然骚扰

TEC 变化量在 10 min 内达到 0.5 TECU～5 TECU（包含 5 TECU）。

3.4 强电离层突然骚扰

TEC 变化量在 10 min 内达到 5 TECU 以上。

附 录 A
（规范性附录）
TEC 变化量计算

A.1 通则

按照以下 A.2～A.5 的步骤计算 TEC 变化量。

A.2 载波相位 TEC I_s^P

$$I_s^P = 2.853 \times \mathrm{d}P \tag{A.1}$$

式中：

dP ——由两 GPS 载波相位观测量计算的时延差，单位为纳秒（ns）。

A.3 单站单星斜向 TEC 增量 δi_s

对太阳耀斑期间及前后各 1 h 单颗卫星的连续无跳变的相位 TEC 观测值（要求所用观测数据的仰角均大于 30°）做三阶多项式拟合，取拟合值与观测值之差的最大值为单站单星斜向 TEC 增量 δi_s。

A.4 单站 TEC 增量 δi_v

$$\delta i_v = \frac{1}{n}\sum_n \delta i_{sn} \times \sin\theta_n \tag{A.2}$$

式中：

n ——提供有效观测数据的卫星数目；

θ ——某一时刻 400 km 高度处卫星的仰角。

A.5 TEC 增量 δI_v

使用不少于 10 个处于向日面的观测站数据计算 TEC 增量。

$$\delta I_v = \frac{1}{m}\sum_m \frac{\delta i_{vm}}{\sin\chi_m} \tag{A.3}$$

式中：

m ——提供有效观测数据的观测站数目；

χ ——观测站对应的太阳天顶角。

ICS 07.060
A 47

中华人民共和国气象行业标准

QX/T 131—2011

C 波段 FENGYUNCast 用户站通用技术要求

General technical requirements for C-band FENGYUNCast user station

2011-04-22 发布　　2011-10-01 实施

中国气象局　发布

前　言

本标准按照 GB/T 1.1—2009 给出的规则起草。

本标准由全国卫星气象与空间天气标准化技术委员会(SAC/TC 347)提出并归口。

本标准起草单位:国家卫星气象中心。

本标准主要起草人:贾树波、周志华、龙向荣。

C 波段 FENGYUNCast 用户站通用技术要求

1 范围

本标准规定了 C 波段 FENGYUNCast 用户站的设备组成、技术要求、试验方法和检验规则，确立了该用户站硬件和软件配置。

本标准适用于 C 波段的 FENGYUNCast 用户站的设计集成、安装调试、检验和运行维护。

2 规范性引用文件

下列文件对于本文件的应用是必不可少的。凡是注日期的引用文件，仅注日期的版本适用于本文件。凡是不注日期的引用文件，其最新版本(包括所有的修改单)适用于本文件。

GB/T 8898—2001 音频、视频及类似电子设备安全要求

GB/T 11298.1—1997 卫星电视地球接收站测量方法 第 1 部分：系统测量

GB/T 11298.2—1997 卫星电视地球接收站测量方法 第 2 部分：天线测量

GB/T 11298.3—1997 卫星电视地球接收站测量方法 第 3 部分：室内单元测量

GB/T 11298.4—1997 卫星电视地球接收站测量方法 第 4 部分：室外单元测量

GB/T 11442—1995 卫星电视地球接收站通用技术条件

SJ/T 11334—2006 卫星数字电视接收器通用规范

3 术语和定义

下列术语和定义适用于本文件。

3.1

风云卫星数据广播系统 FENGYUNCast

基于通信卫星采用数字视频广播技术(DVB-S)搭建的气象卫星数据共享平台。

3.2

用户站 user station

接收 FENGYUNCast 广播分发的气象卫星数据的用户端接收系统。

4 用户站组成

C 波段 FENGYUNCast 用户站由天线、室外单元、功率分配器(可选)和室内单元组成，室内单元和室外单元通过电缆连接。室外单元主要由低噪声下变频设备组成；室内单元由解调设备、计算机和进机软件组成，见图 1。在室外和室内单元之间连接的 L 波段功率分配器，能够将接收的数据分成多路信号同时处理。

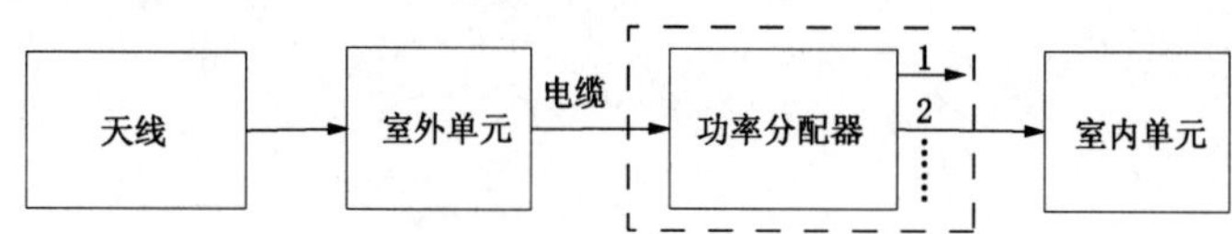

图 1 C 波段 FENGYUNCast 用户站组成框图

5 技术要求

5.1 整体部分

5.1.1 一般要求

开关、按键的操作应灵活可靠，机壳、面板不应有明显的开裂、变形、划伤、脱漆和锈蚀。零部件应紧固无松动。

产品的标识和字符应正确、牢固，含义表达清晰。

设备应具有接地连接点。

5.1.2 性能要求

用户站性能要求见表 1。

表 1 C 波段 FENGYUNCast 用户站性能要求

<table>
<tr><th>序号</th><th>技术参数</th><th>单位</th><th>要求</th><th colspan="2">备注</th></tr>
<tr><td>1</td><td>接收频段</td><td>GHz</td><td>3.4～4.2</td><td colspan="2">—</td></tr>
<tr><td rowspan="6">2</td><td rowspan="6">品质因数(G_0/T)</td><td rowspan="6">dB/K</td><td>15.56</td><td>天线口径为 1.8 m</td><td rowspan="6">$(G/T)\geqslant(G_0/T)+$
$20\lg[f(\text{GHz})/3.95]$
天线仰角为 20°
[晴天，LNA（低噪声放大器）噪声 30K]</td></tr>
<tr><td>16.47</td><td>天线口径为 2.0 m</td></tr>
<tr><td>18.48</td><td>天线口径为 2.4 m</td></tr>
<tr><td>20.6</td><td>天线口径为 3 m</td></tr>
<tr><td>23.1</td><td>天线口径为 4 m</td></tr>
<tr><td>24.6</td><td>天线口径为 4.5 m</td></tr>
<tr><td>3</td><td>静态门限值(C/N)</td><td>dB</td><td>≤5.5</td><td colspan="2">$FEC=3/4$</td></tr>
<tr><td>4</td><td>误码率</td><td>—</td><td>$\leqslant 10^{-8}$</td><td colspan="2">—</td></tr>
<tr><td colspan="6">注：表中 FEC 通常称“前向纠错”，工程上用 FEC 表示；f 是频率；C/N 在电子工程中表示“载噪比”，C 是载波功率，N 是噪声功率；G_0/T 在电子工程中表示“系统在中心频率上的品质因数”，其中 G_0 是天线中心频率上的增益，T 是天线噪声；G/T 在电子工程中表示“天线增益与噪声比”，其中，G 是天线在频段内任意频率的增益。</td></tr>
</table>

5.2 天线

5.2.1 一般要求

5.2.1.1 工作条件

应满足：

a) 抗风能力：10 级风速正常工作，12 级风速不破坏；

b) 环境温度：－30℃～55℃；

c) 相对湿度：30％～100％。

5.2.1.2 极化方式

射频极化为线极化(LP)。

5.2.1.3 馈源输出连接方式

连接法兰为 FD-40。

5.2.1.4 外观

应整洁,无损伤、锈蚀和变形,表面涂层不应有开裂、脱落现象,零部件应紧固无松动。

5.2.1.5 性能要求

天线性能要求见表 2。

表 2 C 波段 FENGYUNCast 用户站天线性能要求

<table>
<tr><th>序号</th><th>技术参数</th><th>单位</th><th>要求</th><th colspan="2">备注</th></tr>
<tr><td>1</td><td>接收频段</td><td>GHz</td><td>3.4～4.2</td><td colspan="2">—</td></tr>
<tr><td rowspan="6">2</td><td rowspan="6">天线增益 G_0</td><td rowspan="6">dB</td><td>≥34.43</td><td>天线口径为 1.8 m</td><td rowspan="6">$G \geq G_0 + 20\ lg[f(GHz)/3.95]$</td></tr>
<tr><td>≥35.34</td><td>天线口径为 2.0 m</td></tr>
<tr><td>≥37.35</td><td>天线口径为 2.4 m</td></tr>
<tr><td>≥39.30</td><td>天线口径为 3.0 m</td></tr>
<tr><td>≥41.80</td><td>天线口径为 4.0 m</td></tr>
<tr><td>≥43.20</td><td>天线口径为 4.5 m</td></tr>
<tr><td rowspan="6">3</td><td rowspan="6">天线噪声温度</td><td rowspan="6">K</td><td>≤51</td><td>天线口径为 1.8 m,2.0 m,2.4 m</td><td rowspan="3">仰角 10°时</td></tr>
<tr><td>≤48</td><td>天线口径为 3.0 m, 4.0 m</td></tr>
<tr><td>≤45</td><td>天线口径为 4.5 m</td></tr>
<tr><td>≤47</td><td>天线口径为 1.8 m,2.0 m,2.4 m</td><td rowspan="3">仰角 20°时</td></tr>
<tr><td>≤44</td><td>天线口径为 3.0 m,4.0 m</td></tr>
<tr><td>≤41</td><td>天线口径为 4.5 m</td></tr>
<tr><td rowspan="2">4</td><td rowspan="2">交叉极化鉴别率</td><td rowspan="2">dB</td><td>≥23</td><td colspan="2">1.8 m～3.0 m</td></tr>
<tr><td>≥25</td><td colspan="2">4.0 m～4.5 m</td></tr>
<tr><td>5</td><td>天线第一旁瓣</td><td>dB</td><td>≤−14</td><td colspan="2">—</td></tr>
<tr><td rowspan="2">6</td><td rowspan="2">天线指向调整范围</td><td rowspan="2">度</td><td>5～85</td><td colspan="2">俯仰</td></tr>
<tr><td>0～360</td><td colspan="2">方位</td></tr>
<tr><td colspan="6">注:G_0 是天线中心频率上的增益;G 是天线在频段内任意频率的增益;f 是频率。</td></tr>
</table>

5.2.2 可靠性要求

平均故障间隔时间(MTBF)的下限值 θ_1 不小于 7000 h。

5.2.3 寿命要求

寿命不小于 10 年。

5.3 室外单元

5.3.1 一般要求

5.3.1.1 工作条件应满足：

a) 环境温度：−30°C～55°C；

b) 相对湿度：30%～100%。

5.3.1.2 连接方式为：

a) 输入端口：FDM-40；

b) 输出端口：F 型孔座连接器，输出阻抗 75 Ω(参见 SJ/T 11327—2006 中 4.1.1、4.1.2)。

5.3.1.3 供电方式为：

a) 电压：15 V～20 V(直流)；

b) 电流：不大于 200 mA。

5.3.1.4 外观

应整洁，无损伤、锈蚀和变形，表面涂层不应有开裂、脱落现象，零部件应紧固无松动。

5.3.2 性能要求

室外单元性能要求见表 3。

表 3 室外单元性能要求

序号	技术参数	单位	技术指标	备注
1	工作频段	GHz	3.4～4.2	—
2	相位噪声	dBc/Hz	−65	偏离中心频率 1 kHz 处
			−75	偏离中心频率 10 kHz 处
			−85	偏离中心频率 100 kHz 处
3	功率增益	dB	≥60	−30℃～55℃
4	噪声温度	K	≤30	20℃～25℃
5	一本振频率稳定度	—	$\leq 7.7\times10^{-4}$	−25℃～−55℃
6	输入饱和电平	dBm	≥−60	1 dB 压缩点时的输入电平
7	镜像干扰抑制比	dB	≥50	—
8	输入端口回波损耗	dB	≥7	—
9	输出端口回波损耗	dB	≥10	—
10	增益稳定性	dB/h	≤0.2	—
11	输出频率范围	MHz	950～1750	—

5.3.3 电磁兼容要求

一本振泄露电平：不大于−50 dBm。

5.3.4 环境适应性

环境试验要求见 GB/T 11442—1995 中 4.3.4 的规定。

5.3.5 可靠性要求

平均故障间隔时间(MTBF)的下限值 θ_1 不小于 7000 h。

5.4 连接电缆

应满足：

a) 连接端口：两端为 F 型针座连接器(参见 SJ/T 11327—2006 的 4.1.1、4.1.2)；

b) 特性阻抗：75 Ω；

c) 长度：推荐 20 m ～120 m，且选择的电缆长度，应使输出电平在－65 dBm～－25 dBm 范围内。

5.5 功率分配器

应满足：

a) 连接端口：F 型孔座连接器(输入、输出)；

b) 端口数：2、4；

c) 隔离度：不小于 20 dB；

d) 插入损耗：不大于 0.5 dB；

e) 回波损耗：不小于 17 dB(输入、输出口)。

5.6 室内单元

5.6.1 一般要求

5.6.1.1 正常工作条件应满足：

a) 环境温度：5℃～40℃；

b) 相对湿度：45％～100％；

c) 电源：电压(220±22)V，频率(50±2)Hz。

5.6.1.2 输入连接方式应满足：

输入端口：F 型孔座连接器，输入阻抗 75 Ω(参见 SJ/T 11327—2006 中 4.1.1、4.1.2)。

5.6.1.3 数据输出形式应满足：

连接端口：网口。

5.6.1.4 外观应满足：

无明显的开裂、变形、划伤、脱漆和锈蚀。如果有按键、旋钮，应灵活自由，标示应清晰。

5.6.2 功能性能要求

应符合 SJ/T 11334—2006 的要求。

5.6.2.1 解调器设备性能要求见表 4。

表 4 解调设备性能要求

序号	技术参数	单位	技术指标	备注
1	输入频率范围	MHz	950～1750	—
2	输入电平范围	dBm	－65～－25	—
3	频率捕捉范围	MHz	±2.5	—
4	二本振频率稳定度	MHz	±0.5	5℃ ～40℃

表 4　解调设备性能要求(续)

序号	技术参数	单位	技术指标	备注
5	频率步进	MHz	≤0.5	—
6	E_b/N_0 门限值	dB	≤5.5	$FEC=3/4$，误码率 3×10^{-6}
7	符号率解调范围	Mbps	2～45	滚降系数:0.2，$FEC=3/4$
8	解调方式	—	QPSK	—
9	供电电压	V	16～20	供给室外单元
10	供电电流	mA	≥250	供给室外单元
注:E_b 为信号比特能量;N_0 为热噪声功率谱密度。				

5.6.2.2　计算机配置可参照如下：

a)　主频不低于 2.4 GHz；

b)　内存不低于 1 GB；

c)　硬盘不低于 160 GB；

d)　Windows 或 Linux 操作系统。

5.6.2.3　进机软件配置应满足：

a)　实现数据分类、快视和存储功能；

b)　与数据进机接口通信；

c)　保证磁盘空间用量不大于 80%；

d)　将进机数据还原成原始数据文件格式，并存储；

e)　快视图像信号采用准实时快视；

f)　统计误码率功能。

5.6.3　安全性

室内单元的安全性要求，应符合 GB 8898—2001 中 I 类设备的规定：

a)　标记：应符合 GB 8898—2001 第 5 章要求；

b)　绝缘、抗电强度：应符合 GB 8898—2001 第 10 章要求；

c)　温异：应符合 GB 8898—2001 第 11 章要求；

d)　电源线：应符合 GB 8898—2001 第 16 章要求。

5.6.4　环境适应性

环境试验要求见 GB/T 11442—1995 中 4.3.4 条。

5.6.5　可靠性要求

平均故障间隔时间(MTBF)的下限值 θ_1 不小于 3000 h。

6　试验方法

6.1　外观检查

用目视和手感法进行。

6.2 性能测量

6.2.1 系统按 GB 11298.1 测量，误码率按附录 A.2.7 测量。

6.2.2 天线按 GB 11298.2 测量。

6.2.3 室外单元按 GB 11298.3 测量。

6.2.4 室内单元的解调设备按附录 A 测量。

6.3 电磁兼容测量

一本振泄露电平按 GB 11298.3—1997 中 4.6 规定进行。

6.4 安全性试验

按 GB 8898—2001 中第 5 章、第 10 章、第 11 章和第 16 章规定进行。

6.5 环境试验

6.5.1 试验顺序按照 SJ/T 10649—1995 中 5.3 和 GB/T 11442—1995 中 5.5.1 规定进行。

6.5.2 试验方法按照 GB/T 11442—1995 中 5.5.2 规定进行。

6.6 可靠性试验

6.6.1 室外单元可靠性试验

按照 GB/T 11442—1995 中 5.6.1 规定进行。

6.6.2 室内单元可靠性试验

6.6.2.1 试验方案按照 GB/T 11442—1995 中 5.6.2.1 规定进行。

6.6.2.2 施加应力按照 GB/T 11442—1995 中 5.6.2.2 规定进行。

6.6.2.3 工作循环按照 GB/T 11442—1995 中 5.6.2.4 规定进行。

6.6.2.4 工作检查

每个循环按下列内容检查一次：

a) 计算机系统重新启动两次检查；

b) 进机软件工作情况检查；

c) 磁盘文件空间用量检查；

d) 快视图像主观评价。

6.6.2.5 失效判据

应满足下列条件之一：

a) 快视图像数据丢帧大于 5%；

b) 快视图像误码率大于 1×10^{-5}；

c) 不接收、不存盘和严重影响快视图像质量的其他故障。

6.6.2.6 失效数统计计算

在可靠性试验中，出现 6.6.2.5 中任何一条故障即算一次失效，从属失效不计入失效数。由于施加了规定范围以外的应力而导致的失效不计入失效。

7 检验规划

7.1 概述

产品质量检验分为定型检验、交收检验和例行检验。

7.2 定型检验

7.2.1 检验项目按照 GB/T 11442—1995 中 6.1.1 条进行。

7.2.2 合格判定

7.2.1 中所有检验项目均合格，判为鉴定检验合格。对于定型检验中不合格的项目应查明原因，采取改进措施后，对不合格及相关项目进行检验，直至合格为止。

7.3 交收检验

7.3.1 检验项目

7.3.1.1 外观检验应满足：

a) 各种开关、接插件定位准确、加固可靠；

b) 各种活动部位转动平滑，无明显划痕、无腐蚀、无机械损伤、涂覆层无气泡；

c) 表面颜色均匀一致，漆面不得出现流痕、气泡和剥落现象。

7.3.1.2 性能检验应满足表 1 的要求。

7.3.1.3 环境适应性检验应满足：

a) 对室外设备应满足 5.2.1.1 环境条件；

b) 设备对电源适应性满足电压(220±22)V，频率(50±2)Hz。

7.3.1.4 安全性检验应满足 5.6.3 的要求。

7.3.2 样本的抽取

样本应从提交检验批中随机抽取。

7.3.3 合格判据

如出现安全不合格则判为不合格批。

如出现外观和性能的一项不合格，则判为不合格品。

7.3.4 检验结果和处理

按照 GB/T 11442—1995 中 6.2.5 规定执行。

7.4 例行检验

7.4.1 检验项目按 7.2.1 检验。

7.4.2 检验周期按 GB/T 11442—1995 中 6.3.1 规定执行。

7.4.3 合格判据按照 GB/T 11442—1995 中 6.3.5 规定执行。

7.4.4 检验结果和处理按照 GB/T 11442—1995 中 6.3.6 规定执行。

7.4.5 样本的处理按照 GB/T 11442—1995 中 6.3.7 规定执行。

8 标志、包装、运输和贮存

标志、包装、运输和贮存应按照 GB/T 11442—1995 中第 7 章执行。

9 成套性

产品成套性是指生产厂家在交付用户时应该提供的装箱内容，产品成套性见表 5。

表 5 产品成套性

序号	产品	单位	数量
1	天线	套	1
2	室外单元(低噪声下变频设备)	套(台)	1
3	电缆	套	1
4	解调设备	台(块)	1
5	计算机	套	1
6	进机软件	套	1
7	使用维护手册	套	1
8	出厂合格证	份	1
9	装箱清单	份	1

附　录　A
(规范性附录)
解调设备测量

A.1　测量条件

见 GB/T 11298.4—1997 第 3 章。

A.2　测量方法

A.2.1　工作频段

A.2.1.1　一般考虑

解调设备的工作频段是在工作频带内满足规定的性能指标的频率范围，见 GB/T 11298.4—1997 的 4.1.1。

A.2.1.2　测量方法

测量仪器和设备配置如图 A.1 所示。

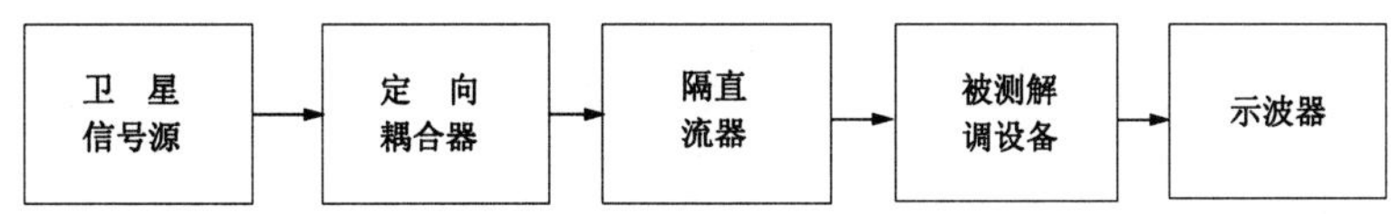

图 A.1　测量工作频段的仪器设备配置

测量方法如下：

a)　在工作频段低端，调节测量仪器，在示波器上显示正常波形；

b)　逐渐增加卫星信号源的频率，当显示的波形出现噪波，且急剧恶化时，卫星信号源所指频率即为工作频段的高端频率；

c)　逐渐降低卫星信号源的频率，用同样的方法测出的低端频率。

A.2.1.3　结果表示法

解调设备工作频段为×××MHz～××××MHz。

A.2.2　输入电平范围

A.2.2.1　一般考虑

见 GB/T 11298.4—1997 中 4.3.1。

A.2.2.2　测量方法

测量仪器设备配置如图 A.2 所示。

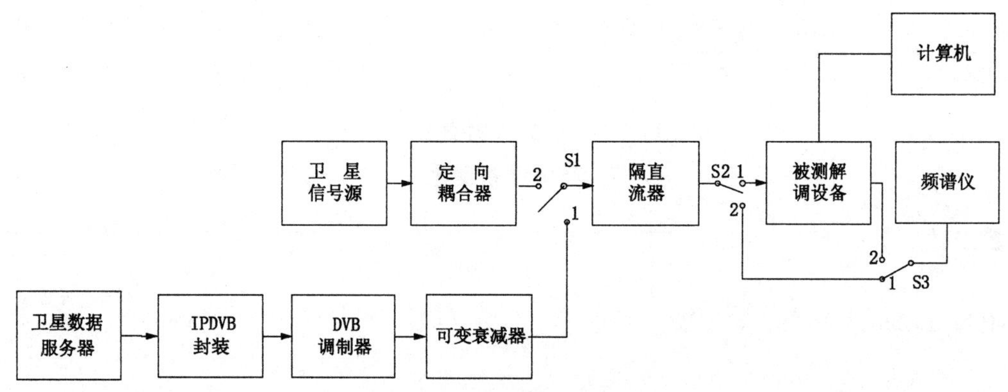

图 A.2 输入电平测量设备配置

测量方法如下：

a) 断开自动增益控制(AGC)，信号源调至工作频带内中心频率，使仪器和设备正常工作；

b) 逐渐增大卫星信号源的输出电平，并用频谱仪逐点测出 S2 置于"1"、S3 置于"2"和 S2 置于"2"、S3 置于"1"时的电平值，当出现增益压缩 1dB 时，所对应的输入电平，即为最大输入电平值；

c) 将 S1 置于"1"、S2 置于"1"、S3 断开，逐渐减小 DVB 调制器的输出信号电平，观察计算机显示器的卫星数据图像，当出现噪声点时，所对应的输入电平，即为最小输入电平值。

A.2.2.3 结果表示法

见 GB/T 11298.4—1997 中 4.3.3。

A.2.3 噪声系数

见 GB/T 11298.4—1997 中 4.7。

A.2.4 静态门限值

见 GB/T 11298.1—1997 中第 7 章。

A.2.5 符号率解调范围

A.2.5.1 一般考虑

符号率是指数据传输的速率，能正常接收数字信号的符号率范围。

A.2.5.2 测量方法

测量仪器和设备配置如图 A.3 所示。

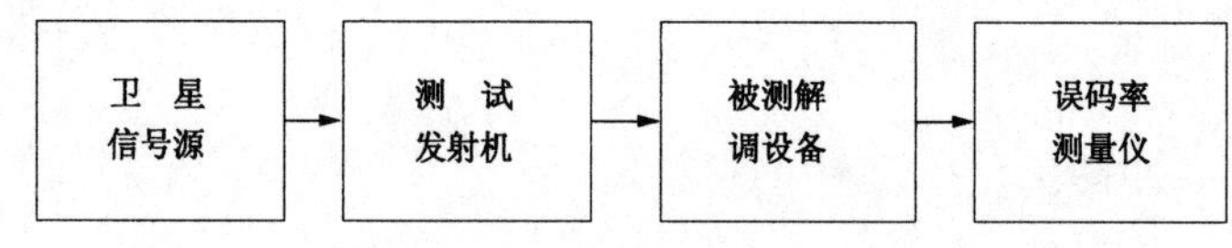

图 A.3 误码率测试配置

a) 按图 A.3 所示连接仪器和设备；

b) 将仪器和设备调整到正常工作状态，选择被测解调设备的工作频段内一个频点，发送数据测量信号，调整被测解调设备使其工作正常；

c) 改变测试发射机符号率，相应调整被测解调设备符号率，监测其能正确无误码率的接收数据的符号率范围。

A.2.5.3 结果表示法

用文字说明表示。

A.2.6 误码率

A.2.6.1 一般考虑

误码率是指衡量数据在规定时间内数据传输正确性的指标。

A.2.6.2 测量方法

测量仪器和设备配置如图 A.3 所示。

测量方法如下：

a) 测试仪器按图 A.3 连接；

b) 将仪器和设备调整到正常工作状态，选择被测解调设备的工作频段内一个频点，发送数据测量信号，调整被测解调设备使其工作正常；

c) 固定测试发射机符号率，测出 60 min 内解调设备的平均误码率。

A.2.6.3 结果表示法

用文字说明表示。

ICS 07.060
A 47

中华人民共和国气象行业标准

QX/T 132—2011

大气成分观测数据格式

Data format for atmospheric composition observation

2011-06-07 发布 2011-11-01 实施

中 国 气 象 局 发布

前　　言

本标准按照 GB/T 1.1—2009 给出的规则起草。

本标准由全国气象基本信息标准化技术委员会(SAC/TC 346)提出并归口。

本标准起草单位:中国气象科学研究院。

本标准主要起草人:张晓春、靳军莉、赵鹏、周凌晞、孙俊英、徐晓斌、张小曳。

引　　言

为加强对温室气体、气溶胶、反应性气体、臭氧等主要大气成分观测数据的管理，统一和规范观测数据文件格式及文件命名，借鉴国内外相关技术材料和标准制定本文件。

大气成分观测数据格式

1 范围

本标准规定了温室气体、气溶胶、反应性气体、臭氧等主要大气成分观测数据文件的命名和格式。

本标准适用于温室气体、气溶胶、反应性气体、臭氧等主要大气成分地基观测数据的采集、传输、台站存储及应用等。

2 规范性引用文件

下列文件对于本文件的应用是必不可少的。凡是注明日期的引用文件，仅注日期的版本适用于本文件。凡是不注日期的引用文件，其最新版本(包括所有的修改单)适用于本文件。

QX/T 102—2009 气象资料分类与编码

QX/T 124—2011 大气成分观测资料分类与编码

3 术语和定义

下列术语和定义适用于本文件。

3.1

温室气体 greenhouse gas;GHG

大气中能够吸收红外辐射的气体成分，主要包括水汽(H_2O)、二氧化碳(CO_2)、甲烷(CH_4)、氧化亚氮(N_2O)、六氟化硫(SF_6)、氢氟碳化物(HFCs)、全氟化碳(PFCs)和臭氧(O_3)等。

3.2

大气气溶胶 atmospheric aerosol

液体或固体微粒分散在大气中形成的相对稳定的悬浮体系。

注：大气中悬浮的固体和液体粒子。

3.3

反应性气体 reactive gas

大气中化学反应活性较强、能发生较快的大气化学反应并转化为其他大气成分的气体。

3.4

干沉降 dry deposition

悬浮于大气中的各种粒子通过重力作用以其自身末速度沉降，或与植被、地面土壤、建筑物表面等相碰撞而被捕获的过程。

3.5

湿沉降 wet deposition

悬浮于大气中的各种粒子在降水过程中被冲刷消除的过程。

3.6

挥发性有机物 volatile organic compounds;VOCs

在25℃时，饱和蒸汽压高于0.27 kPa的由碳和氢等原子组成的烷烃类、烯烃类、炔烃类、二烯烃类等化合物，但不包括甲烷、二氧化碳、一氧化碳、碳酸、碳酸盐和金属碳化物。

3.7

持久性有机污染物　persistent organic pollutant

对生物代谢、光解、化学分解等具有很强抵抗能力的有机污染物。

3.8

重金属　heavy metal

密度大于 5 g/cm^3 的金属。

注：汞、镉、铅、铜、锌、砷、铬、镍等。

4　文件命名

4.1　文件类别

包括台站基本信息文件、观测环境报告文件、数据含义说明文件、仪器设备信息文件、现场观测状况信息文件、设备维护文件、观测数据文件、仪器标校信息文件和产品文件等。

4.2　文件名

由英文字母、阿拉伯数字和特定符号组成，其结构如下：

pflag_productidentifier_oflag_originator_yyyyMMddhhmmss_ftype_item-ptype

[－element] [－instrutype] [－seriesno][－correction]. extname[. compression]

其中："_"为下划线，"－"为中划线半角字符(减号)；方括号"[ ]"内字段可根据需要进行取舍。

文件名总长度应小于等于 256 个字符。

4.3　说明

4.3.1　pflag 字段

标识数据产生的国别或地区。以大写英文字母表示，长度为 1 个字符，取值见表 1。

表 1　pflag 字段的取值

字段取值	含义
Z	中国境内产生的观测数据

4.3.2　productidentifier 字段

标识数据的分类属性。以大写英文字母表示，长度为 4 个字符。按照 QX/T 102—2009 的 5.1 给出的规则，取值为大写英文字母"CAWN"。

4.3.3　oflag 字段

标识 originator 字段的解码方式。以大写英文字母表示，长度为 1 个字符，取值见表 2。

表 2　oflag 字段的取值

字段取值	含义
I	表示 originator 字段为台站区站号的 5 位数字或字符编码

4.3.4 originator 字段

标识台站的编号(区站号)。以 5 位阿拉伯数字表示的编号或以大写英文字母开头、由阿拉伯数字或大写英文字母构成的长度为 5 个字符的编号。

4.3.5 yyyyMMDDhhmmss 字段

标识数据文件生成的时间(世界协调时 UTC)。以数字表示,长度为 14 个字符,含义见表 3。

表 3 yyyyMMddhhmmss 字段的含义

字符	说明	类型	位数
yyyy	年份	数字	4
MM	月份	数字	2
dd	日期	数字	2
hh	时	数字	2
mm	分	数字	2
ss	秒	数字	2
注:位数不足,高位补数字"0"。			

4.3.6 ftype 字段

标识数据文件的属性。以大写英文字母表示,长度为 1 个字符,其取值见表 4。

表 4 ftype 字段的取值

字段取值	含义
C	台站基本信息文件
E	观测环境报告文件
F	数据含义说明文件
I	仪器设备信息文件
L	现场观测状况信息文件
M	设备维护信息文件
O	观测数据文件
P	加工产品、反演资料、预报产品和服务产品等
S	仪器标校信息文件

4.3.7 item 字段

标识观测项目的内容属性。以大写英文字母表示,取值见 QX/T 124—2011 的 4.4。

4.3.8 ptype 字段

标识观测数据的属性。以大写英文字母或数字表示,长度为 3 个字符,取值见表 5。

表 5 ptype 字段的取值

字段取值	含义
FLD	观测台站现场所观测到的数据
FQ1	经一级质量控制后的台站观测数据
FQ2	经二级质量控制后的台站观测数据
FQn	经 n 级质量控制后的台站观测数据，其中 n 为 0～9、A～Z 的一位数字或字符
LAB	经实验室分析后所得到的分析数据
LQ1	经一级质量控制后的实验室分析数据
LQ2	经二级质量控制后的实验室分析数据
LQn	经 n 级质量控制后的实验室分析数据，其中 n 为 0～9、A～Z 的一位数字或字符

4.3.9 element 字段

标识观测资料的要素属性。以大写英文字母或数字表示，取值见 QX/T 124—2011 的 4.5。

4.3.10 instrutype 字段

标识仪器设备型号的属性。以大写英文字母或数字表示，其长度不超过 8 个字符。

4.3.11 seriesno 字段

标识仪器设备序列号或代码。以大写英文字母或数字表示，其长度不超过 8 个字符。

4.3.12 correction 字段

标识数据文件是否为更正报文。需要发送更正报文时，取值为 CCx，其中 CC 为固定代码，为大写英文字母；x 取值为大写英文字母 A～X，x=A 时，表示该站某次观测的第一次更正，x=B 时，表示该站某次观测的第二次更正，依次类推，直至 x=X。

4.3.13 extname 字段

标识数据文件的扩展名。以大写英文字母表示，取值见表 6。

表 6 extname 字段的取值

字段取值	含义
MET	元数据文件
TXT	文本文件
BIN	二进制格式文件
BUF	BUFR 码格式文件
GIF	GIF 格式图像文件
JPG	JPEG 格式图像文件
MPG	MPEG 格式视频文件
AVI	AVI 格式视频文件
XML	XML 格式文件
DOC	Microsoft Word 文件
XLS	Microsoft Excel 文件
PPT	Microsoft Powerpoint 文件

4.3.14 compression 字段

标识采用了数据压缩技术进行压缩的文件。以大写英文字母或阿拉伯数字表示，取值见表 7。

表 7 compression 字段取值

字段取值	含义
BZ2	采用 Unix bzip2 技术压缩的文件
ZIP	采用 PKWare Zip 技术压缩的文件
RAR	采用 RAR 技术压缩的文件
TAR	采用 TAR 技术压缩的文件

5 文件格式

5.1 观测数据文件

5.1.1 传输数据文件

5.1.1.1 构成

数据文件由若干条数据记录构成，每条数据记录由若干数据组构成。每条数据记录占一行，记录的结束为回车换行符。

各数据组之间以 1 位半角逗号作为分隔符。

数据记录由区站号、时间和若干观测要素等数据组构成。

5.1.1.2 说明

5.1.1.2.1 第 1 条记录：为强制数据记录，包括区站号、纬度、经度和观测场点海拔高度 4 组数据。

第 1 组，区站号：以 5 位阿拉伯数字表示的编号或以大写英文字母开头、由阿拉伯数字或大写英文字母构成的长度为 5 个字符的编号。

第 2 组，纬度：由 6 位数字和 1 位字母组成，前 6 位为纬度，其中第 1～2 位为度，第 3～4 位为分，第 5～6 位为秒，位数不足，高位补数字“0”；第 7 位为指示码，北纬为大写英文字母“N”，南纬为大写英文字母“S”。

第 3 组，经度：由 7 位数字和 1 位字母组成，前 7 位为经度，其中第 1～3 位为度，第 4～5 位为分，第 6～7 位为秒，位数不足，高位补数字“0”；第 8 位为指示码，东经为大写英文字母“E”，西经为大写英文字母“W”。

第 4 组，观测场(点)海拔高度：由 1 位字母和 5 位数字组成，第 1 位为海拔高度参数，实测为大写英文字母“S”，约测为大写英文字母“Y”。后 5 位为海拔高度，单位为“0.1 m”，位数不足时，高位补数字“0”。若测站位于海平面以下，第 2 位记“－”号。

5.1.1.2.2 第 2 条及以下各条记录：包括观测时间及若干观测要素数据组构成。

第 1 组，观测时间：为强制使用组。由 14 位数字构成，数据格式为“YYYYMMDDhhmmss”。其中，YYYY 表示年，为 4 位数字；MM、DD、hh、mm、ss 分别表示月、日、时、分、秒，均为 2 位数字，位数不足，高位补数字“0”。

第 2 组，观测要素 1：由数字或英文字母构成，当数据组缺失时，以 6 个“/”字符，即“//////”表示。

第 3 组，观测要素 2：由数字或英文字母构成，当数据组缺失时，以 6 个“/”字符，即“//////”表示。

……………………………………………………

……………………………………………………

第 n 组，观测要素 m：由数字或英文字母构成，当数据组缺失时，以 6 个“/”字符，即“//////”表示。

5.1.2 存档数据文件

5.1.2.1 构成

由台站参数段、设备参数段、标校信息段、维护信息段、数据格式说明段、数据段、附加信息段共 7 段构成。

每段由段标识符和若干记录组成，每条记录由若干数据组构成，各组数据间的分隔符为 1 位半角逗号，每条数据记录占一行，记录的结束为回车换行符。

如某一段没有记录，应保留段标识符。

数据文件由 ASCII 码字符和汉字组成。

5.1.2.2 说明

5.1.2.2.1 台站参数段

第 1 条记录：为台站参数段开始标识。用“[STATION]”标识，英文字母为大写。

第 2 条记录：由 5 个数据组构成，数据组排列顺序依次为区站号、纬度、经度、观测场(点)海拔高度和观测站类别，各数据组说明如下：

——第 1 组，区站号：以 5 位阿拉伯数字表示的编号；或以大写英文字母开头、由阿拉伯数字或大写英文字母构成的长度为 5 个字符的编号。

——第 2 组，纬度：由 6 位数字和 1 个字母组成，前 6 位为纬度，其中第 1～2 位为度，第 3～4 位为分，第 5～6 位为秒，位数不足时，高位补数字“0”；第 7 位为指示码，北纬为大写英文字母“N”，南纬为大写英文字母“S”。

——第 3 组，经度：由 7 位数字和 1 个字母组成，前 7 位为经度，其中第 1～3 位为度，第 4～5 位为分，第 6～7 位为秒，位数不足时，高位补数字“0”；第 8 位为指示码，东经为大写英文字母“E”，西经为大写英文字母“W”。

——第 4 组，观测场(点)海拔高度：由 1 个字母和 5 位数字组成，第 1 位为海拔高度参数，实测为大写英文字母“S”，约测为大写英文字母“Y”。后 5 位为海拔高度，单位为“0.1m”，位数不足时，高位补数字“0”。若测站位于海平面以下，第 2 位记“－”号。

——第 5 组，观测站类别：由 1 个字母和 2 位数字组成，其中，第 1 位为大写英文字母“G”；第 2～3 位为观测站类别，“01”表示全球大气本底站，“02”表示区域大气本底站，“03”表示大气成分观测站，“04”表示沙尘暴观测站，“05”表示酸雨观测站，“06”表示臭氧总量观测站，“99”表示其他观测站。

5.1.2.2.2 设备参数段

第 1 条记录：为设备参数段开始标识。用“[INSTRUMENT]”标识，英文字母为大写。

第 2 条记录：设备参数索引文件名，文件名构成见第 4 章。设备参数索引文件中应包括设备名称、设备型号、设备序列号、生产厂家、观测要素及单位、数据分辨率、测量灵敏度、测量精度、设备开始运行时间及其他相关参数信息。

5.1.2.2.3 标校信息段

第 1 条记录：为标校信息段开始标识。用“[CALIBRATION]”标识，英文字母为大写。

第 2 条记录：为标校信息索引文件名，文件名构成见第 4 章。标校信息索引文件中应包括历次标校编号、标校开始时间、标校结束时间及标校结果等信息。

5.1.2.2.4 维护信息段

第1条记录:为维护信息段开始标识。用“[MAINTAINENCE]”标识,英文字母为大写。

第2条记录:为维护信息索引文件名,文件名构成见第4章。维护信息索引文件中应包括历次维护编号、维护开始时间、维护结束时间及维护内容等信息。

5.1.2.2.5 数据含义说明段

第1条记录:为数据含义说明段开始标识。用“[DATAFORMAT]”标识,英文字母为大写。

第2条记录:为数据含义说明索引文件名,文件名构成见第4章。数据含义说明索引文件中应包括5.1.2.2.6中所有数据含义的说明信息。

5.1.2.2.6 数据段

第1条记录:为数据段开始标识。用“[DATA]”标识,英文字母为大写。

第2条及以下各条记录:为数据记录。由若干数据组构成,数据组排列顺序依次为区站号、观测时间、若干观测要素、现场状况信息、一级质量控制标志、二级质量控制标志、一级质量控制备注、二级质量控制备注等。各数据组说明如下:

第1组,以5位数字表示的编号;或以大写英文字母开头、由数字或大写英文字母构成的长度为5个字符的编号。

第2组,观测时间:由14位数字构成,数据格式为“YYYYMMDDhhmmss”。其中,YYYY表示年,为4位数字;MM、DD、hh、mm、ss分别表示月、日、时、分、秒,均为2位数字,位数不足时,高位补数字“0”。

第3组,观测要素1,由数字或英文字母构成。

……………………………………………………

……………………………………………………

第n组,观测要素m,由数字或英文字母构成。

第$n+1$组,现场观测状况信息编码,由8位英文字母或数字构成。其中,第1～2位表示仪器运行状态;第3～4位表示仪器维护状况;第5～6位表示测站周边环境及污染活动状况;第7～8位表示天气现象。

第$n+2$组,一级质量控制标志,由2位英文字母或数字构成,默认标志为“//”。

第$n+3$组,二级质量控制标志,由2位英文字母或数字构成,默认标志为“//”。

第$n+4$组,一级质量控制备注,由若干英文字母和数字构成,默认标志为“//////”,最大字符数为50。

第$n+5$组,二级质量控制备注,由若干英文字母和数字构成,默认标志为“//////”,最大字符数为50。

5.1.2.2.7 附加信息段

第1条记录:为数据段开始标识。用“[ADDINFO]”标识,英文字母为大写。

第2条记录:为台站名称。最大字符数为50。

第3条记录:为台站所在省(自治区、直辖市)名全称,最大字符数为50。

第4条记录:为台站所在地的详细地址,所属省(自治区、直辖市)名称可省略,最大字符数为80。

第5条记录:为台站所在地的邮政编码,由6位阿拉伯数字组成。

第6条记录:为台(站)长的姓名,姓名中可加必要的符号,最大字符数为20。

第 7 条记录:为台站联系的固定电话(含区号)或移动电话号码,由数字构成。

第 8 条记录:为台站地理环境概述,默认值为“无”。

第 9 条记录:为台站周围环境变化概述,默认值为“无变化”。

第 10 条记录:为台站其他需要上报的有关事项,默认值为“无”。

第 11 条记录:为环境报告书名称信息,文件名构成见第 4 章。

5.2 台站基本信息文件

5.2.1 构成

由若干条数据记录构成。每条数据记录占一行,数据间的分隔符为 1 位半角逗号,数据记录的结束为回车换行符。

5.2.2 说明

第 1 条记录:由区站号、经度、纬度和海拔高度四组数据构成,各组数据间的分隔符为 1 位半角逗号。

其中:

1) 区站号以 5 位阿拉伯数字表示的编号,或以大写英文字母开头、由阿拉伯数字或大写英文字母构成的长度为 5 个字符的编号;

2) 纬度由 6 位数字和 1 个字母组成,前 6 位为纬度,其中第 1～2 位为度,第 3～4 位为分,第 5～6 位为秒,位数不足时,高位补数字“0”,第 7 位为指示码,北纬为大写字母“N”,南纬为大写字母“S”;

3) 经度由 7 位数字和 1 个字母组成,前 7 位为经度,其中第 1～3 位为度,第 4～5 位为分,第 6～7 位为秒,位数不足时,高位补数字“0”,第 8 位为指示码,东经为大写字母“E”,西经为大写字母“W”;

4) 海拔高度由 1 个字母和 5 位数字组成,第 1 位为海拔高度参数,实测为大写字母“S”,约测为大写字母“Y”,后 5 位为海拔高度,单位为“0.1 m”,位数不足时,高位补数字“0”,若测站位于海平面以下,第 2 位记“－”号。

第 2 条记录:为台站名全称。最大字符数为 50。

第 3 条记录:为台站类别。由 1 个字母和 2 位数字组成,其中,第 1 位为大写字母“G”;第 2～3 位为观测站类别,“01”为全球大气本底站,“02”为区域大气本底站,“03”为大气成分观测站,“04”为沙尘暴观测站,“05”为酸雨观测站,“06”为臭氧总量观测站,“99”为其他观测站。

第 4 条记录:为台站所在省(自治区、直辖市)名全称,最大字符数为 50。

第 5 条记录:为台站所在地的详细通信地址,所属省(自治区、直辖市)名称可省略,最大字符数为 80。

第 6 条记录:为台站所在地的邮政编码,由 6 位数字组成。

第 7 条记录:为台(站)长的姓名,姓名中可加必要的符号,最大字符数为 20。

第 8 条记录:为台站联系的固定电话(含区号)或移动电话号码,由数字构成。

第 9 条记录:为台站地理环境概述,缺省值为“无”。

第 10 条记录:为本台站周围环境变化概述,缺省值为“无”。

第 11 条记录:为台站其他需要上报的有关事项,缺省值为“无”。

5.3 观测环境报告文件

文件内容、格式及填写说明见附录 A。

5.4 数据含义说明文件

5.4.1 构成

由若干条数据记录构成。每条数据记录与5.1.2.2.6相对应，由数据含义说明和单位两组数据构成，数据组间的分隔符为1位半角逗号，每条数据记录占一行，记录的结束为回车换行符。

5.4.2 说明

第1条记录：为第1组数据的含义说明、数据单位、数据类型和数据长度说明。

第2条记录：为第2组数据的含义说明、数据单位、数据类型和数据长度说明。

……………………………………………………

……………………………………………………

第n条记录：为第n组数据的含义说明、数据单位、数据类型和数据长度说明。

其中：

1) 数据含义说明由数字、英文字母或中文字符构成，长度小于60个字符；
2) 数据单位由数字、英文字母、中文字符或特殊符号构成，长度小于20个字符，缺省值为“无”；
3) 数据类型取值为“整数型”、“浮点型”、“字符型”、“日期型”、“特定型”和“自定义型”；
4) 数据长度以阿拉伯数字表示，单位为“字符”。

5.5 仪器设备信息文件

5.5.1 构成

由若干仪器设备信息记录构成，每条记录由标识符和设备信息数据构成，每条数据记录占一行。标识符由简体中文字符和半角等号字符“＝”构成，中文汉字、等号和设备信息数据之间无空格符。记录的结束为回车换行符。

记录的排列顺序依次为设备索引、设备名称、设备型号、序列号、生产厂家、产地、测量要素、要素单位、测量频率、测量灵敏度、设备开始运行时间以及其他相关参数信息等。

当有多个仪器设备时，应在完成一个仪器设备的所有信息记录(见5.5.2)编制后，再进行下一个仪器设备信息记录的编制，依此类推，直至完成所有仪器设备信息记录的编制。

5.5.2 说明

1) 设备索引：以“设备索引＝”为记录标识符，后接设备索引数据，由2位数字构成，位数不足时，高位补数字“0”。当只有一种观测设备时，设备索引数据为“00”；当有两种及两种以上的观测设备时，可根据需要编制设备参数的观测设备数量进行顺序编号。
2) 设备名称：以“设备名称＝”为记录标识符，后接设备名称数据，数据长度小于80个字符。
3) 设备型号：以“设备型号＝”为记录标识符，后接设备型号数据，数据长度小于80个字符，缺省值为“无”。
4) 序列号：以“设备序列号＝”为记录标识符，后接设备序列号数据，数据长度小于30个字符，缺省值为“无”。
5) 生产厂家：以“生产厂家＝”为记录标识符，后接设备生产厂家数据，数据长度小于80个字符，缺省值为“无”。
6) 产地：以“设备产地＝”为记录标识符，后接设备产地数据，数据长度小于80个字符，缺省值为“无”。
7) 测量要素：以“测量要素＝”为记录标识符，后接输出要素数据。当具有多个要素时，要素间用

“#”号分隔，数据长度小于 80 个字符，缺省值为“无”。

8） 要素单位：以“要素单位＝”为记录标识符，后接输出要素单位数据，当具有多个要素时，要素单位与要素相对应，要素单位之间用“#”号分隔，为大写英文字母，数据长度小于 80 个字符，缺省值为“无”。

9） 测量频率：以“测量频率＝”为记录标识符，后接输出要素时间间隔数据，由数字和时间单位构成，时间单位取“秒”、“分”、“时”、“日”、“月”、“年”，数据长度小于 10 个字符，缺省值为“无”。

10） 测量灵敏度：以“灵敏度＝”为记录标识符，后接测量灵敏度数据和单位，数据长度小于 30 个字符，缺省值为“无”。

11） 测量精度：以“精度＝”为记录标识符，后接测量精度数据，数据长度小于 80 个字符，缺省值为“无”。

12） 设备开始运行时间：以“开始运行时间＝”为记录标识符，后接设备开始运行时间数据，长度为 12 个字符，格式为 yyyyMMddHHmm，其中：yyyy 表示年，为 4 位数字；MM、dd、HH、mm 分别表示月、日、时、分，均为 2 位数字，位数不足时，高位补数字“0”。

13） 其他参数：以参数的简体中文字符表述和“＝”为记录标识符，后接参数数据和数据单位，数据长度小于 80 个字符，缺省值为“无”。当有若干其他参数时，依次记录，直至完成所有参数记录。

5.6 现场观测状况信息文件

5.6.1 构成

由若干条记录构成。每条记录占一行。每条记录由若干组数据构成，数据间的分隔符为 1 位半角逗号，数据记录的结束为回车换行符。

5.6.2 说明

第 1 组，区站号：由 5 位数字或由数字与英文字母混合组成。

第 2 组，事件开始时间：由 14 位数字构成，数据格式为“yyyyMMddhhmmss”。其中，yyyy 表示年，为 4 位数字；MM、dd、hh、mm、ss 分别表示月、日、时、分、秒，均为 2 位数字，位数不足时，高位补数字“0”。

第 3 组，事件结束时间：由 14 位数字构成，数据格式为“yyyyMMddhhmmss”。其中，yyyy 表示年，为 4 位数字；MM、dd、hh、mm、ss 分别表示月、日、时、分、秒，均为 2 位数字，位数不足时，高位补数字“0”。

第 4 组，现场观测状况信息编码：由 8 位英文大写字母或数字构成。其中，第 1～2 位表示仪器运行状态；第 3～4 位表示仪器维护状况；第 5～6 位表示测站周边环境及污染活动状况；第 7～8 位表示天气现象。

第 5 组，备注信息：由简体中文字符、数字或英文字母构成；数据长度小于 120 个字符。

5.7 设备维护信息文件

文件内容、格式及填写说明见附录 B。

5.8 仪器标校信息文件

文件内容、格式及填写说明见附录 C。

附 录 A
(规范性附录)
大气成分观测站观测环境报告书

A.1 大气成分观测站观测环境报告书(见表 A.1)

表 A.1 大气成分观测站观测环境报告书

站名		区站号		填写日期	
经度/度		经度/度		海拔高度	
观测站下垫面类型					
污染气象条件					
	全年	春季	夏季	秋季	冬季
前一年平均温度/℃					
前一年平均相对湿度(RH)/%					
前一年降水量/mm					
前一年主导风向					
前一年主导风频/%					
前一年主导风速/(m/s)					
前一年次主导风向					
前一年次主导风频/%					
前一年次主导风速/(m/s)					
前三年平均温度/℃					
前三年平均相对湿度(RH)/%					
前三年降水量/mm					
前三年主导风向					
前三年主导风频/%					
前三年主导风速/(m/s)					
前三年次主导风向					
前三年次主导风频/%					
前三年次主导风速/(m/s)					
前五年平均温度/℃					
前五年平均相对湿度(RH)/%					
前五年降水量/mm					
前五年主导风向					
前五年主导风频/%					
前五年主导风速/(m/s)					

表 A.1 大气成分观测站观测环境报告书(续)

<table>
<tr><td colspan="6">污染气象条件</td></tr>
<tr><td></td><td>全年</td><td>春季</td><td>夏季</td><td>秋季</td><td>冬季</td></tr>
<tr><td>前五年次主导风向</td><td></td><td></td><td></td><td></td><td></td></tr>
<tr><td>前五年次主导风频/%</td><td></td><td></td><td></td><td></td><td></td></tr>
<tr><td>前五年次主导风速/(m/s)</td><td></td><td></td><td></td><td></td><td></td></tr>
<tr><td>历史极端最高温度/℃</td><td></td><td></td><td></td><td></td><td></td></tr>
<tr><td>历史极端最低温度/℃</td><td></td><td></td><td></td><td></td><td></td></tr>
<tr><td>历史极端最大风速/(m/s)</td><td></td><td></td><td></td><td></td><td></td></tr>
<tr><td colspan="6">土地规划和区域开发状况</td></tr>
<tr><td>方位(北纬 0°)</td><td>2 km 以内</td><td>2 km～5 km</td><td>5 km～10 km</td><td>10 km～20 km</td><td>20 km～50 km</td></tr>
<tr><td>东(45°～135°)</td><td></td><td></td><td></td><td></td><td></td></tr>
<tr><td>南(135°～225°)</td><td></td><td></td><td></td><td></td><td></td></tr>
<tr><td>方位(北纬 0°)</td><td>2 km 以内</td><td>2 km～5 km</td><td>5 km～10 km</td><td>10 km～20 km</td><td>20 km～50 km</td></tr>
<tr><td>西(225°～315°)</td><td></td><td></td><td></td><td></td><td></td></tr>
<tr><td>北(315°～45°)</td><td></td><td></td><td></td><td></td><td></td></tr>
<tr><td colspan="6">污染源调查</td></tr>
<tr><td>污染源名称</td><td>直线距离</td><td>方位</td><td>燃料种类和用量</td><td>污染物种类</td><td>排放量</td></tr>
<tr><td></td><td></td><td></td><td></td><td></td><td></td></tr>
<tr><td></td><td></td><td></td><td></td><td></td><td></td></tr>
<tr><td></td><td></td><td></td><td></td><td></td><td></td></tr>
<tr><td></td><td></td><td></td><td></td><td></td><td></td></tr>
<tr><td colspan="6">观测站周边 50 m 范围环境示意图
北
0 10 20 m</td></tr>
</table>

表 A.1 大气成分观测站观测环境报告书(续)

观测站基础设施条件概述(包括供电、防雷、通信、交通、数据传输等)
备注:

填写人: 审核人: (台)站长(签章):

A.2 填写说明

A.2.1 在第一年填写观测环境报告书时,必须调查观测站下垫面类型,以后各年如无站点搬迁或站址场地改造,则可简略填写“无变化”。

A.2.2 污染气象条件填写前一年、前三年和前五年的统计结果。季节划分标准是3月、4月、5月为春季,6月、7月、8月为夏季,9月、10月、11月为秋季,12月、1月、2月为冬季。

A.2.3 观测场周边50 m范围,系指观测场围栏向外延伸50 m的范围。高大物体指高于10 m的树木、房屋、烟囱和塔杆等。如果与前一年情况相同,可简略填写“同上年”。

A.2.4 土地规划和区域开发状况按方位和距离填写,每栏最多填写三个主要特征(按照面积大小的顺序),如:城区、工业区、农业区、牧区、森林、湖泊、沼泽、海洋、裸露地表(包括山地)、沙漠等。如某一栏中相应的土地利用状况特征及其顺序与前一年相同,可简略填写“同上年”。某些大规模工程的工地可以在备注栏中注明。

A.2.5 污染源调查栏内填写50 km以内化肥厂、农药厂、石油化工厂、火力发电厂、水泥厂、炼焦厂等大型污染源和500 m内的锅炉烟囱等污染源。栏目不足时,可增加附页。如果某一项污染源与前一年相同,可在名称以外各栏目中简略填写“同上年”。

附　录　B
（规范性附录）
大气成分观测仪器设备维护报告书

B.1　大气成分观测仪器设备维护报告书(见表 B.1)

表 B.1　大气成分观测仪器设备维护报告书

<table>
<tr><td colspan="2">站名</td><td></td><td>区 站 号</td><td></td><td>仪器名称</td><td></td></tr>
<tr><td colspan="2">开始日期</td><td>年　月　日</td><td>结束日期</td><td>年　月　日</td><td>仪器型号</td><td></td></tr>
<tr><td colspan="2">开始时间</td><td></td><td>结束时间</td><td></td><td>仪器序列号</td><td></td></tr>
<tr><td>编号</td><td colspan="5">维护内容及结果</td><td>维护人员</td></tr>
<tr><td rowspan="4">1</td><td>开始时间</td><td colspan="4" rowspan="4"></td><td rowspan="4"></td></tr>
<tr><td></td></tr>
<tr><td>结束时间</td></tr>
<tr><td></td></tr>
<tr><td rowspan="4">2</td><td>开始时间</td><td colspan="4" rowspan="4"></td><td rowspan="4"></td></tr>
<tr><td></td></tr>
<tr><td>结束时间</td></tr>
<tr><td></td></tr>
<tr><td colspan="7">维护前后仪器设备运行对比情况</td></tr>
<tr><td colspan="7">备注：</td></tr>
</table>

填写人：　　　　　　　　　　审核人：　　　　　　　　　　（台）站长（签章）：

B.2 填写说明

B.2.1 大气成分观测仪器设备进行维护后，应及时完成维护报告书的填写。

B.2.2 维护内容及结果栏，应根据维护内容分项填写，不同维护内容应填写在不同栏内，栏目不足时可增加。当有多项维护内容时，应按维护时间顺序进行分项填写。

B.2.3 维护前后仪器设备运行对比情况栏，填写仪器设备维护前后一段时间内运行对比情况描述，必要时，应附能说明维护内容的相关图表和数据。

附 录 C
(规范性附录)
大气成分观测仪器设备标校报告书

C.1 大气成分观测仪器设备标校报告书(见表 C.1)

表 C.1 大气成分观测仪器设备标校报告书

<table>
<tr><td>站名</td><td></td><td>区 站 号</td><td></td><td>仪器名称</td><td></td></tr>
<tr><td>开始日期</td><td>年 月 日</td><td>结束日期</td><td>年 月 日</td><td>仪器型号</td><td></td></tr>
<tr><td>开始时间</td><td></td><td>结束时间</td><td></td><td>仪器序列号</td><td></td></tr>
<tr><td colspan="2">标校方法</td><td colspan="2"></td><td>标校设备型号</td><td></td></tr>
<tr><td colspan="2">标校设备名称</td><td colspan="2"></td><td>标校设备序列号</td><td></td></tr>
<tr><td colspan="5">标校内容及结果</td><td>标校人员</td></tr>
<tr><td rowspan="4">1</td><td>开始时间</td><td colspan="3" rowspan="4"></td><td rowspan="4"></td></tr>
<tr><td></td></tr>
<tr><td>结束时间</td></tr>
<tr><td></td></tr>
<tr><td rowspan="4">2</td><td>开始时间</td><td colspan="3" rowspan="4"></td><td rowspan="4"></td></tr>
<tr><td></td></tr>
<tr><td>结束时间</td></tr>
<tr><td></td></tr>
<tr><td colspan="6">标校前后仪器运行对比情况(附标校前后 1 小时内测量数据)</td></tr>
<tr><td colspan="6">备注:</td></tr>
</table>

填写人: 审核人: (台)站长(签章):

C.2 填写说明

C.2.1 大气成分观测仪器设备进行标校后,应及时完成标校报告书的填写。

C.2.2 标校内容及结果栏,应根据标校内容分项填写,不同标校内容应填写在不同栏内,栏目不足时可增加。当有多项标校内容时,应按标校时间顺序进行分项填写。

C.2.3 标校前后仪器设备运行对比情况栏,填写仪器设备标校前后一段时间内(不少于1小时)运行对比情况的总体描述,应附能说明标校内容的相关图表和数据。

参 考 文 献

[1] GB/T 19117—2003 酸雨观测规范

[2] GB/T 20479—2006 沙尘暴天气监测规范

[3] QX/T 129—2011 气象数据传输文件命名

[4] IPCC. Climate Change 2007. Cambridge University Press, Cambridge, UK,2007

[5] WMO. Global Atmosphere Watch(GAW) Strategic Plan:2008—2015,2008

[6] WMO. Guide to Meteorological Instrument and Methods of Observation,2008

ICS 07.060
A 47

中华人民共和国气象行业标准

QX/T 133—2011

气象要素分类与编码

Meteorological elements classifying and coding

2011-06-07 发布　　　　2011-11-01 实施

中　国　气　象　局　发布

前　　言

本标准按照 GB/T 1.1—2009 给出的规则起草。

本标准由全国气象基本信息标准化技术委员会(SAC/TC 346)提出并归口。

本标准起草单位:国家气象信息中心。

本标准主要起草人:熊安元、朱燕君、王伯民、应显勋。

气象要素分类与编码

1 范围

本标准规定了各类气象要素及其相关信息的分类与编码。

本标准适用于气象资料的收集、加工处理、存储、归档和服务过程中对气象资料的管理。

2 术语和定义

下列术语和定义适用于本文件。

2.1

气象要素 meteorological element

表征大气和下垫面状态的物理量。

2.2

BUFR 编码格式 binary universal form for the representation of meteorological data

世界气象组织(WMO)基本系统委员会发布的气象数据二进制通用表示格式。

3 气象要素的分类与编码方法基本规则

要素代码由 5 位数字组成,表示为 xxyyy。

xx 为要素类型码,yyy 为要素码。

要素代码从 00000 到 99999 的值域,分为相互独立的三个部分:引用 BUFR 规定的要素代码部分(B 部);本标准扩展规定的要素代码部分(C 部);用户自由扩展的要素代码部分(D 部)。B 部、C 部、D 部的值域分配见表 1。

表 1 要素代码值域分配

xx 值域	yyy 值域		
	000～255	256～799	800～999
00～63	B 部	C 部	D 部
64～89	C 部	C 部	D 部
90～99	D 部	D 部	D 部

4 气象要素的分类与编码细则

4.1 气象要素类型及其代码

气象要素类型及其代码见表 2。

表 2　要素类型及其代码

代码 xx	要素类型	说明
01	识别	标识资料来源和资料类型
02	仪器	所用仪器类型
04	时间位置	时间和时间导数
05	纬向水平位置	包括水平导数在内的地理位置(纬向)
06	经向水平位置	包括水平导数在内的地理位置(经向)
07	垂直位置	高度、海拔高度、气压层次及位置的垂直导数
08	意义限定符	数据的特别特征
10	垂直要素与气压	观测或测量到的高度、海拔高度、气压及导出量。该类不用作垂直位置的坐标使用
11	风与湍流	风速、风向等
12	温度	大气、土壤、水体、下垫面等物体的温度
13	湿度/降水/蒸发	湿度、降雨和降雪等
14	辐射	
15	大气成分	
19	天气特征	
20	天气现象	现在天气、过去天气、特殊天气现象等
21	雷达气象	
22	海洋气象	
23	扩散与输送	
24	放射	
26	非坐标位置(时间)	时间和时间导数(不作为坐标使用)
27	非坐标位置(纬向)	地理位置(不作为坐标使用)
28	非坐标位置(经向)	地理位置(不作为坐标使用)
29	地图数据	
30	图像	
40	卫星气象	卫星观测相关的要素，但如果卫星观测反演的要素能用其他要素类型进行定义，则不在此定义
70	水文	水文要素等
71	农业、生态气象	农业气象基本气象要素、农作物、土壤湿度、作物灾情、作物产量，生物、土壤、水环境、生态灾害等
72	大气诊断物理量	如：涡度、散度、通量

4.2 各类气象要素及其代码

4.2.1 01 类(资料来源和资料类型的标识)

01 类(资料来源和资料类型的标识)要素代码见表 3。

表 3 01 类(资料来源和资料类型的标识)要素代码

代码 xx yyy	要素名称
01 001	世界气象组织区号
01 002	世界气象组织站号
01 003	世界气象组织区协号/地理区域
01 005	浮标站/观测平台标识符
01 006	飞机航班号
01 007	卫星标识符
01 008	飞机注册号
01 009	商用飞机的类型
01 010	静止的浮标平台标识符,例如:C-MAN 浮标
01 011	船舶或移动陆地站标识符
01 012	移动观测平台的移动方向
01 013	移动观测平台的移动速度
01 014	观测平台漂流速度(高精度)
01 015	测站名或站点名
01 020	世界气象组织子区协
01 023	观测序列号
01 025	风暴标识符
01 026	世界气象组织风暴名称
01 030	数值模式标识符
01 033	加工/编报中心标识
01 034	加工/编报的子中心标识
01 035	编报中心
01 063	国际民航组织(ICAO)地理位置指示符
01 064	跑道描述符
01 065	ICAO 区域标识
01 075	潮汐站标识
01 081	无线电探空仪系列号
01 087	WMO 海洋观测平台扩充标识符

表3　01类(资料来源和资料类型的标识)要素代码(续)

代码 xx　yyy	要素名称
01　090	产生初始扰动的技术
01　091	参加模式集合的成员编号
01　092	集合预报类型
01　098	产品类型
01　300	世界气象组织区站号或自定义的区站号
01　301	马士顿号
01　302	土地类型
01　310	产品标识
01　311	数据压缩方式
01　320	资料处理等级
01　321	资料属性
01　322	数据源
01　330	热带气旋国内编号
01　331	热带气旋名称
01　400	测风塔序列号
01　401	测风塔参数

4.2.2　02类(仪器)

02类(仪器)要素代码见表4。

表4　02类(仪器)要素代码

代码 xx　yyy	要素名称
02　001	测站类型
02　002	风测量仪器的类型
02　003	所用测量设备的类型
02　004	蒸发仪的类型或报告蒸散量时所测作物的类型
02　005	观测温度的精度
02　011	无线电探空仪的类型
02　012	无线电探空仪计算方法
02　013	太阳辐射和红外辐射订正

表 4　02 类(仪器)要素代码(续)

代码 xx　yyy	要素名称
02　014	所用的跟踪技术/系统状态
02　015	无线电探空仪的完好性
02　016	无线电探空仪结构
02　019	卫星仪器
02　020	卫星分类
02　030	测量洋流方法
02　031	测量洋流的时间和持续时间
02　032	数字化指示码
02　033	盐度/深度测量方法
02　034	浮标类型
02　035	电缆长度
02　036	浮标站类型
02　037	潮汐观测的方法
02　038	海面温度测量方法
02　039	湿球温度测量方法
02　040	平台随洋流运动和移动速度的测量方法
02　042	海洋洋流速度的指示码
02　044	计算谱波数据方法的指示码
02　045	平台类型的指示码
02　046	海浪测量仪器
02　048	卫星传感器指示码
02　049	静止卫星所用的数据处理技术
02　050	静止卫星探测仪所用通道
02　051	指定的极端温度观测方法的指示码
02　052	静止卫星成像仪所用通道
02　055	静止卫星探测统计参数
02　056	静止卫星探测精度统计
02　066	无线电探空仪地面接收系统
02　067	无线电探空仪使用的频率
02　080	气球制造商
02　081	气球类型
02　082	气球重量
02　083	气球防护类型

表 4　02 类(仪器)要素代码(续)

代码 xx　yyy	要素名称
02　084	气球中所充气体类型
02　085	气球中所充气体数量
02　086	气球飞行轨迹长度
02　095	气压传感器类型
02　096	温度传感器类型
02　097	湿度传感器类型
02　100	雷达常数
02　101	天线类型
02　102	塔基之上的天线高度
02　103	天线罩
02　104	天线偏振
02　105	最大天线增益
02　106	3 分贝波束宽度
02　109	天线方位角速度
02　110	天线仰角速度
02　111	雷达入射角
02　112	雷达观测角度
02　113	方位角观测次数
02　114	天线有效覆盖的地面区域
02　115	地面观测设备类型
02　120	海面波浪频率
02　121	平均频率
02　122	频率波动范围
02　123	峰值功率
02　124	平均功率
02　125	脉冲重复频率
02　126	脉冲宽度
02　127	接收机中频
02　128	中频频带宽度
02　129	最小可分辨信号
02　130	动态范围
02　132	方位角指示精度
02　133	仰角指示精度

表4　02类(仪器)要素代码(续)

代码 xx　yyy	要素名称
02　134	天线波束方位角
02　135	天线波束仰角
02　136	距离衰减订正值
02　140	卫星搭载雷达波束方位角
02　141	测量类型
02　142	臭氧仪器系列号/标识
02　143	臭氧仪器类型
02　144	布鲁尔分光光度表的光源类型
02　145	陶普生仪器的波长设定
02　146	陶普生仪器的光源条件
02　148	数据收集或定位系统
02　149	数据浮标站类型
02　150	TOVS/ATOVS/AVHRR 仪器通道号
02　151	辐射仪标识符
02　152	用于数据处理的卫星仪器
02　153	卫星信道中心频率
02　154	卫星信道带宽
02　160	雷达波长
02　166	辐射率类型
02　167	辐射率计算方法
02　168	电缆(热敏电阻线)低端流体静压
02　169	风速表类型
02　172	反演的大气气体的产品类型
02　175	降水量测量方法
02　176	地面状态测量方法
02　177	雪深测量方法
02　178	降水的液体含量测量方法
02　179	天气状况算法类型
02　180	主要的天气现象探测系统
02　181	辅助的天气现象传感器
02　182	能见度测量系统
02　183	云探测系统
02　184	闪电探测类型

表4　02类(仪器)要素代码(续)

代码 xx　yyy	要素名称
02　185	蒸发测量方法
02　186	探测降水现象的能力
02　187	探测其他天气现象的能力
02　188	探测低能见度的能力
02　189	探测雷电闪击的能力
02　300	地面自动气象站标识(型号与名称)
02　303	国内用探测系统型号
02　304	国内用探空仪型号
02　305	仪器编号
02　306	气球重量
02　307	附加物重量
02　308	气球总举力
02　309	气球净举力
02　310	气球平均升速
02　311	仪器检测结论
02　312	探空终止原因
02　313	测风终止原因
02　320	采集器型号
02　330	大气成分观测实验室仪器
02　331	大气成分观测站网仪器
02　400	卫星观测仪器
02　401	卫星波段属性

4.2.3　04类(时间位置)

04类(时间位置)要素代码见表5。

表5　04类(时间位置)要素代码

代码 xx　yyy	要素名称
04　001	年
04　002	月
04　003	日
04　004	时
04　005	分

表 5　04 类(时间位置)要素代码(续)

代码 xx　yyy	要素名称
04　006	秒
04　007	微秒
04　011	时间增量(年)
04　012	时间增量(月)
04　013	时间增量(日)
04　014	时间增量(时)
04　015	时间增量(分)
04　016	时间增量(秒)
04　017	累积或极端数据的参照时间周期(分钟数)
04　021	时间周期或时间偏移(年)
04　022	时间周期或时间偏移(月)
04　023	时间周期或时间偏移(日)
04　024	时间周期或时间偏移(时)
04　025	时间周期或时间偏移(分)
04　026	时间周期或时间偏移(秒)
04　031	与后面的值有关的持续时间
04　041	时间差,UTC－LMT
04　043	一年中的天数
04　051	最高温度出现时间
04　052	最低温度出现时间
04　053	降水量≥1 mm 的天数
04　059	用于计算平均值的观测时间
04　300	时间组合(如:年月日、时分秒)
04　301	毫秒
04　302	极值出现时间
04　311	累计或极端数据的参照时间周期(小时数)
04　312	累计或极端数据的参照时间周期(日数)
04　320	预报时效
04　330	某天气气候现象出现日数
04　331	某天气气候现象连续出现时段之日数
04　332	连续时段之起始时间
04　333	连续时段之结束时间
04　334	开始日期
04　335	终止日期

4.2.4 05 类(纬向水平位置)

05 类(纬向水平位置)要素代码见表 6。

表 6 05 类(纬向水平位置)要素代码

代码 xx yyy	要素名称
05 001	纬度
05 011	纬度增量
05 015	纬度位移
05 021	方位或方位角
05 022	太阳方位角
05 023	太阳到卫星方位偏差
05 030	方向(谱)
05 031	行数
05 033	纬向像素宽度
05 040	轨道号
05 041	扫描线号
05 042	通道号
05 043	可视区域号
05 052	通道号增量
05 053	可视区域号增量
05 301	水平分辨率
05 310	区域范围

4.2.5 06 类(经向水平位置)

06 类(经向水平位置)要素代码见表 7。

表 7 06 类(经向水平位置)要素代码

代码 xx yyy	要素名称
06 001	经度
06 011	经度增量
06 015	经度位移
06 021	距离
06 030	波数(光谱)
06 031	列数
06 033	经向像素宽度
06 040	置信半径

4.2.6 07 类(垂直位置)

07 类(垂直位置)要素代码见表 8。

表 8 07 类(垂直位置)要素代码

代码 xx yyy	要素名称
07 001	测站高度
07 002	高度或海拔高度
07 003	位势
07 004	气压
07 005	高度增量
07 006	测站以上高度
07 009	位势高度
07 010	飞行高度
07 021	仰角
07 022	太阳仰角
07 024	卫星天顶角
07 025	太阳天顶角
07 030	测站海拔高度
07 031	气压表海拔高度
07 032	传感器离地面(或海洋平台)的高度
07 033	传感器离水面的高度
07 061	地表以下深度
07 062	海/水面以下深度
07 065	水压
07 070	浮标深度
07 301	垂直分辨率
07 321	平均日地距离参数

4.2.7 08 类(意义限定符)

08 类(意义限定符)要素代码见表 9。

表9 08类(意义限定符)要素代码

代码 xx yyy	要素名称
08 001	垂直探测意义
08 002	垂直意义(地面观测)
08 003	垂直意义(卫星观测)
08 004	飞机飞行状态
08 005	气象属性意义
08 006	臭氧垂直探测意义
08 007	量纲意义
08 008	辐射垂直探测意义
08 009	飞机飞行的详细状态
08 010	下垫面限定符(温度数据)
08 011	气象特征
08 012	陆地/海洋限定符
08 013	日/夜限定符
08 014	对于跑道视程的限定符
08 016	趋势类型预报或机场预报的变化限定符
08 018	SEAWINDS陆地/冰面类型
08 019	随后的中心标识符的限定符
08 020	缺测数据总数(计算累计或平均值时)
08 021	时间意义
08 022	数据总数(计算累计或平均值时)
08 025	时间差分限定符
08 029	遥感地面类型
08 033	置信百分率的导出方法
08 040	飞行高度意义
08 041	数据意义
08 042	扩充垂直探测意义
08 049	观测(记录)编号
08 050	计算统计值时数据缺测数量的限定符
08 052	现象出现日数的前置条件限定符
08 053	现象出现日数限定符
08 060	样本扫描模式的特征
08 065	卫星云图上的太阳闪耀区标识符
08 066	半透明度标识符

表 9 08 类(意义限定符)要素代码(续)

代码 xx yyy	要素名称
08 070	TVOS/ATOVS 产品的限定符
08 072	像素类型
08 074	高度表回波类型
08 075	上升/下降轨道的限定符
08 076	谱带类型
08 079	产品状况
08 080	GTSPP 质量标志限定符
08 081	设备类型
08 082	修改传感器高度到另一个值
08 085	波束标志符
08 301	版本号
08 302	个数(针对观测的要素)
08 351	初估场类型

4.2.8 10 类(垂直要素与气压)

10 类(垂直要素与气压)要素代码见表 10。

表 10 10 类(垂直要素与气压)要素代码

代码 xx yyy	要素名称
10 001	地表高度
10 002	高度
10 003	位势
10 004	气压
10 007	高度
10 008	位势
10 009	位势高度
10 010	订正到海平面的最低气压
10 011	订正到海平面的最高气压
10 031	在北极方向离地球中心的距离
10 032	卫星到地球中心的距离
10 034	地球半径

表 10　10 类(垂直要素与气压)要素代码(续)

代码 xx　yyy	要素名称
10　035	地球的局地曲率半径
10　036	大地水准面波动
10　050	海拔高度标准偏差
10　051	订正到海平面的气压
10　052	高度表设定值(QNH)
10　060	气压变化
10　061	3 小时气压变化
10　062	24 小时气压变化
10　063	气压倾向的特征
10　064	SIGMET 巡航高度
10　070	指示飞机高度
10　080	观察天顶角
10　081	COG 离基准椭圆的高度
10　082	瞬时高度速率
10　085	平均海平面高度
10　087	海洋深度/陆地高度
10　090	长周期潮汐高度
10　095	所用的大气高度
10　290	气压极值出现时间
10　300	大气密度
10　301	最高本站气压
10　302	最低本站气压
10　303	气压基测值
10　304	气压仪器值
10　321	变高
10　322	厚度
10　331	云光学厚度
10　400	位势高度预报误差
10　401	气压预报误差
10　402	气压偏差

4.2.9 11类(风与湍流)

11类(风与湍流)要素代码见表11。

表11 11类(风与湍流)要素代码

代码 xx yyy	要素名称
11 001	风向
11 002	风速
11 003	u 分量
11 004	v 分量
11 005	w 分量
11 010	与后面风速联合的风的风向
11 011	10 m处的风向
11 012	10 m处的风速
11 013	5 m处的风向
11 014	5 m处的风速
11 019	风的稳定度
11 030	扩充湍流强度
11 031	湍流强度
11 032	湍流层底的高度
11 033	湍流层顶的高度
11 034	垂直阵风速度
11 035	垂直阵风加速度
11 036	推算得到的等价垂直阵风的最大值
11 037	湍流指数
11 038	涡动消散率峰值出现的时间
11 039	扩充的涡动消散率峰值出现的时间
11 040	最大风速(平均风)
11 041	最大风速(阵风)
11 042	最大风速(10分钟平均风)
11 043	最大阵风风向
11 044	地面至1500 m平均风向
11 045	地面至1500 m平均风速
11 046	最大瞬时风速
11 047	10分钟之间的最大瞬时风速
11 049	风向标准偏差

表 11　11 类(风与湍流)要素代码(续)

代码 xx　yyy	要素名称
11　050	水平风速的标准偏差
11　051	垂直风速的标准偏差
11　054	1500 m～3000 m 的平均风向
11　055	1500 m～3000 m 的平均风速
11　061	小于 1 km 厚度层的绝对风切变
11　062	大于 1 km 厚度层的绝对风切变
11　071	湍流垂直动量通量
11　072	湍流垂直浮力通量
11　073	湍流动能
11　074	耗散能量
11　075	平均湍流强度
11　076	峰值湍流强度
11　077	关于涡动耗散率的报告时间间隔或平均时间
11　081	10 m 处的模式风向
11　082	10 m 处的模式风速
11　095	模式风向量的 U 分量
11　096	模式风向量的 V 分量
11　290	2 分钟平均风向
11　291	2 分钟平均风速
11　292	10 分钟平均风向
11　293	10 分钟平均风速
11　301	风力(风速等级)
11　313	风的转向
11　350	各风向频率
11　351	各级风速频率
11　400	风速预报误差

4.2.10　12 类(温度)

12 类(温度)要素代码见表 12。

表 12　12 类(温度)要素代码

代码 xx　yyy	要素名称
12　001	温度/干球温度
12　002	湿球温度
12　003	露点温度
12　004	2 m 处的干球温度
12　005	2 m 处的湿球温度
12　006	2 m 处的露点温度
12　007	虚温
12　011	在指定高度上和指定时段内的最高气温
12　012	在指定高度上和指定时段内的最低气温
12　013	过去 12 小时地面最低气温
12　014	过去 12 小时 2 m 处的最高气温
12　015	过去 12 小时 2 m 处的最低气温
12　016	过去 24 小时 2 m 处的最高气温
12　017	过去 24 小时 2 m 处的最低气温
12　021	2 m 处的最高气温
12　022	2 m 处的最低气温
12　030	土壤温度
12　049	在指定周期内温度的变化
12　051	标准偏差温度
12　052	指定时间段最高日平均气温
12　053	指定时间段最低日平均气温
12　061	表面温度
12　062	等效黑体温度
12　063	亮度温度
12　064	仪表温度
12　065	亮度温度的标准偏差
12　071	冷云温度
12　072	辐射率
12　075	谱辐射率
12　118	在过去 24 小时特定高度上的最高气温
12　119	在过去 24 小时特定高度上的最低气温
12　121	最低地面温度
12　122	前夜最低地面温度

表 12　12 类(温度)要素代码(续)

代码 xx　yyy	要素名称
12　151	日平均温度标准差
12　162	等效黑体温度
12　300	指定时间段平均温度
12　301	温度露点差
12　303	气温日较差
12　304	最大气温日较差
12　305	最小气温日较差
12　310	地面温度
12　311	最高地面温度
12　312	温度基测值
12　313	温度仪器值
12　314	草面(雪面)温度
12　315	最高草面(雪面)温度
12　316	最低草面(雪面)温度
12　400	温度预报误差
12　401	温度偏差
12　700	日平均气温稳定通过阈值之积温
12　701	最长连续降温之降温值
12　702	连续最大降温值

4.2.11　13 类(湿度/降水/蒸发)

13 类(湿度/降水/蒸发)要素代码见表 13。

表 13　13 类(湿度/降水/蒸发)要素代码

代码 xx　yyy	要素名称
13　001	比湿
13　002	混合比
13　003	相对湿度
13　004	水汽压
13　005	水汽密度
13　006	混合层高度

表 13 13 类(湿度/降水/蒸发)要素代码(续)

代码 xx yyy	要素名称
13 007	最低相对湿度
13 008	最高相对湿度
13 011	总降水量/总水当量
13 012	新雪深度
13 013	总降雪深度
13 014	降雨/降雪的水当量(平均速率)
13 015	降雪(平均速率)
13 016	可降水量
13 019	过去 1 小时的总降水量
13 020	过去 3 小时的总降水量
13 021	过去 6 小时的总降水量
13 022	过去 12 小时的总降水量
13 023	过去 24 小时的总降水量
13 031	蒸散
13 032	蒸发/蒸散
13 038	超绝热指示码
13 039	地形类型(冰/雪)
13 040	地面标志
13 041	帕斯奎尔—吉福德稳定度分类
13 042	气块抬升指数(到 500 hPa)
13 043	最佳抬升指数(到 500 hPa)
13 044	K 指数
13 045	KO 指数
13 046	最大浮力
13 047	修正的沙瓦特(Showalter)稳定指数
13 052	日最大降水量
13 055	降水强度
13 056	降水的特征和强度
13 057	降水开始或结束的时间
13 059	闪电(雷暴)的数量
13 060	累计降水总量
13 071	上游水高度
13 072	下游水高度

表13 13类(湿度/降水/蒸发)要素代码(续)

代码 xx yyy	要素名称
13 073	最大水高度
13 080	水的 pH 值
13 081	水的电导率
13 082	水温
13 083	溶解氧
13 084	浑浊度
13 085	氧化订正电势(ORP)
13 090	辐射遥测水汽含量
13 091	辐射遥测液态水含量
13 093	云光学厚度
13 301	指定时间段的总降水量
13 302	指定时间段总降水量的最大值
13 330	雪压
13 331	最大雪压
13 333	积雪深度
13 334	最大积雪深度
13 335	雪深增量
13 336	雪深减量
13 337	雪深净剩量
13 338	日积雪深度≥阈值之日数
13 339	雪水当量
13 340	蒸发量
13 341	小型蒸发量
13 342	大型蒸发量
13 343	最大蒸发量
13 345	最大蒸发量(小型)
13 346	最大蒸发量(大型)
13 347	可能蒸发率
13 350	降水率
13 360	相对湿度基测值
13 361	相对湿度仪器值
13 362	相对湿度偏差
13 400	降水预报误差

4.2.12 14类(辐射)

14类(辐射)要素代码见表14。

表14 14类(辐射)要素代码

代码 xx yyy	要素名称
14 001	24小时长波辐射曝辐量
14 002	指定时间段长波辐射曝辐量
14 003	24小时短波辐射曝辐量
14 004	指定时间段短波辐射曝辐量
14 011	24小时净长波辐射曝辐量
14 012	指定时间段净长波辐射曝辐量
14 013	24小时净短波辐射曝辐量
14 014	指定时间段净短波辐射曝辐量
14 015	24小时净辐射曝辐量
14 016	指定时间段净辐射曝辐量
14 017	长波辐射辐照度
14 018	短波辐射辐照度
14 019	地面反射率
14 020	24小时总辐射曝辐量
14 021	指定时间段总辐射曝辐量
14 022	24小时散射辐射曝辐量
14 023	指定时间段散射辐射曝辐量
14 024	24小时直接辐射曝辐量
14 025	指定时间段直接辐射曝辐量
14 026	云顶反射率
14 027	反射率
14 031	总日照分钟数
14 032	总日照时数
14 033	总日照百分率
14 034	指定时间段总日照分钟数
14 042	双向反射率
14 050	相对辐射率
14 051	过去1小时太阳直接辐射
14 055	太阳活动指数

表 14　14 类(辐射)要素代码(续)

代码 xx　yyy	要素名称
14　301	垂直直接辐射曝辐量
14　302	水平直接辐射曝辐量
14　306	反射辐射曝辐量
14　307	紫外辐射曝辐量
14　311	总辐射辐照度
14　312	净辐射辐照度
14　313	直接辐射辐照度
14　314	散射辐射辐照度
14　315	反射辐射辐照度
14　316	紫外辐射辐照度
14　330	总日照时数与多年平均的百分比
14　350	云强迫净长波辐射通量
14　351	云强迫净辐射通量
14　352	射入长波辐射通量
14　353	射入日辐射通量
14　354	射出长波辐射通量
14　355	射出日辐射通量
14　356	晴空射入日辐射通量
14　357	近红外射入日辐射通量
14　358	可见光射入日辐射通量
14　359	可见光漫射射入日辐射通量
14　360	大气顶辐射平衡
14　370	全紫外辐射
14　371	紫外 A 辐射
14　372	紫外 B 辐射
14　380	太阳分光光谱观测
14　390	光合作用有效辐射 PAR

4.2.13　15 类(大气成分)

15 类(大气成分)要素代码见表 15。

表 15　15 类(大气成分)要素代码

代码 xx　yyy	要素名称
15　001	总臭氧含量
15　003	测得臭氧的分气压
15　004	臭氧探测订正系数(CF)
15　005	臭氧(气压层 p 以下大气的臭氧含量)
15　011	电子总密度的 $\log_{10}$
15　020	累积臭氧密度
15　021	累积质量密度
15　023	质量浓度
15　025	污染物类型
15　026	污染物的含量
15　036	大气折射率
15　301	水汽
15　302	二氧化碳
15　303	甲烷
15　304	一氧化二氮(氧化亚氮)
15　305	四氯化碳
15　306	甲基氯仿
15　307	氯化甲烷
15　308	二氯甲烷
15　309	全氟甲烷
15　310	氯仿
15　311	氢氟碳化物
15　312	全氟化碳
15　313	三氯乙烷
15　314	氯氟碳化合物
15　315	氯氟烃(CFC-11)
15　316	氯氟烃(CFC-12)
15　317	氯氟烃(CFC-113)
15　318	氯氟烃(CFC-114)
15　319	氯氟烃(CFC-115)
15　320	六氟化硫
15　321	氧氮比

表 15　15 类(大气成分)要素代码(续)

代码 xx　yyy	要素名称
15　322	氢气
15　323	氧气
15　350	稳定同位素(δD)
15　351	稳定同位素(δ12C)
15　352	稳定同位素(δ13C)
15　353	放射性同位素(δ14C)
15　354	稳定同位素(δ18O)
15　370	二氧化硫
15　371	三氧化硫
15　372	近地面臭氧
15　373	一氧化碳
15　374	一氧化氮
15　375	二氧化氮
15　376	三氧化氮
15　377	三氧化二氮
15　378	四氧化二氮
15　379	五氧化二氮
15　380	氮氧化物
15　381	总氮氧化物
15　382	氨
15　383	甲醛
15　384	非甲烷烃
15　385	氧硫化碳
15　386	二硫化碳
15　387	硫化氢
15　388	硫酸
15　389	硝酸
15　390	亚硝酸
15　391	二甲基硫
15　392	过氧化氢
15　393	氢氧自由基

表 15　15 类(大气成分)要素代码(续)

代码 xx　yyy	要素名称
15　450	哈龙
15　451	哈龙 1211
15　452	哈龙 1301
15　453	哈龙 2402
15　470	总悬浮颗粒物
15　471	PM_{10}质量浓度
15　472	$PM_{2.5}$质量浓度
15　473	PM_1 质量浓度
15　474	气溶胶数浓度谱
15　475	PM_{10}/$PM_{2.5}$/PM_1 质量浓度
15　476	气溶胶粒径分级
15　477	气溶胶质量浓度分级
15　478	吸收特性
15　479	散射特性
15　480	凝结核数浓度
15　481	云凝结核
15　482	气溶胶光学厚度
15　483	云光学厚度
15　484	大气浑浊度
15　485	元素成分
15　486	元素碳
15　487	有机碳
15　511	Umkher 臭氧廓线
15　512	臭氧探空
15　513	太阳分光光谱观测
15　530	干沉降
15　531	湿沉降
15　532	pH 值
15　533	电导率
15　534	酸雨

表 15　15 类(大气成分)要素代码(续)

代码 xx　yyy	要素名称
15　535	化学成分
15　536	甲酸
15　537	乙酸
15　538	硫酸根
15　539	硝酸根
15　540	亚硝酸根
15　541	氯离子
15　542	氟离子
15　543	钙离子
15　544	镁离子
15　545	钠离子
15　546	钾离子
15　547	铵离子
15　570	氡
15　571	氪
15　572	铅-210
15　573	铍-7
15　590	过氧乙酰硝酸酯
15　591	多环芳烃
15　600	苯并芘
15　601	多氯联苯
15　602	多氯代二苯并二噁英
15　603	多氯代二苯并呋喃
15　604	多溴代二苯并二噁英
15　605	多溴代二苯并呋喃
15　606	六氯代苯
15　607	氯丹
15　608	六氯环已烷
15　609	六氯化苯

表 15　15 类(大气成分)要素代码(续)

代码 xx　yyy	要素名称
15　630	甲基氯
15　631	甲基溴
15　632	二溴甲烷
15　633	甲基碘
15　634	氟化氢
15　635	氟化硅
15　636	氟硅酸
15　637	氟气
15　638	氯气
15　639	溴气
15　660	铬
15　661	锰
15　662	铁
15　663	钴
15　664	镍
15　665	铜
15　666	锌
15　667	砷
15　668	硒
15　669	钼
15　670	银
15　671	镉
15　672	金
15　673	汞
15　674	铊

4.2.14　19 类(天气特征)

19 类(天气特征)要素代码见表 16。

表 16 19 类(天气特征)要素代码

代码 xx yyy	要素名称
19 001	天气特征的类型
19 002	天气特征的有效半径
19 003	风速临界值
19 004	临界值以上的风速的有效半径
19 005	天气特征的运动方向
19 006	天气特征的运动速度
19 007	天气特征的有效半径
19 008	环流的垂直宽度
19 009	临界值以上风速的有效半径(大风暴)
19 010	天气特征中心跟踪的方法
19 100	计算热带气旋移动的时间间隔
19 101	热带气旋中心位置的精确度
19 102	热带气旋的眼的形状和清晰度
19 103	热带气旋的眼的主轴的直径
19 104	在 30 分钟内眼的变化特征
19 108	热带气旋地理位置的精确度
19 109	热带气旋覆盖云的平均直径
19 110	热带气旋 24 小时强度变化
19 115	热带气旋过去 24 小时变化趋势
19 301	未来移向(热带气旋)
19 302	未来移速(热带气旋)
19 303	强度(热带气旋)
19 304	未来趋势(热带气旋)

4.2.15 20 类(天气现象)

20 类(天气现象)要素代码见表 17。

表 17　20 类(天气现象)要素代码

代码 xx　yyy	要素名称
20　001	水平能见度
20　002	垂直能见度
20　003	现在天气
20　004	过去天气(1)
20　005	过去天气(2)
20　008	关于飞行的云分布
20　009	一般天气指示码(TAF/METER)
20　010	总云量
20　012	云类型
20　013	云底高度
20　014	云顶高度
20　015	云底气压
20　016	云顶气压
20　017	云顶描述
20　018	跑道视程的趋势
20　021	降水类型
20　022	降水特征
20　023	其他天气现象
20　024	天气现象强度
20　027	天气现象发生
20　028	预期天气现象强度变化
20　029	雨的标志
20　031	积冰厚度
20　032	积冰速率
20　033	积冰原因
20　034	海冰密集度
20　035	冰的总量和类型
20　036	冰情
20　037	冰情发展
20　038	冰边缘的方位
20　039	冰距
20　040	漂浮(低吹)雪的演变
20　041	飞机机体积冰

表 17　20 类(天气现象)要素代码(续)

代码 xx　yyy	要素名称
20　042	飞机积冰出现
20　043	液体水含量的峰值
20　044	液体水含量平均
20　051	低云量
20　052	中云量
20　053	高云量
20　054	来自一种移动的现象或云的真实方向
20　055	热带天空的状态 S
20　056	云相态
20　061	跑道视程(RVR)
20　062	地面状况(有雪或无雪)
20　063	特殊天气现象
20　065	雪覆盖
20　066	冰雹直径
20　067	沉淀物的直径
20　070	天电最小数
20　071	天电定位和比率的精确度
20　090	特殊云
20　095	冰概率
20　301	过去天气
20　302	天气现象代码
20　311	能见度变化趋势
20　312	每小时内最小能见度
20　313	器测能见度
20　320	雨凇直径
20　321	雨凇厚度
20　322	雨凇重量
20　323	雾凇直径
20　324	雾凇厚度
20　325	雾凇重量
20　330	第一冻土层上界值
20　331	第一冻土层下界值

表 17 20 类(天气现象)要素代码(续)

代码 xx yyy	要素名称
20 332	第二冻土层上界值
20 333	第二冻土层下界值
20 340	地面状态(国内自定编码)
20 350	云状
20 360	闪电属性
20 361	沙尘暴属性

4.2.16 21 类(雷达气象)

21 类(雷达气象)要素代码见表 18。

表 18 21 类(雷达气象)要素代码

代码 xx yyy	要素名称
21 001	水平反射率
21 002	垂直反射率
21 003	差分反射率
21 005	线性退偏比
21 006	圆退偏比
21 011	*X* 方向上的多普勒平均速度
21 012	*Y* 方向上的多普勒平均速度
21 013	*Z* 方向上的多普勒平均速度
21 014	多普勒径向速度
21 017	多普勒速度谱宽
21 021	回波顶
21 030	信噪比
21 031	垂直累积液态水含量
21 036	雷达降雨强度
21 041	亮带高度
21 051	1 mW 以上的信号功率
21 062	后向散射
21 063	辐射仪分辨率(噪声值)
21 064	地物杂波噪声估计
21 065	丢失包计数

表 18　21 类(雷达气象)要素代码(续)

代码 xx　yyy	要素名称
21　066	波散射计产品可信度数据
21　067	风的产品可信度数据
21　068	雷达高度表产品可信度数据
21　072	卫星高度表的定标状态
21　073	卫星高度表的仪表方式
21　075	图像波谱强度
21　076	强度的表示
21　077	高度订正(电离层)
21　078	高度订正(干对流层)
21　079	高度订正(湿对流层)
21　080	高度订正(定标常数)
21　081	开放循环订正(高度—时间循环)
21　082	开放循环订正(自动增益控制)
21　083	暖目标标定
21　084	冷目标标定
21　085	ATSR 海平面温度的交叉路径谱带数
21　086	仅在天底的平均像素数
21　087	在双重观察下平均像素数
21　088	湿后向散射
21　091	零阶矩的雷达信号多普勒谱
21　092	零阶矩的 RASS 雷达信号多普勒谱
21　093	Ku 波段峰值
21　094	S 波段峰值
21　102	选择的风矢量指数
21　103	σ^0 测量的总数
21　104	对于溶液的似然计算
21　105	标准化雷达截面
21　106	Kp 方差系数(α)
21　107	Kp 方差系数(β)
21　109	SEAWINDS 风向量单元质量
21　110	σ^0 的内向波束数(卫星前向)
21　111	σ^0 的外向波束数(卫星前向)
21　112	σ^0 的内向波束数(卫星后向)

表 18 21 类(雷达气象)要素代码(续)

代码 xx yyy	要素名称
21 113	σ^0 的外向波束数(卫星后向)
21 114	Kp 方差系数(γ)
21 115	SEAWINDS σ^0 质量标识
21 116	SEAWINDS σ^0 模态
21 117	σ^0 方差质量控制
21 118	关于 σ^0 衰减订正
21 119	风散射计的地球物理模型函数
21 120	降雨概率
21 121	SEAWINDS NOF 降雨指数
21 122	关于 σ^0 衰减订正
21 123	SEAWINDS 标准化雷达截面
21 130	波谱总能量
21 131	波谱最大能量
21 132	在高分辨网格上最大波谱的方向
21 133	在高分辨网格上最大波谱的波长
21 135	交叉光谱极向网格数的实部
21 136	交叉光谱极向网格数的虚部
21 137	Ku 波段订正的海洋后向散射系数
21 138	Ku 波段标准差订正的海洋后向散射系数
21 139	Ku 波段关于自动增益控制(AGC)的净仪器订正
21 140	S 波段订正的海洋后向散射系数
21 142	S 波段关于自动增益控制(AGC)的净仪器订正
21 143	Ku 波段雨量衰减
21 144	高度表降雨标识
21 150	波束排列(Beam collocation)
21 151	40°入射角下 σ^0 的误差估计
21 152	40°的入射角下的斜率
21 153	40°入射角下斜率的误差估计
21 154	土壤湿度灵敏度
21 156	后向散射距离

4.2.17 22 类(海洋气象)

22 类(海洋气象)要素代码见表 19。

表 19 22 类(海洋气象)要素代码

代码 xx yyy	要素名称
22 001	海浪方向
22 002	风浪方向
22 003	涌浪方向
22 004	洋流方向
22 005	海面洋流方向
22 011	海浪周期
22 012	风浪周期
22 013	涌浪周期
22 021	海浪高度
22 022	风浪高度
22 023	涌浪高度
22 025	海浪高度的标准偏差
22 026	有效海浪高度的标准偏差
22 031	洋流速度
22 032	海面洋流速度
22 037	关于国家陆地基准面的潮汐高度
22 039	潮汐高度的气象余差
22 041	海平面温度(15 天平均)
22 042	海温/水温
22 044	声速
22 049	海面温度
22 050	海面温度的标准偏差
22 056	廓线的方向
22 059	海面盐度
22 060	拉格朗日漂浮的浮标状态
22 061	海面状况
22 062	盐度
22 063	总水深
22 065	水压
22 066	水的传导率
22 067	水温廓线测量的仪器类型
22 068	水温廓线的记录仪类型
22 069	光谱的波密度

表 19　22 类(海洋气象)要素代码(续)

代码 xx　yyy	要素名称
22　070	显著波的高度
22　071	谱的峰波周期
22　072	谱的峰波长度
22　073	最大波高度
22　074	波的平均周期
22　075	波的平均长度
22　076	主波的来向
22　077	主波的方向展形
22　078	波记录的持续时间
22　079	记录的波长度
22　080	波带的中心频率
22　081	波带的中心波数
22　082	最大无向谱波密度
22　083	最大无向谱波数
22　084	包含最大无向谱波密度的带宽
22　085	谱波密度比率
22　086	波的平均来向
22　087	波的主要来向
22　088	来自傅里叶系数的第一归一化极坐标
22　089	来自傅里叶系数的第二归一化极坐标
22　090	由谱频率导出的无向谱估计
22　091	由波数导出的无向谱估计
22　092	由谱频率导出的有向谱估计
22　093	由波数导出的有向谱估计
22　094	波带宽的总数
22　095	个别波的方向展形
22　096	谱宽
22　141	海面温度(15 天滑动平均)
22　150	Ku 波段 18 Hz 的有效点数
22　151	Ku 波段在海洋上的范围
22　152	18 Hz Ku 波段在海洋上的范围的标准差
22　153	S 波段 18 Hz 的有效点数
22　154	S 波段在海洋上的范围

表 19　22 类(海洋气象)要素代码(续)

代码 xx　yyy	要素名称
22　155	18 Hz S 波段在海洋上的范围的标准差
22　156	Ku 波段显著波浪的高度
22　157	18 Hz Ku 波段显著波浪的高度的标准差
22　158	S 波段显著波浪的高度
22　159	18 Hz S 波段显著波浪的高度的标准差
22　160	归一化的海浪生命期
22　161	海浪波谱
22　300	海面最高温度
22　301	海面最低温度
22　302	平均波高
22　303	海浪级别
22　310	海水浊度
22　311	海水叶绿素浓度
22　320	海面温度的平均周期
22　321	盐度的平均周期
22　322	洋流方向和速度的平均周期

4.2.18　23 类(扩散与输送)

23 类(扩散与输送)要素代码见表 20。

表 20　23 类(扩散与输送)要素代码

代码 xx　yyy	要素名称
23　001	事故早期通知
23　002	与发生事故有关的设施或活动
23　003	释放类型
23　004	在边界附近采取的对策
23　005	事故的起因
23　006	事故的情况
23　007	释放的特征
23　008	当前释放状态
23　009	预计释放状态

表 20　23 类(扩散与输送)要素代码(续)

代码 xx　yyy	要素名称
23　016	对身体明显产生有害化学影响的可能性
23　017	主要容器的流量
23　018	释放行为覆盖时间
23　019	实际释放的高度
23　021	有效释放的高度
23　022	释放点或事故现场的距离
23　023	在大气中的主要输送速度
23　024	在水中的主要输送速度
23　025	在地下水中的主要输送速度
23　027	在大气中的主要输送方向
23　028	在水中的主要输送方向
23　029	在地下水中的主要输送方向
23　031	在事故地区烟云遇到降水的可能性
23　032	烟云遇到风向和/或风速变化的标志

4.2.19　24 类(放射)

24 类(放射)要素代码见表 21。

表 21　24 类(放射)要素代码

代码 xx　yyy	要素名称
24　001	指定时间内释放的放射性总量的估计值
24　002	最大可能释放的估计值
24　003	释放的成分
24　004	要素名称
24　005	同位素质量
24　011	剂量
24　012	轨迹剂量(规定的位置和期望到达的时间)
24　013	空气中沿主要输送路径的 γ 剂量(在规定的位置和时间段)
24　021	已命名的同位素类型在空气中的浓度
24　022	已命名的同位素类型在降水中的浓度
24　023	β 辐射的脉冲率
24　024	γ 辐射的脉冲率

4.2.20 26类[非坐标位置(时间)]

26类[非坐标位置(时间)]要素代码见表22。

表22 26类[非坐标位置(时间)]要素代码

代码 xx yyy	要素名称
26 001	以UTC表示的每日读取最高温度的主要时间
26 002	以UTC表示的每日读取最低温度的主要时间
26 003	时间差
26 010	包含的时间
26 020	降水持续时间

4.2.21 27类[非坐标位置(纬向)]

27类[非坐标位置(纬向)]要素代码见表23。

表23 27类[非坐标位置(纬向)]要素代码

代码 xx yyy	要素名称
27 001	纬度(高精度)
27 002	纬度(粗精度)
27 003	候补纬度(粗精度)
27 004	候补纬度(高精度)
27 020	卫星位置计数
27 021	卫星付位置维度
27 031	在经度0°方向离地球中心的距离
27 080	观察方位角

4.2.22 28类[非坐标位置(经向)]

28类[非坐标位置(经向)]要素代码见表24。

表24 28类[非坐标位置(经向)]要素代码

代码 xx yyy	要素名称
28 001	经度(高精度)
28 002	经度(粗精度)
28 003	候补经度(粗精度)
28 004	候补经度(高精度)
28 031	在90°E方向离地球中心的距离

4.2.23 29类(地图数据)

29类(地图数据)要素代码见表25。

表25 29类(地图数据)要素代码

代码 xx yyy	要素名称
29 001	投影类型
29 002	坐标网格类型

4.2.24 30类(图像)

30类(图像)要素代码见表26。

表26 30类(图像)要素代码

代码 xx yyy	要素名称
30 001	像素值(4个比特位)
30 002	像素值(8个比特位)
30 004	像素值(16个比特位)
30 021	每行像素个数
30 022	每列像素个数
30 031	图像类型
30 032	与其他数据的组合

4.2.25 40类(卫星气象)

40类(卫星气象)要素代码见表27。

表27 40类(卫星气象)要素代码

代码 xx yyy	要素名称
40 001	地面土壤水分
40 002	地面土壤水分估计误差
40 003	平均地面土壤水分
40 004	降雨检测
40 005	土壤水分订正标志
40 006	土壤水分加工标志
40 007	土壤水分质量
40 008	冻结陆地地面部分比率

表 27 40 类(卫星气象)要素代码(续)

代码 xx yyy	要素名称
40 009	水和湿地部分比率
40 010	地形复杂性
40 300	云检测
40 301	云分类
40 302	云有效粒子半径
40 303	云水含量
40 304	云冰含量
40 310	降水估计
40 311	面降水估计
40 312	对流层中上层水汽量
40 320	积雪检测
40 330	陆表反照率
40 340	植被指数 NDVI
40 341	叶面积指数 LAI
40 342	净初级生产力 NPP(植被碳吸收量)
40 360	海面高度
40 361	海洋水色
40 362	海冰覆盖
40 363	海冰厚度
40 380	高能电子通量
40 381	高能质子通量
40 382	重离子通量
40 383	太阳 X 射线通量

4.2.26 70 类(水文)

70 类(水文)要素代码见表 28。

表 28　70 类(水文)要素代码

代码 xx　yyy	要素名称
70　001	水径流
70　002	地表径流
70　003	总径流
70　011	水位(或闸上水位)
70　012	流量
70　013	超警戒水位
70　014	入流
70　015	出流
70　016	蓄水量
70　017	水势(或闸上水势)

4.2.27　71 类(农业、生态气象)

71 类(农业、生态气象)要素代码见表 29。

表 29　71 类(农业、生态气象)要素代码

代码 xx　yyy	要素名称
71　001	生长发育作物(牧草)名称
71　002	发育期名称
71　003	旬内发育期日期
71　004	发育程度
71　005	发育期距平(日数)
71　006	植株高度
71　007	生长状况
71　008	植株密度(或牧草覆盖度)
71　019	从播种到本旬末积温
71　020	从播种到本旬末积温距平
71　040	灾害名称
71　041	灾害发生日期
71　042	受害程度
71　043	受害面积
71　044	作物受害面积占作物面积百分比
71　045	干旱、洪涝等灾害持续日数;暴雨、霜冻、大风等灾害旬内出现日数;冷害、寒露风出现日数

表29　71类(农业、生态气象)要素代码(续)

代码 xx　yyy	要素名称
71　046	降雹持续时间
71　070	种植制度
71　071	每亩有效茎数
71　022	株高
71　073	麦土比
71　074	单株分蘖数
71　075	单株大蘖数
71　076	次生根数
71　077	次生根长
71　078	越冬死亡率
71　079	越冬受害率
71　080	叶面积系数
71　081	单穗小穗数
71　082	增减产趋势
71　083	增减产百分率
71　084	穗粒数/单株荚数/单株霜前花铃数
71　085	穗粒重/单株粒重/单株霜前籽棉重
71　086	小麦不孕小穗数/玉米空秆率/大豆空荚率/棉花脱蕾率
71　087	水稻空壳率
71　088	水稻秕谷率
71　089	籽粒重
71　090	亩实际产量
71　100	灌溉标志
71　101	干土层厚
71　102	土壤相对湿度
71　103	土壤湿度测定方法
71　104	土壤重量含水率
71　105	土壤容积含水率
71　106	土壤水分总贮存量
71　107	土壤有效水分贮存量
71　108	凋萎湿度
71　109	土壤容重
71　110	田间持水量

表 29　71 类(农业、生态气象)要素代码(续)

代码 xx　yyy	要素名称
71　111	地下水位深度
71　112	降水渗透深度
71　113	土壤热通量
71　600	作物品种熟性参数
71　601	作物物候
71　602	作物生长状况
71　603	产量因素
71　604	产量结构
71　605	叶面积
71　606	干物质
71　607	森林群落结构
71　608	森林凋落物
71　609	森林物候期
71　610	森林生长状况
71　611	草地牧草发育期
71　612	草地牧草生长状况
71　613	草地有毒有害草生长状况
71　614	草地地表凋落物量
71　615	草地天然牧草营养成分
71　616	家畜膘情调查
71　617	野生动物(总表)
71　618	野生动物(鸟类)
71　619	野生动物(啮齿动物)
71　620	野生动物(蝗虫)
71　621	草地载畜量估测
71　622	牧事活动
71　623	天然草地退化程度评价
71　624	湖泊浮游植物现存量
71　625	湖泊浮游植物初级生产量
71　626	荒漠植被生长状况调查
71　627	野生动物调查
71　628	荒漠植物调查

表29　71类(农业、生态气象)要素代码(续)

代码 xx　yyy	要素名称
71　630	土壤水文物理特性
71　631	土壤重量含水率
71　632	团粒结构
71　633	颗粒组成
71　634	土壤比重
71　635	风蚀
71　636	水蚀
71　637	沙丘动态和沙漠边沿进退
71　638	土壤有机质与养分
71　639	农田土壤 CO_2 和 CH_4 释放量
71　640	常规土壤湿度和土壤热通量
71　641	透明度
71　642	总有机碳、总磷、总氮
71　643	水体化学性质参数
71　644	水体温度、辐射梯度
71　645	水体水位水深
71　646	径流地下水位
71　647	枯枝落叶层含水量
71　648	树干径流量
71　650	农业气象灾害和病虫害观测
71　651	农业气象灾害和病虫害调查
71　652	牧草气象、病虫害观测调查
71　653	家畜气象、病虫害观测调查
71　654	森林气象灾害观测
71　655	森林病虫害观测
71　656	森林病虫害调查
71　657	森林火灾调查

4.2.28　72类(大气诊断物理量)

72类(大气诊断物理量)要素代码见表30。

表 30　72 类(大气诊断物理量)要素代码

代码 xx　yyy	要素名称
72　001	涡度
72　002	相对涡度
72　003	散度
72　004	相对散度
72　005	温度平流
72　006	涡度平流
72　011	水汽通量
72　012	水汽通量散度
72　021	K 指数
72　022	θ_{se}(假相当位温)
72　023	潜在对流不稳定指数
72　031	地表热通量
72　032	感热净通量
72　033	潜热净通量
72　034	动量通量
72　035	动量通量纬向分量
72　036	动量通量经向分量
72　037	CO_2 通量
72　041	重力波纬向应力
72　042	重力波经向应力
72　045	绝对湿度
72　046	流量函数
72　047	速度势

参 考 文 献

[1] 国家气象信息中心通信台.表格驱动码编码手册:BUFR、GRIB 和 CREX 编码(第 2 版).北京:气象出版社,2009

[2] World Meteorological Organization. Inforclima Catalogue of Climate System Data Set, WCDP-5 Report, WMO/TD-No. 293,1989

[3] World Meteorological Organization. Guide to WMO Table-Driven Code Forms FM 94 BUFR and FM 95 CREX, 2002(BUFR Table version:16.0.0,2011)

ICS 07.060
A 47

中华人民共和国气象行业标准

QX/T 134—2011

沙尘暴观测数据归档格式

Sand and dust storm observation data archives format

2011-06-07 发布　　　　2011-11-01 实施

中国气象局　发布

前　　言

本标准按 GB/T 1.1—2009 给出的规则起草。

本标准由全国气象基本信息标准化技术委员会(SAC/TC 346)提出并归口。

本标准起草单位:国家气象信息中心。

本标准主要起草人:张洪政、周自江。

沙尘暴观测数据归档格式

1 范围

本标准规定了沙尘暴观测站采集的湍流场、平均场、能见度、粒径 10 μm 以下大气气溶胶质量浓度、大气浑浊度、大气总悬浮颗粒物质量浓度、干沉降、土壤水分观测数据文件命名和文件格式。

本标准适用于沙尘暴观测数据的存储、统计、应用和归档。

2 规范性引用文件

下列文件对于本文件的应用是必不可少的。凡是注明日期的引用文件，仅注日期的版本适用于本文件。凡是不注日期的引用文件，其最新版本(包括所有的修改单)适用于本文件。

QX/T 102—2009 气象资料分类与编码

3 术语和定义

下列术语适用于本文件。

3.1

湍流场 turbulent field

在气层内由空气块不规则运动形成的三维流场。

3.2

平均场 average field

各观测高度上的温度、湿度、风等气象要素在某段时间内的平均状态。

3.3

能见度 visibility

用气象光学视程表示。气象光学视程指白炽灯发出色温为 2700 K 的平行光时的光通量，在大气中削弱至初始值的 5%所通过的路径长度。

[GB/T 20479—2006，定义 3.7]

3.4

10 μm 气溶胶粒子 particle matter with diameter less than 10 μm; PM_{10}

空气动力学当量直径小于等于 10 μm 的大气气溶胶质量浓度。

3.5

大气浑浊度 atmospheric turbidity

通常用散射系数表示，是由大气悬浮物(除云滴、雨滴、冰晶之外)的散射造成太阳辐射能量衰减的一种量度。

注：改写 QX/T 69—2007，定义 3.5 和定义 3.13。

3.6

大气总悬浮颗粒物 total suspended particle

悬浮在空气中的空气动力学当量直径小于等于 100 μm 的颗粒物。

注：改写 HJ/T 374—2007，定义 3.1。

3.7

干沉降 dry deposition

大气气溶胶粒子和微量气体成分在没有降水时的沉降过程。

3.8

地表土壤水分 surface soil moisture

自然状态下固定地段地面以下至0.5 m深度的土壤含水量。

注:改写GB/T 20479—2006,定义3.12。

3.9

质量控制码 quality control flag

标识观测资料质量状况的数字。

注:改写QX/T 118—2010,定义2.11。

4 归档数据文件命名

对归档数据文件命名规则见QX/T 102—2009。

文件名为SURF_DSS_CHN_MUL_MUT_ARCHIVE_XXX－IIiii－YYYYMMDDHHMMSS.TXT,数据文件按观测项目划分,文件名中字符含义见表1。

注:观测项目太阳光度计数据文件(观测项目代码为RPB)格式为观测仪器自带二进制数据格式,归档数据格式使用原观测数据文件格式,本标准不进行描述。

表1 文件名字符含义

字符	含义
SURF	资料的大类属性,表示地面气象资料
DSS	灾害种类属性,表示沙尘暴
CHN	区域属性,表示中国
MUL	要素属性,表示多要素
MUT	时段属性,表示多个时段
ARCHIVE	附加属性,表示归档数据
XXX	观测项目代码,包括: WND:表示湍流场观测数据 ATW:表示平均场观测数据 VIS:表示能见度 PM10:表示粒径10 μm以下大气气溶胶质量浓度 NEP:表示大气散射特性 TSP:表示大气总悬浮颗粒物质量浓度 DDS:表示干沉降 SOI:表示土壤水分
IIiii	区站号
YYYYMMDDHHMMSS	文件创建时间,世界时,YYYY为年,MM为月,DD为日,HH为时,MM为分,SS为秒,位数不足时,高位补“0”
TXT	固定字符,表示文件为文本格式

5 归档数据文件格式

5.1 文件结构

各观测项目的归档数据文件结构相同，由台站信息、观测数据、质量控制信息构成。文件中每条记录为一行，每条记录尾用回车换行结束。

台站信息为第一条记录，由 7 组数据构成，排列顺序为区站号、经度、纬度、海拔高度、文件创建时间、采样时间间隔、采样层数，各组数据分隔符为一位半角空格。

从第二条记录开始，每条记录由观测数据和质量控制信息两个数据段组成，数据段间的分隔符为一位空格。

5.2 台站信息

5.2.1 区站号

由 5 位数字和字母组成，变量类型为字符型，前两位为区号，后三位为站号。

5.2.2 经度

由 7 位字符组成，变量类型为实型，保留两位小数，单位为度(°)，东经为正，西经为负，位数不足时，高位补空格，缺省值为 999.00。

5.2.3 纬度

由 6 位字符组成，变量类型为实型，保留两位小数，单位为度(°)，北纬为正，南纬为负，位数不足时，高位补空格，缺省值为 999.00。

5.2.4 海拔高度

由 6 位字符组成，变量类型为实型，保留一位小数，单位为米(m)，位数不足时，高位补空格，缺省值为－999.0。

5.2.5 文件创建时间

由 14 位字符组成，变量类型为整型，世界时，其中第 1～4 位为年，第 5～6 位为月，第 7～8 位为日，第 9～10 位为时，第 11～12 位为分，第 13～14 位为秒，位数不足时，高位补“0”。

5.2.6 数据频率

由 4 位字符组成，变量类型为整型，位数不足时，高位补空格，缺省值为－999。

5.2.7 采样层数

由 4 位字符组成，变量类型为整型，位数不足时，高位补空格，缺省值为－999。

5.3 观测数据与质量控制信息的格式

5.3.1 观测数据

观测数据由若干组数据构成，每组数据之间的分隔符为一位空格，每组数据占用固定字符长度，各观测项目中观测数据的规定构成及排列见附录 A 中的表 A.1～表 A.8。其中，日期、时间占用字符长度为 14 B(见 5.2.5),包括采样时间、开始时间、结束时间等;观测数据变量类型为实型的,其保留小数位数与相应缺测表示值的小数位数相同;若无特殊规定,每组观测数据位数不足时,高位补空格。

5.3.2 质量控制信息

质量控制信息位于每条记录的观测数据段之后,由每组观测数据的质量控制码构成,质量控制码之间无分隔符,质量控制信息所占字符长度与观测数据组数相同,即第 1 位为第 1 组观测数据的质量控制码,第 2 位为第 2 组数据的质量控制码,依此类推。质量控制码参见附录 B。

附 录 A
(规范性附录)
沙尘暴观测数据和质量控制信息

表 A.1 湍流场数据构成及排列

序号	要素名称	变量类型	字符长度/B	单位	缺测表示
1	采样时间	整型	14		
2	纬向风速	实型	6	m/s	999.00
3	经向风速	实型	6	m/s	999.00
4	垂直风速	实型	6	m/s	999.00
5	声速	实型	6	m/s	999.00
6	质量控制码	整型	5		

表 A.2 平均场数据构成及排列

序号	要素名称	变量类型	字符长度/B	单位	缺测表示
1	采样时间	整型	14		
2	1 m 的风速	实型	6	m/s	999.00
3	2 m 的风速	实型	6	m/s	999.00
4	4 m 的风速	实型	6	m/s	999.00
5	10 m 的风速	实型	6	m/s	999.00
6	20 m 的风速	实型	6	m/s	999.00
7	1 m 的风向	整型	6	°	999
8	4 m 的风向	整型	6	°	999
9	20 m 的风向	整型	6	°	999
10	1 m 的温度	实型	6	℃	999.00
11	2 m 的温度	实型	6	℃	999.00
12	4 m 的温度	实型	6	℃	999.00
13	10 m 的温度	实型	6	℃	999.00
14	20 m 的温度	实型	6	℃	999.00
15	1 m 的相对湿度	整型	3	%	999
16	2 m 的相对湿度	整型	3	%	999
17	4 m 的相对湿度	整型	3	%	999
18	10 m 的相对湿度	整型	3	%	999
19	20 m 的相对湿度	整型	3	%	999
20	质量控制码	整型	19		

表 A.3　能见度数据构成及排列

序号	要素名称	变量类型	字符长度/B	单位	缺测表示
1	采样时间	整型	14		
2	1 min 平均能见度	整型	7	m	−999
3	10 min 平均能见度	整型	7	m	−999
4	能见度变化趋势	整型	3	%	999
5	质量控制码	整型	4		

表 A.4　粒径 10 μm 以下的大气气溶胶质量浓度数据构成及排列

序号	要素名称	变量类型	字符长度/B	单位	缺测表示
1	采样时间	整型	14		
2	仪器状态码	字符型	3		999
3	5 min 平均质量浓度	实型	10	$\mu g/m^3$	−999.00
4	30 min 平均质量浓度	实型	10	$\mu g/m^3$	−999.00
5	1 h 平均质量浓度	实型	10	$\mu g/m^3$	−999.00
6	24 h 平均质量浓度	实型	10	$\mu g/m^3$	−999.00
7	总质量	实型	10	μg	−999.00
8	环境温度	实型	6	℃	999.00
9	环境气压	实型	7	hPa	−999.0
10	质量控制码	整型	9		

表 A.5　大气浑浊度数据构成及排列

序号	要素名称	变量类型	字符长度/B	单位	缺测表示
1	采样时间	整型	14		
2	数据识别码	字符型	3		999
3	粒子散射系数	实型	10	m	−999.00
4	环境温度	实型	10	℃	999.00
5	环境相对湿度	整型	3	%	999
6	环境气压	实型	7	hPa	−999.0
7	腔体温度	实型	10	℃	999.00
8	质量控制码	整型	7		

表 A.6 大气总悬浮颗粒物质量浓度数据构成及排列

序号	要素名称	变量类型	字符长度/B	单位	缺测表示
1	开机日期时间	整型	14		
2	停机日期时间	整型	14		
3	采样前称重日期时间	整型	14		
4	采样后称重日期时间	整型	14		
5	采样前采样膜的质量	实型	11	mg	−999.0000
6	采样后采样膜的质量	实型	11	mg	−999.0000
7	采样膜编号	整型	4		−999
8	累计采样时间	整型	4	d	−999
9	标况采样体积	实型	10	m^3	−999.000
10	日平均大气压	实型	7	hPa	−999.0
11	日平均气温	实型	6	℃	999.00
12	采样膜增重	实型	11	mg	−999.0000
13	总悬浮物浓度	实型	11	mg/m^3	−999.0000
14	质量控制码	整型	13		

表 A.7 大气干沉降数据构成及排列

序号	要素名称	变量类型	字符长度/B	单位	缺测表示
1	采样膜编号	整型	4		−999
2	开始时间	整型	14		
3	结束时间	整型	14		
4	集尘缸编号	整型	4		−999
5	集尘缸口面积	实型	6	cm^2	−999.0
6	硫酸铜加入量	实型	11	g	−999.0000
7	采样累计天数	整型	4	d	−999
8	月(旬)平均大气压	实型	7	hPa	−999.0
9	月(旬)平均气温	实型	6	℃	999.00
10	最终样品重量	实型	11	g	−999.0
11	大气降尘量	实型	11	$g/(m^2 \cdot mon)$	−999.0
12	质量控制码	整型	11		

表 A.8 土壤水分数据构成及排列

序号	要素名称	变量类型	字符长度/B	单位	缺测表示
1	采样时间	整型	14		
2	10 cm 土壤重量含水率	实型	5	%	999.0
3	20 cm 土壤重量含水率	实型	5	%	999.0
4	30 cm 土壤重量含水率	实型	5	%	999.0
5	40 cm 土壤重量含水率	实型	5	%	999.0
6	50 cm 土壤重量含水率	实型	5	%	999.0
7	质量控制码	整型	6		

附 录 B
（资料性附录）
质量控制码

质量控制码含义如下：

0：数据正确；

1：数据可疑；

2：数据错误；

3：数据有订正值；

4：数据已修改；

8：数据缺测；

9：数据未作质量控制。

参 考 文 献

[1] GB/T 15265—1994 环境空气降尘的测定重量法
[2] GB/T 20479—2006 沙尘暴天气监测规范
[3] HJ/T 374—2007 总悬浮颗粒物采样器技术要求与检测方法
[4] QX/T 69—2007 大气浑浊度观测 太阳光度计方法
[5] QX/T 118—2010 地面气象观测资料质量控制
[6]《大气科学辞典》编委会.大气科学辞典.北京:气象出版社,1994

ICS 07.060
A 47

中华人民共和国气象行业标准

QX/T 135—2011

太阳活动水平分级

Classification for solar activity level

2011-06-07 发布　　2011-11-01 实施

中国气象局　发布

前　言

本标准按 GB/T 1.1—2009 给出的规则起草。

本标准由全国卫星气象与空间天气标准化技术委员会空间天气监测预警分技术委员会(SAC/TC 347/SC 3)提出并归口。

本标准起草单位:国家卫星气象中心(国家空间天气预警中心)。

本标准主要起草人:乐贵明、赵海娟、毛田、赵明现、张杨。

引　　言

在不同的太阳活动阶段，太阳活动对地球中高层大气密度、电离层环境和地磁场变化可能产生影响。为了满足空间天气监测和预警业务的需求，特制定本标准。

太阳活动水平分级

1 范围

本标准规定了太阳活动水平的分级。

本标准适用于空间天气监测和预警业务。

2 术语和定义

下列术语和定义适用于本文件。

2.1

太阳活动 solar activity

太阳大气中出现的局部异常现象。

2.2

太阳 10.7 cm 射电流量指数 index of 10.7 cm solar radio flux

每日地方时 12 时，在频率为 2800 MHz 测量并订正到距离太阳为 1 个天文单位处的太阳射电的流量密度。

注：单位为 sfu，用 $F_{10.7}$ 表示。1 sfu=10^{-22} W/(m² · Hz)。国际上以加拿大不列颠哥伦比亚省彭蒂克顿的射电天文台(Dominion Radio Astronomical Observatory, Penticton, B. C., Canada)测量为准。

2.3

太阳黑子相对数 relative sunspot number

定量描述日面上可见黑子多少的指标。

3 太阳黑子相对数计算

太阳黑子相对数 R 按式(1)计算。

$$R=K(10g+f) \quad \cdots\cdots(1)$$

式中：

R——太阳黑子相对数；

K——换算因子；

g——黑子群的数目；

f——当天观测到的日面上出现的黑子个数。

4 太阳活动水平分级

4.1 按 $F_{10.7}$ 指数进行的太阳活动水平分级(见表 1)。

表 1　按 $F_{10.7}$ 划分的太阳活动水平分级

太阳活动水平	$F_{10.7}$ 取值范围
很低	$F_{10.7}<80$ sfu
低	80 sfu $\leqslant F_{10.7}<100$ sfu
中	100 sfu $\leqslant F_{10.7}<150$ sfu
高	150 sfu $\leqslant F_{10.7}<200$ sfu
很高	$F_{10.7}\geqslant 200$ sfu

4.2　按太阳黑子相对数进行的太阳活动水平分级(见表 2)。

表 2　太阳活动水平分级(按太阳黑子相对数)

太阳活动水平	R 取值范围
很低	$R<20$
低	$20\leqslant R<50$
中	$50\leqslant R<100$
高	$100\leqslant R<180$
很高	$R\geqslant 180$

ICS 07.060
A 47

中华人民共和国气象行业标准

QX/T 136—2011

太阳质子事件强度分级

Classification for the intensity of solar proton event

2011-06-07 发布　　　　2011-11-01 实施

中国气象局　发布

前　　言

本标准按照 GB/T 1.1—2009 给出的规则起草。

本标准由全国卫星气象与空间天气标准化技术委员会空间天气监测预警分技术委员会(SAC/TC 347/SC 3)提出并归口。

本标准起草单位:国家卫星气象中心(国家空间天气预警中心)。

本标准主要起草人:乐贵明、赵海娟、毛田、宗位国、唐云秋、赵明现。

引　　言

太阳质子事件是太阳爆发活动引起的灾害性空间天气事件，对卫星和宇航员等构成威胁，不同强度的太阳质子事件危害程度不同。随着我国航天事业的快速发展，卫星和宇航员的安全问题日益受到重视，为了在太阳质子事件的监测预警业务中定量描述太阳质子事件的强度，特制定本标准。

太阳质子事件强度分级

1 范围

本标准规定了太阳质子事件强度等级。

本标准适用于太阳质子事件的监测和预警业务。

2 术语和定义

下列术语和定义适用于本文件。

2.1

地球静止轨道 geostationary orbit

卫星在地球赤道面绕地球运动的周期等于地球的自转周期，绕地球运动的方向与地球自转方向一致，与地面的相对位置保持不变的圆形轨道。

2.2

太阳质子事件 solar proton event

太阳活动导致地球静止轨道处，能量大于 10 MeV 的质子流强度连续 15 min 达到或超过 10 pfu 的事件。

注：质子流强度用 I_p 表示，单位为 pfu，1 pfu=1 proton/(cm^2 · sr · s)。

2.3

太阳质子事件强度 solar proton event intensity

太阳质子事件 I_p 的峰值，用 $I_{p\max}$ 表示。

3 太阳质子事件强度分级

3.1 依据太阳质子事件 I_p 的峰值划分太阳质子事件强度等级。

3.2 太阳质子事件强度等级分为 1 级、2 级、3 级和 4 级。

3.3 太阳质子事件强度等级的划分见表 1。

表 1 太阳质子事件强度等级的划分

等级	类别	范围
1 级	弱	10^1 pfu $\leqslant I_{p\max} < 10^2$ pfu
2 级	中	10^2 pfu $\leqslant I_{p\max} < 10^3$ pfu
3 级	强	10^3 pfu $\leqslant I_{p\max} < 10^4$ pfu
4 级	超强	10^4 pfu $\leqslant I_{p\max}$

ICS 07.060
A 47

中华人民共和国气象行业标准

QX/T 137—2011

气象卫星产品分层数据格式

Hierarchical data format of meteorological satellite product file

2011-08-16 发布　　2012-03-01 实施

中国气象局　发布

前　　言

本标准按照GB/T 1.1—2009给出的规则起草。

本标准由国家卫星气象和空间天气标准化技术委员会气象卫星数据分技术委员会(SAC/TC 347/SC 1)提出并归口。

本标准起草单位:国家卫星气象中心。

本标准的主要起草人:徐喆、钱建梅、咸迪、高云、刘立葳。

气象卫星产品分层数据格式

1 范围

本标准规定了气象卫星产品分层数据文件格式内容。

本标准适用于分层数据格式气象卫星产品的处理、分发、存档、服务过程中的记录文件。

2 术语和定义

下列术语和定义适用于本文件。

2.1

气象卫星产品 meteorological satellite product

由 L1 数据反演处理得到，包含 L2、L3 数据，反映一定时间、空间范围的大气、陆地和海洋的物理参数。

2.2

分层数据格式 hierarchical data format; HDF

存储和分发科学数据的一种自我描述、多对象、跨平台、可扩展的文件格式。

2.3

科学数据对象 scientific data feature

记录不同类型科学数据的集合。

注：HDF 提供六种基本数据对象：科学数据集（Scientific Data Set）、数据表（Vdata）、栅格图像（Raster Image）、调色板（Palette）、注释（Annotation）和虚拟组（Vgroup）。

2.4

科学数据集 scientific data set; SDS

描述和存储一维或多维数组的科学数据结构。

注：每个 SDS 对象必须包含数组、名字、数据类型和 SDS 数组的维数。

2.5

数据表 vertex data; Vdata

在 HDF 文件中存储定制的表格的数据结构。

注：一个 Vdata 是一个表格，其记录值存放于这个固定记录长度域的表格中，每一个域有其自己的大小和数据类型。所有的记录数有相同的结构，每个域中所有的值有相同的数据类型。

2.6

栅格图像 raster image

存储和描述栅格图像和与之关联的调色板的数据结构。

2.7

调色板 palette

为颜色查找表提供图像的色谱表格，表中每列的数字记录特定颜色。

2.8

注释 annotation

描述 HDF 文件或 HDF 文件包含的 HDF 科学数据对象的文本字符串。

2.9

虚拟组　Vgroup

可容纳科学数据对象的结构模型。

注:一个 Vgroup 可以含有其他 Vgroup 及科学数据对象。任何 HDF 科学数据对象都可以包含在一个 Vgroup 中。

2.10

科学数据层　SDS layer

分层存储在 HDF 文件中的独立科学数据对象。

注:一个 HDF 文件中,不同类型的物理量可以存储在不同的科学数据对象中,每个科学数据对象作为一个独立的科学数据层分层存储到同一个 HDF 文件中。

2.11

数据集区域　data area

气象卫星产品覆盖的空间区域范围。

2.12

标准纬线　standard projection latitude

地图上经投影后保持无变形的纬线。

注:在正轴圆锥投影和正轴圆柱投影中,当圆锥面或圆柱面与地球椭球体相切时,有一条标准纬线,相割时,有两条标准纬线。在方位投影中,标准纬线即为割纬线(或割等高圈)。

2.13

中央经线　centre longitude

投影区域内选择的一条投影后为直线,且作为平面直角坐标系纵轴的经线。

注:其他经线投影后对称于中央经线。

2.14

文件属性　data attribute

气象卫星产品的描述信息。

3　格式内容

3.1　概述

气象卫星产品文件使用 HDF 格式,文件由两部分组成,文件属性和科学数据对象。文件属性用于记录该类气象卫星产品的基本描述信息,科学数据对象保存该类气象卫星产品的科学数据。

3.2　文件属性

文件属性分为核心文件属性(见附录 A)与扩展文件属性。核心文件属性用于记录气象卫星产品必需的描述信息;扩展文件属性用于记录部分气象卫星产品的特有描述信息。

对于所有的气象卫星产品:

a)　核心文件属性是定义相同且应具有;

b)　扩展文件属性可自主定义或没有。

3.3　科学数据对象

科学数据对象用于记录气象卫星产品的各类地球物理参数,对于不同特性的气象卫星产品可选用不同的 HDF 数据类型进行记录,包括:科学数据集、数据表、栅格图像、调色板、注释和虚拟组。

科学数据集必须具备属性描述。属性描述分为核心属性(见附录 B)与扩展属性。核心属性用于描述该科学数据集的必需信息;扩展属性用于描述部分科学数据集的特有描述信息。

对于所有的科学数据集：

a） 核心属性是相同且应具有；

b） 扩展属性可自主定义或没有。

附　录　A
（规范性附录）
气象卫星产品分层数据格式核心文件属性定义

气象卫星产品分层数据格式核心文件属性定义见表A.1。

表A.1　气象卫星分层数据格式核心文件属性定义

序号	描述	属性名称	数据类型	备注
1	卫星名称	Satellite Name	string	气象卫星名的英文缩写，卫星名称与卫星全名对照表参见表C.1
2	数据集名称	Dataset Name	string	气象卫星产品的英文全名
3	文件名称	File Name	string	不包含路径的完整文件名
4	仪器名称	Sensor Name	string	处理产品所使用的有效载荷名称缩略语，气象卫星有效载荷名缩略语定义参见表C.2
5	数据集区域	Dataset Area	string	气象卫星产品的空间覆盖范围
6	数据级别	Data Level	string	L2、L3
7	处理软件版本号	Version of Software	string	该产品处理软件的版本信息，如V1.0.0
8	处理软件更新日期	Software Revision Date	string	该产品处理软件的最后更新日期，格式采用YYYY-MM-DD（年-月-日）
9	观测开始日期	Observing Beginning Date	string	该产品所使用的卫星观测第一个像元的采集日期，格式采用YYYY-MM-DD(年-月-日)
10	观测开始时间	Observing Beginning Time	string	该产品所使用的卫星观测数据第一个像元的采集时间，格式采用HH:MM:SS.sss(时:分:秒.毫秒)
11	观测结束日期	Observing Ending Date	string	该产品所使用的卫星观测最后一个像元的采集日期，格式采用YYYY-MM-DD(年-月-日)
12	观测结束时间	Observing Ending Time	string	该产品所使用的卫星观测最后一个像元的采集时间，格式采用HH:MM:SS.sss(时:分:秒.毫秒)
13	创建日期	Data Creating Date	string	格式采用YYYY-MM-DD(年-月-日)
14	创建时间	Data Creating Time	string	格式采用HH:MM:SS.sss(时:分:秒.毫秒)

表 A.1 气象卫星分层数据格式核心文件属性定义(续)

序号	描述	属性名称	数据类型	备注
15	合成时段	Time of Data Composed	string	合成该产品所使用卫星数据的时段,时段种类参见表 C.3
16	数据层数	Number of Data Layers	16-bit unsigned Integer	产品中科学数据对象的个数
17	投影类型	Projection Type	string	产品采用投影的英文全称,投影名称定义参见表 C.4
18	左上角纬度	Left-Top Latitude	32-bit floating point	以度为单位
19	左上角经度	Left-Top Longitude	32-bit floating point	以度为单位
20	右上角纬度	Right-Top Latitude	32-bit floating point	以度为单位
21	右上角经度	Right-Top Longitude	32-bit floating point	以度为单位
22	左下角纬度	Left-Bottom Latitude	32-bit floating point	以度为单位
23	左下角经度	Left-Bottom Longitude	32-bit floating point	以度为单位
24	右下角纬度	Right-Bottom Latitude	32-bit floating point	以度为单位
25	右下角经度	Right-Bottom Longitude	32-bit floating point	以度为单位
26	投影中心纬度	Projection Center Latitude	32-bit floating point	以度为单位
27	投影中心经度	Projection Center Longitude	32-bit floating point	以度为单位
28	标准投影纬度 1	Standard Projection Latitude1	32-bit floating point	以度为单位
29	标准投影纬度 2	Standard Projection Latitude2	32-bit floating point	以度为单位
30	中央经线	Center Longitude	32-bit floating point	以度为单位
31	分辨率单位	Unit of Resolution	string	如:米:meter, 度:degree……
32	投影水平分辨率	Longitude Resolution	32-bit floating point	产品水平方向分辨率
33	投影垂直分辨率	Latitude Resolution	32-bit floating point	产品垂直方向分辨率
34	数据行数	Data Lines	32-bit unsigned Integer	产品的行方向大小
35	数据列数	Data Pixels	32-bit unsigned Integer	产品的列方向大小
36	文件的附加说明	Additional Anotation	string	对产品责任人及其联系方式,包括电话、EMAIL 以及关于产品的辅助说明

附 录 B
（规范性附录）
科学数据集核心属性定义

科学数据集核心属性定义见表B.1。

表B.1 科学数据集核心属性定义

序号	描述	属性名称	数据类型	备注
1	数据集的名字	SDS_Name	string	科学数据集的英文全称
2	物理量单位	Unit	string	例如:meter、inch、hPa……
3	数据的有效范围	Valid_Range	64-bit floating point	由两个元素的一维数组,分别表示数据有效值域的最小值和最大值
4	无效数据的填充值	Fill_Value	64-bit floating point	无效数据值
5	数据缩放斜率	Slope	64-bit floating point	数据线性缩放时的斜率
6	数据缩放截距	Intercept	64-bit floating point	数据线性缩放时的截距

附　录　C
（资料性附录）
部分核心文件属性要素填写范例

部分核心文件属性要素填写范例参见表 C.1、表 C.2、表 C.3、表 C.4。

表 C.1　卫星名称与卫星全名对照表

序号	卫星名称	卫星全称	卫星全名
1	FY-1A～FY-1D	FY-1A～FY-1D	中国风云一号极轨气象卫星 A～D 星
2	FY-2A～FY-2E	FY-2A～FY-2E	中国风云二号静止气象卫星 A～E 星
3	FY-3A～FY-3C	FY-3A～FY-3C	中国风云三号极轨气象卫星 A～C 星
4	NOAA-11～NOAA-18	NOAA 11～NOAA 18	美国 NOAA 极轨气象卫星 11～18 星
5	GMS-3～GMS-5	GMS3～GMS5	日本静止气象卫星 3～5 星
6	GOE1～GOEC	GOES1～GOES12	美国静止业务环境气象卫星 1～12 星
7	TERRA	EOS/TERRA	美国地球观测卫星 TERRA
8	AUQA	EOS/AUQA	美国地球观测卫星 AQUA
9	MET5～8	METEOSAT5～8	欧洲气象卫星组织气象静止卫星系列 5～8 星
10	MTSAT-1～*n*	MTSAT1～*n*	日本多功能传输系统 1～*n* 星
11	MTP-1～*n*	METOP1～*n*	欧洲气象卫星组织气象业务卫星 1～*n* 星
12	NPS-1～*n*	NPOESS1～*n*	美国极轨业务环境卫星 1～*n* 星
13	NPP-1～*n*	NPP1～*n*	美国 NPOESS 的试验卫星 1～*n* 星

表 C.2　气象卫星星载仪器名缩略语定义

序号	缩略语	英文名称	注释
1	A-DCS	ARGOS-Data Collection System	全球环境资料收集定位系统(法国)
2	AMSUA	Advanced Microwave Sounding Unit-A	先进微波探测器-A
3	AMSU-A1	Advanced Microwave Sounding Unit-A1	先进微波探测器-A1
4	AMSU-A2	Advanced Microwave Sounding Unit-A2	先进微波探测器-A2
5	AMSUB	Advanced Microwave Sounding Unit-B	先进微波探测器-B
6	APS	Aerosol Polarimeter Sensor	气溶胶偏振探测器
7	ASCAT	Advanced Scatterometer	先进的散射计
8	ATMS	Advanced Technology Microwave Sounder	NPP 先进微波大气探测器
9	ATOVS	Advanced TIROS Operational Vertical Sounder	先进 TIROS 垂直探测器
10	AVHRR	Advanced Very High Resolution Radiometer	先进的甚高分辨率扫描辐射计
11	AVHRR/3	Advanced Very High Resolution Radiometer/3	第 3 代先进的甚高分辨率扫描辐射计
12	CMIS	Conical MW Imager/Sounder	圆锥扫描微波成像/探测仪

表 C.2 气象卫星星载仪器名缩略语定义(续)

序号	缩略语	英文名称	注释
13	CrIS	Cross Track Infrared Sounder	NPP 跨轨扫描大气红外探测仪
14	DCS	Data Collection System	数据收集系统
15	ENGIN	ENGINeering	工程数据
16	ERBM	Earth Radiation Budget Measurement	地球辐射收支仪器组
17	ERBS	Earth Radiation Budget Sensor	地球辐射平衡探测器
18	ERM	Earth Radiation Measurement	地球辐射探测仪
19	GOME-2	Global Ozone Monitoring Experiment-2	全球臭氧检测装置
20	GPSOS	GPS Occultation Sensor	GPS 掩星探测仪
21	HIRS	High Resolution Infrared Sounder	高分辨率红外辐射探测仪
22	IASI	Infrared Atmospheric Sounding Interferometer	红外大气垂直探测干涉仪
23	IRAS	InfraRed Atmospheric Sounder	红外分光计
24	Imagr	Imager	图像仪
25	MERSI	MEdium Resolution Spectral Imager	中分辨率光谱成像仪
26	MHS	Microwave Humidity Sounder	微波湿度计
27	MODIS	Moderate Resolution Imaging Spectroradiometer	中分辨率成像光谱仪
28	MULSS	Multi-Sensor Synergy	多仪器融合数据
29	MVIRS	Multichannel Visible and IR Scan Radiometer	多通道可见红外扫描辐射计
30	MWHS	MicroWave Humidity Sounder	微波湿度计
31	MWRI	MicroWave Radiation Imager	微波成像仪
32	MWTS	MicroWave Temperature Sounder	微波温度计
33	OMPS	Ozone Mapper/Profiler Suite	臭氧成像/探测仪器包
34	SBUS	Solar Backscatter Ultraviolet Sounder	紫外臭氧垂直探测仪
35	SEM	Space Environment Monitor	空间环境监测器
36	SEM-2	Space Environment Monitor-2	第二代空间环境监测器
37	SESS	Space Environmental Sensor Suite	空间环境探测仪器
38	SIM	Solar Irradiance Monitor	太阳辐照度监测仪
39	TOU	Total Ozone Unit	紫外臭氧总量探测仪
40	VASS	Vertical Atmospheric Sounding System	大气垂直探测综合仪器组
41	VIIRS	Visible-Infrared Imager Radiometer Suite	可见红外成像/辐射仪仪器包
42	VIRR	Visible and Infrared Radiometer	可见光红外扫描辐射计

表 C.3 气象卫星产品时段类型定义

序号	时段类型	注释
1	Hour	小时产品
2	Day	日产品
3	5 Day	候产品
4	10 Day	旬产品
5	Monthly	月产品
6	Year	年产品
7	Orbit	极轨卫星过境一次生产产品

表 C.4 投影方法定义

序号	英文名称	注释
1	Albers Equal Area	等面积投影
2	Cylindrical Equal-Distance Projection	等距圆柱投影
3	EASE-Grid Projection	等积割圆柱投影
4	Hammer	Hammer 投影
5	Lambert Conic	兰勃特圆锥投影
6	Mercator	墨卡托投影
7	Normalized Projection	标称投影
8	Geographic Longitude/Latitude	等经纬度投影
9	Polar Stereographic	极射赤面投影

参 考 文 献

[1] 陈述彭等.遥感大辞典.北京:科学出版社,1990
[2] 董超华等.气象卫星业务产品释用手册.北京:气象出版社,1999
[3] 刘玉洁,杨忠东等.MODIS遥感信息处理原理与算法.北京:科学出版社,2001

ICS 07.060
A 47

中华人民共和国气象行业标准

QX/T 138—2011

太阳软X射线耀斑强度分级

Classification for the intensity of solar soft X-ray flare

2011-08-16 发布　　2012-03-01 实施

中 国 气 象 局　发布

前　　言

本标准按照 GB/T 1.1—2009 给出的规则起草。

本标准由全国卫星气象与空间天气标准化委员会空间天气监测预警分技术委员会(SAC/TC 347/SC 3)提出并归口。

本标准起草单位:国家卫星气象中心(国家空间天气监测预警中心)。

本标准主要起草人:乐贵明、赵海娟、毛田、宗位国。

引　言

太阳软 X 射线耀斑爆发伴随着电磁辐射增强和粒子加速，对电离层天气和空间粒子环境都可能造成很大的影响。太阳软 X 射线耀斑的监测已经成为空间天气监测预警的重要业务。为了定量描述太阳软 X 射线耀斑的强度，特制定本标准。

太阳软 X 射线耀斑强度分级

1 范围

本标准规定了太阳软 X 射线耀斑强度的等级。

本标准适用于太阳软 X 射线耀斑的监测和预警业务。

2 术语和定义

下列术语和定义适用于本文件。

2.1

太阳耀斑 solar flare

太阳局部大气突然释放巨大能量的过程，是一种爆发型的太阳活动。

注：太阳软 X 射线辐射增强是其重要表现之一。

2.2

太阳软 X 射线耀斑 solar soft X-ray flare

在软 X 射线波段所观测到的太阳耀斑现象。

2.3

太阳软 X 射线耀斑强度 intensity of solar soft X-ray flare

地球静止轨道上观测到的太阳软 X 射线耀斑在 1×10^{-10} m～8×10^{-10} m 波段范围内电磁辐射流量的峰值。

注：用符号 F_X 表示，单位为 J/(m^2 · s)。

3 太阳软 X 射线耀斑强度分级

3.1 根据地球静止轨道卫星探测的太阳在 1×10^{-10} m～8×10^{-10} m 波段的流量峰值 F_X（精确到小数点后两位），将太阳软 X 射线耀斑的强度分为 A、B、C、M、X 五个等级，见表 1。

表 1 太阳软 X 射线耀斑强度分级的流量范围

序号	强度级别	流量范围 J/(m^2 · s)
1	A	$1.00\times10^{-8}\leqslant F_X<1.00\times10^{-7}$
2	B	$1.00\times10^{-7}\leqslant F_X<1.00\times10^{-6}$
3	C	$1.00\times10^{-6}\leqslant F_X<1.00\times10^{-5}$
4	M	$1.00\times10^{-5}\leqslant F_X<1.00\times10^{-4}$
5	X	$F_X\geqslant1.00\times10^{-4}$

3.2 A 级耀斑划分为 90 个等级，F_X 每增加 0.1×10^{-8} J/(m^2 · s)，耀斑的级别增加 0.1，见表 2。

表 2　A 级太阳软 X 射线耀斑强度分级的流量范围

序号	强度级别	流量范围 J/(m²·s)
1	A1.0	$1.00\times10^{-8}\leqslant F_X<1.10\times10^{-8}$
2	A1.1	$1.10\times10^{-8}\leqslant F_X<1.20\times10^{-8}$
3	A1.2	$1.20\times10^{-8}\leqslant F_X<1.30\times10^{-8}$
4	A1.3	$1.30\times10^{-8}\leqslant F_X<1.40\times10^{-8}$
5	A1.4	$1.40\times10^{-8}\leqslant F_X<1.50\times10^{-8}$
6	A1.5	$1.50\times10^{-8}\leqslant F_X<1.60\times10^{-8}$
7	A1.6	$1.60\times10^{-8}\leqslant F_X<1.70\times10^{-8}$
8	A1.7	$1.70\times10^{-8}\leqslant F_X<1.80\times10^{-8}$
9	A1.8	$1.80\times10^{-8}\leqslant F_X<1.90\times10^{-8}$
10	A1.9	$1.90\times10^{-8}\leqslant F_X<2.00\times10^{-8}$
11	A2.0	$2.00\times10^{-8}\leqslant F_X<2.10\times10^{-8}$
12	A2.1	$2.10\times10^{-8}\leqslant F_X<2.20\times10^{-8}$
13	A2.2	$2.20\times10^{-8}\leqslant F_X<2.30\times10^{-8}$
14	A2.3	$2.30\times10^{-8}\leqslant F_X<2.40\times10^{-8}$
15	A2.4	$2.40\times10^{-8}\leqslant F_X<2.50\times10^{-8}$
16	A2.5	$2.50\times10^{-8}\leqslant F_X<2.60\times10^{-8}$
17	A2.6	$2.60\times10^{-8}\leqslant F_X<2.70\times10^{-8}$
18	A2.7	$2.70\times10^{-8}\leqslant F_X<2.80\times10^{-8}$
19	A2.8	$2.80\times10^{-8}\leqslant F_X<2.90\times10^{-8}$
20	A2.9	$2.90\times10^{-8}\leqslant F_X<3.00\times10^{-8}$
21	A3.0	$3.00\times10^{-8}\leqslant F_X<3.10\times10^{-8}$
22	A3.1	$3.10\times10^{-8}\leqslant F_X<3.20\times10^{-8}$
23	A3.2	$3.20\times10^{-8}\leqslant F_X<3.30\times10^{-8}$
24	A3.3	$3.30\times10^{-8}\leqslant F_X<3.40\times10^{-8}$
25	A3.4	$3.40\times10^{-8}\leqslant F_X<3.50\times10^{-8}$
26	A3.5	$3.50\times10^{-8}\leqslant F_X<3.60\times10^{-8}$
27	A3.6	$3.60\times10^{-8}\leqslant F_X<3.70\times10^{-8}$
28	A3.7	$3.70\times10^{-8}\leqslant F_X<3.80\times10^{-8}$
29	A3.8	$3.80\times10^{-8}\leqslant F_X<3.90\times10^{-8}$
30	A3.9	$3.90\times10^{-8}\leqslant F_X<4.00\times10^{-8}$
31	A4.0	$4.00\times10^{-8}\leqslant F_X<4.10\times10^{-8}$
32	A4.1	$4.10\times10^{-8}\leqslant F_X<4.20\times10^{-8}$
33	A4.2	$4.20\times10^{-8}\leqslant F_X<4.30\times10^{-8}$

表 2　A 级太阳软 X 射线耀斑强度分级的流量范围(续)

序号	强度级别	流量范围 $J/(m^2 \cdot s)$
34	A4.3	$4.30\times10^{-8}\leqslant F_X<4.40\times10^{-8}$
35	A4.4	$4.40\times10^{-8}\leqslant F_X<4.50\times10^{-8}$
36	A4.5	$4.50\times10^{-8}\leqslant F_X<4.60\times10^{-8}$
37	A4.6	$4.60\times10^{-8}\leqslant F_X<4.70\times10^{-8}$
38	A4.7	$4.70\times10^{-8}\leqslant F_X<4.80\times10^{-8}$
39	A4.8	$4.80\times10^{-8}\leqslant F_X<4.90\times10^{-8}$
40	A4.9	$4.90\times10^{-8}\leqslant F_X<5.00\times10^{-8}$
41	A5.0	$5.00\times10^{-8}\leqslant F_X<5.10\times10^{-8}$
42	A5.1	$5.10\times10^{-8}\leqslant F_X<5.20\times10^{-8}$
43	A5.2	$5.20\times10^{-8}\leqslant F_X<5.30\times10^{-8}$
44	A5.3	$5.30\times10^{-8}\leqslant F_X<5.40\times10^{-8}$
45	A5.4	$5.40\times10^{-8}\leqslant F_X<5.50\times10^{-8}$
46	A5.5	$5.50\times10^{-8}\leqslant F_X<5.60\times10^{-8}$
47	A5.6	$5.60\times10^{-8}\leqslant F_X<5.70\times10^{-8}$
48	A5.7	$5.70\times10^{-8}\leqslant F_X<5.80\times10^{-8}$
49	A5.8	$5.80\times10^{-8}\leqslant F_X<5.90\times10^{-8}$
50	A5.9	$5.90\times10^{-8}\leqslant F_X<6.00\times10^{-8}$
51	A6.0	$6.00\times10^{-8}\leqslant F_X<6.10\times10^{-8}$
52	A6.1	$6.10\times10^{-8}\leqslant F_X<6.20\times10^{-8}$
53	A6.2	$6.20\times10^{-8}\leqslant F_X<6.30\times10^{-8}$
54	A6.3	$6.30\times10^{-8}\leqslant F_X<6.40\times10^{-8}$
55	A6.4	$6.40\times10^{-8}\leqslant F_X<6.50\times10^{-8}$
56	A6.5	$6.50\times10^{-8}\leqslant F_X<6.60\times10^{-8}$
57	A6.6	$6.60\times10^{-8}\leqslant F_X<6.70\times10^{-8}$
58	A6.7	$6.70\times10^{-8}\leqslant F_X<6.80\times10^{-8}$
59	A6.8	$6.80\times10^{-8}\leqslant F_X<6.90\times10^{-8}$
60	A6.9	$6.90\times10^{-8}\leqslant F_X<7.00\times10^{-8}$
61	A7.0	$7.00\times10^{-8}\leqslant F_X<7.10\times10^{-8}$
62	A7.1	$7.10\times10^{-8}\leqslant F_X<7.20\times10^{-8}$
63	A7.2	$7.20\times10^{-8}\leqslant F_X<7.30\times10^{-8}$
64	A7.3	$7.30\times10^{-8}\leqslant F_X<7.40\times10^{-8}$
65	A7.4	$7.40\times10^{-8}\leqslant F_X<7.50\times10^{-8}$
66	A7.5	$7.50\times10^{-8}\leqslant F_X<7.60\times10^{-8}$

表 2　A 级太阳软 X 射线耀斑强度分级的流量范围(续)

序号	强度级别	流量范围 J/(m² · s)
67	A7.6	$7.60\times10^{-8}\leqslant F_X<7.70\times10^{-8}$
68	A7.7	$7.70\times10^{-8}\leqslant F_X<7.80\times10^{-8}$
69	A7.8	$7.80\times10^{-8}\leqslant F_X<7.90\times10^{-8}$
70	A7.9	$7.90\times10^{-8}\leqslant F_X<8.00\times10^{-8}$
71	A8.0	$8.00\times10^{-8}\leqslant F_X<8.10\times10^{-8}$
72	A8.1	$8.10\times10^{-8}\leqslant F_X<8.20\times10^{-8}$
73	A8.2	$8.20\times10^{-8}\leqslant F_X<8.30\times10^{-8}$
74	A8.3	$8.30\times10^{-8}\leqslant F_X<8.40\times10^{-8}$
75	A8.4	$8.40\times10^{-8}\leqslant F_X<8.50\times10^{-8}$
76	A8.5	$8.50\times10^{-8}\leqslant F_X<8.60\times10^{-8}$
77	A8.6	$8.60\times10^{-8}\leqslant F_X<8.70\times10^{-8}$
78	A8.7	$8.70\times10^{-8}\leqslant F_X<8.80\times10^{-8}$
79	A8.8	$8.80\times10^{-8}\leqslant F_X<8.90\times10^{-8}$
80	A8.9	$8.90\times10^{-8}\leqslant F_X<9.00\times10^{-8}$
81	A9.0	$9.00\times10^{-8}\leqslant F_X<9.10\times10^{-8}$
82	A9.1	$9.10\times10^{-8}\leqslant F_X<9.20\times10^{-8}$
83	A9.2	$9.20\times10^{-8}\leqslant F_X<9.30\times10^{-8}$
84	A9.3	$9.30\times10^{-8}\leqslant F_X<9.40\times10^{-8}$
85	A9.4	$9.40\times10^{-8}\leqslant F_X<9.50\times10^{-8}$
86	A9.5	$9.50\times10^{-8}\leqslant F_X<9.60\times10^{-8}$
87	A9.6	$9.60\times10^{-8}\leqslant F_X<9.70\times10^{-8}$
88	A9.7	$9.70\times10^{-8}\leqslant F_X<9.80\times10^{-8}$
89	A9.8	$9.80\times10^{-8}\leqslant F_X<9.90\times10^{-8}$
90	A9.9	$9.90\times10^{-8}\leqslant F_X<1.00\times10^{-7}$

3.3　B 级耀斑划分为 90 个等级,F_X 每增加 0.1×10^{-7} J/(m² · s),耀斑的级别增加 0.1,见表 3。

表 3　B 级太阳软 X 射线耀斑强度分级的流量范围

序号	强度级别	流量范围 J/(m² · s)
1	B1.0	$1.00\times10^{-7}\leqslant F_X<1.10\times10^{-7}$
2	B1.1	$1.10\times10^{-7}\leqslant F_X<1.20\times10^{-7}$
3	B1.2	$1.20\times10^{-7}\leqslant F_X<1.30\times10^{-7}$

表 3　B 级太阳软 X 射线耀斑强度分级的流量范围(续)

序号	强度级别	流量范围 J/(m²·s)
4	B1.3	$1.30\times10^{-7}\leqslant F_X<1.40\times10^{-7}$
5	B1.4	$1.40\times10^{-7}\leqslant F_X<1.50\times10^{-7}$
6	B1.5	$1.50\times10^{-7}\leqslant F_X<1.60\times10^{-7}$
7	B1.6	$1.60\times10^{-7}\leqslant F_X<1.70\times10^{-7}$
8	B1.7	$1.70\times10^{-7}\leqslant F_X<1.80\times10^{-7}$
9	B1.8	$1.80\times10^{-7}\leqslant F_X<1.90\times10^{-7}$
10	B1.9	$1.90\times10^{-7}\leqslant F_X<2.00\times10^{-7}$
11	B2.0	$2.00\times10^{-7}\leqslant F_X<2.10\times10^{-7}$
12	B2.1	$2.10\times10^{-7}\leqslant F_X<2.20\times10^{-7}$
13	B2.2	$2.20\times10^{-7}\leqslant F_X<2.30\times10^{-7}$
14	B2.3	$2.30\times10^{-7}\leqslant F_X<2.40\times10^{-7}$
15	B2.4	$2.40\times10^{-7}\leqslant F_X<2.50\times10^{-7}$
16	B2.5	$2.50\times10^{-7}\leqslant F_X<2.60\times10^{-7}$
17	B2.6	$2.60\times10^{-7}\leqslant F_X<2.70\times10^{-7}$
18	B2.7	$2.70\times10^{-7}\leqslant F_X<2.80\times10^{-7}$
19	B2.8	$2.80\times10^{-7}\leqslant F_X<2.90\times10^{-7}$
20	B2.9	$2.90\times10^{-7}\leqslant F_X<3.00\times10^{-7}$
21	B3.0	$3.00\times10^{-7}\leqslant F_X<3.10\times10^{-7}$
22	B3.1	$3.10\times10^{-7}\leqslant F_X<3.20\times10^{-7}$
23	B3.2	$3.20\times10^{-7}\leqslant F_X<3.30\times10^{-7}$
24	B3.3	$3.30\times10^{-7}\leqslant F_X<3.40\times10^{-7}$
25	B3.4	$3.40\times10^{-7}\leqslant F_X<3.50\times10^{-7}$
26	B3.5	$3.50\times10^{-7}\leqslant F_X<3.60\times10^{-7}$
27	B3.6	$3.60\times10^{-7}\leqslant F_X<3.70\times10^{-7}$
28	B3.7	$3.70\times10^{-7}\leqslant F_X<3.80\times10^{-7}$
29	B3.8	$3.80\times10^{-7}\leqslant F_X<3.90\times10^{-7}$
30	B3.9	$3.90\times10^{-7}\leqslant F_X<4.00\times10^{-7}$
31	B4.0	$4.00\times10^{-7}\leqslant F_X<4.10\times10^{-7}$
32	B4.1	$4.10\times10^{-7}\leqslant F_X<4.20\times10^{-7}$
33	B4.2	$4.20\times10^{-7}\leqslant F_X<4.30\times10^{-7}$
34	B4.3	$4.30\times10^{-7}\leqslant F_X<4.40\times10^{-7}$
35	B4.4	$4.40\times10^{-7}\leqslant F_X<4.50\times10^{-7}$
36	B4.5	$4.50\times10^{-7}\leqslant F_X<4.60\times10^{-7}$

表3　B级太阳软X射线耀斑强度分级的流量范围(续)

序号	强度级别	流量范围 J/(m^2·s)
37	B4.6	$4.60\times10^{-7}\leqslant F_X<4.70\times10^{-7}$
38	B4.7	$4.70\times10^{-7}\leqslant F_X<4.80\times10^{-7}$
39	B4.8	$4.80\times10^{-7}\leqslant F_X<4.90\times10^{-7}$
40	B4.9	$4.90\times10^{-7}\leqslant F_X<5.00\times10^{-7}$
41	B5.0	$5.00\times10^{-7}\leqslant F_X<5.10\times10^{-7}$
42	B5.1	$5.10\times10^{-7}\leqslant F_X<5.20\times10^{-7}$
43	B5.2	$5.20\times10^{-7}\leqslant F_X<5.30\times10^{-7}$
44	B5.3	$5.30\times10^{-7}\leqslant F_X<5.40\times10^{-7}$
45	B5.4	$5.40\times10^{-7}\leqslant F_X<5.50\times10^{-7}$
46	B5.5	$5.50\times10^{-7}\leqslant F_X<5.60\times10^{-7}$
47	B5.6	$5.60\times10^{-7}\leqslant F_X<5.70\times10^{-7}$
48	B5.7	$5.70\times10^{-7}\leqslant F_X<5.80\times10^{-7}$
49	B5.8	$5.80\times10^{-7}\leqslant F_X<5.90\times10^{-7}$
50	B5.9	$5.90\times10^{-7}\leqslant F_X<6.00\times10^{-7}$
51	B6.0	$6.00\times10^{-7}\leqslant F_X<6.10\times10^{-7}$
52	B6.1	$6.10\times10^{-7}\leqslant F_X<6.20\times10^{-7}$
53	B6.2	$6.20\times10^{-7}\leqslant F_X<6.30\times10^{-7}$
54	B6.3	$6.30\times10^{-7}\leqslant F_X<6.40\times10^{-7}$
55	B6.4	$6.40\times10^{-7}\leqslant F_X<6.50\times10^{-7}$
56	B6.5	$6.50\times10^{-7}\leqslant F_X<6.60\times10^{-7}$
57	B6.6	$6.60\times10^{-7}\leqslant F_X<6.70\times10^{-7}$
58	B6.7	$6.70\times10^{-7}\leqslant F_X<6.80\times10^{-7}$
59	B6.8	$6.80\times10^{-7}\leqslant F_X<6.90\times10^{-7}$
60	B6.9	$6.90\times10^{-7}\leqslant F_X<7.00\times10^{-7}$
61	B7.0	$7.00\times10^{-7}\leqslant F_X<7.10\times10^{-7}$
62	B7.1	$7.10\times10^{-7}\leqslant F_X<7.20\times10^{-7}$
63	B7.2	$7.20\times10^{-7}\leqslant F_X<7.30\times10^{-7}$
64	B7.3	$7.30\times10^{-7}\leqslant F_X<7.40\times10^{-7}$
65	B7.4	$7.40\times10^{-7}\leqslant F_X<7.50\times10^{-7}$
66	B7.5	$7.50\times10^{-7}\leqslant F_X<7.60\times10^{-7}$
67	B7.6	$7.60\times10^{-7}\leqslant F_X<7.70\times10^{-7}$
68	B7.7	$7.70\times10^{-7}\leqslant F_X<7.80\times10^{-7}$
69	B7.8	$7.80\times10^{-7}\leqslant F_X<7.90\times10^{-7}$

表 3　B 级太阳软 X 射线耀斑强度分级的流量范围(续)

序号	强度级别	流量范围 J/(m²·s)
70	B7.9	$7.90\times10^{-7}\leqslant F_X<8.00\times10^{-7}$
71	B8.0	$8.00\times10^{-7}\leqslant F_X<8.10\times10^{-7}$
72	B8.1	$8.10\times10^{-7}\leqslant F_X<8.20\times10^{-7}$
73	B8.2	$8.20\times10^{-7}\leqslant F_X<8.30\times10^{-7}$
74	B8.3	$8.30\times10^{-7}\leqslant F_X<8.40\times10^{-7}$
75	B8.4	$8.40\times10^{-7}\leqslant F_X<8.50\times10^{-7}$
76	B8.5	$8.50\times10^{-7}\leqslant F_X<8.60\times10^{-7}$
77	B8.6	$8.60\times10^{-7}\leqslant F_X<8.70\times10^{-7}$
78	B8.7	$8.70\times10^{-7}\leqslant F_X<8.80\times10^{-7}$
79	B8.8	$8.80\times10^{-7}\leqslant F_X<8.90\times10^{-7}$
80	B8.9	$8.90\times10^{-7}\leqslant F_X<9.00\times10^{-7}$
81	B9.0	$9.00\times10^{-7}\leqslant F_X<9.10\times10^{-7}$
82	B9.1	$9.10\times10^{-7}\leqslant F_X<9.20\times10^{-7}$
83	B9.2	$9.20\times10^{-7}\leqslant F_X<9.30\times10^{-7}$
84	B9.3	$9.30\times10^{-7}\leqslant F_X<9.40\times10^{-7}$
85	B9.4	$9.40\times10^{-7}\leqslant F_X<9.50\times10^{-7}$
86	B9.5	$9.50\times10^{-7}\leqslant F_X<9.60\times10^{-7}$
87	B9.6	$9.60\times10^{-7}\leqslant F_X<9.70\times10^{-7}$
88	B9.7	$9.70\times10^{-7}\leqslant F_X<9.80\times10^{-7}$
89	B9.8	$9.80\times10^{-7}\leqslant F_X<9.90\times10^{-7}$
90	B9.9	$9.90\times10^{-7}\leqslant F_X<1.00\times10^{-6}$

3.4　C 级耀斑划分为 90 个等级，F_X 每增加 0.1×10^{-6} J/(m²·s)，C 级耀斑的级别增加 0.1，见表 4。

表 4　C 级太阳软 X 射线耀斑强度分级的流量范围

序号	强度级别	流量范围 J/(m²·s)
1	C1.0	$1.00\times10^{-6}\leqslant F_X<1.10\times10^{-6}$
2	C1.1	$1.10\times10^{-6}\leqslant F_X<1.20\times10^{-6}$
3	C1.2	$1.20\times10^{-6}\leqslant F_X<1.30\times10^{-6}$
4	C1.3	$1.30\times10^{-6}\leqslant F_X<1.40\times10^{-6}$
5	C1.4	$1.40\times10^{-6}\leqslant F_X<1.50\times10^{-6}$
6	C1.5	$1.50\times10^{-6}\leqslant F_X<1.60\times10^{-6}$

表 4 C 级太阳软 X 射线耀斑强度分级的流量范围(续)

序号	强度级别	流量范围 J/(m² · s)
7	C1.6	$1.60\times10^{-6}\leqslant F_X<1.70\times10^{-6}$
8	C1.7	$1.70\times10^{-6}\leqslant F_X<1.80\times10^{-6}$
9	C1.8	$1.80\times10^{-6}\leqslant F_X<1.90\times10^{-6}$
10	C1.9	$1.90\times10^{-6}\leqslant F_X<2.00\times10^{-6}$
11	C2.0	$2.00\times10^{-6}\leqslant F_X<2.10\times10^{-6}$
12	C2.1	$2.10\times10^{-6}\leqslant F_X<2.20\times10^{-6}$
13	C2.2	$2.20\times10^{-6}\leqslant F_X<2.30\times10^{-6}$
14	C2.3	$2.30\times10^{-6}\leqslant F_X<2.40\times10^{-6}$
15	C2.4	$2.40\times10^{-6}\leqslant F_X<2.50\times10^{-6}$
16	C2.5	$2.50\times10^{-6}\leqslant F_X<2.60\times10^{-6}$
17	C2.6	$2.60\times10^{-6}\leqslant F_X<2.70\times10^{-6}$
18	C2.7	$2.70\times10^{-6}\leqslant F_X<2.80\times10^{-6}$
19	C2.8	$2.80\times10^{-6}\leqslant F_X<2.90\times10^{-6}$
20	C2.9	$2.90\times10^{-6}\leqslant F_X<3.00\times10^{-6}$
21	C3.0	$3.00\times10^{-6}\leqslant F_X<3.10\times10^{-6}$
22	C3.1	$3.10\times10^{-6}\leqslant F_X<3.20\times10^{-6}$
23	C3.2	$3.20\times10^{-6}\leqslant F_X<3.30\times10^{-6}$
24	C3.3	$3.30\times10^{-6}\leqslant F_X<3.40\times10^{-6}$
25	C3.4	$3.40\times10^{-6}\leqslant F_X<3.50\times10^{-6}$
26	C3.5	$3.50\times10^{-6}\leqslant F_X<3.60\times10^{-6}$
27	C3.6	$3.60\times10^{-6}\leqslant F_X<3.70\times10^{-6}$
28	C3.7	$3.70\times10^{-6}\leqslant F_X<3.80\times10^{-6}$
29	C3.8	$3.80\times10^{-6}\leqslant F_X<3.90\times10^{-6}$
30	C3.9	$3.90\times10^{-6}\leqslant F_X<4.00\times10^{-6}$
31	C4.0	$4.00\times10^{-6}\leqslant F_X<4.10\times10^{-6}$
32	C4.1	$4.10\times10^{-6}\leqslant F_X<4.20\times10^{-6}$
33	C4.2	$4.20\times10^{-6}\leqslant F_X<4.30\times10^{-6}$
34	C4.3	$4.30\times10^{-6}\leqslant F_X<4.40\times10^{-6}$
35	C4.4	$4.40\times10^{-6}\leqslant F_X<4.50\times10^{-6}$
36	C4.5	$4.50\times10^{-6}\leqslant F_X<4.60\times10^{-6}$
37	C4.6	$4.60\times10^{-6}\leqslant F_X<4.70\times10^{-6}$
38	C4.7	$4.70\times10^{-6}\leqslant F_X<4.80\times10^{-6}$
39	C4.8	$4.80\times10^{-6}\leqslant F_X<4.90\times10^{-6}$

表 4　C 级太阳软 X 射线耀斑强度分级的流量范围(续)

序号	强度级别	流量范围 J/(m²·s)
40	C4.9	$4.90\times10^{-6}\leqslant F_X<5.00\times10^{-6}$
41	C5.0	$5.00\times10^{-6}\leqslant F_X<5.10\times10^{-6}$
42	C5.1	$5.10\times10^{-6}\leqslant F_X<5.20\times10^{-6}$
43	C5.2	$5.20\times10^{-6}\leqslant F_X<5.30\times10^{-6}$
44	C5.3	$5.30\times10^{-6}\leqslant F_X<5.40\times10^{-6}$
45	C5.4	$5.40\times10^{-6}\leqslant F_X<5.50\times10^{-6}$
46	C5.5	$5.50\times10^{-6}\leqslant F_X<5.60\times10^{-6}$
47	C5.6	$5.60\times10^{-6}\leqslant F_X<5.70\times10^{-6}$
48	C5.7	$5.70\times10^{-6}\leqslant F_X<5.80\times10^{-6}$
49	C5.8	$5.80\times10^{-6}\leqslant F_X<5.90\times10^{-6}$
50	C5.9	$5.90\times10^{-6}\leqslant F_X<6.00\times10^{-6}$
51	C6.0	$6.00\times10^{-6}\leqslant F_X<6.10\times10^{-6}$
52	C6.1	$6.10\times10^{-6}\leqslant F_X<6.20\times10^{-6}$
53	C6.2	$6.20\times10^{-6}\leqslant F_X<6.30\times10^{-6}$
54	C6.3	$6.30\times10^{-6}\leqslant F_X<6.40\times10^{-6}$
55	C6.4	$6.40\times10^{-6}\leqslant F_X<6.50\times10^{-6}$
56	C6.5	$6.50\times10^{-6}\leqslant F_X<6.60\times10^{-6}$
57	C6.6	$6.60\times10^{-6}\leqslant F_X<6.70\times10^{-6}$
58	C6.7	$6.70\times10^{-6}\leqslant F_X<6.80\times10^{-6}$
59	C6.8	$6.80\times10^{-6}\leqslant F_X<6.90\times10^{-6}$
60	C6.9	$6.90\times10^{-6}\leqslant F_X<7.00\times10^{-6}$
61	C7.0	$7.00\times10^{-6}\leqslant F_X<7.10\times10^{-6}$
62	C7.1	$7.10\times10^{-6}\leqslant F_X<7.20\times10^{-6}$
63	C7.2	$7.20\times10^{-6}\leqslant F_X<7.30\times10^{-6}$
64	C7.3	$7.30\times10^{-6}\leqslant F_X<7.40\times10^{-6}$
65	C7.4	$7.40\times10^{-6}\leqslant F_X<7.50\times10^{-6}$
66	C7.5	$7.50\times10^{-6}\leqslant F_X<7.60\times10^{-6}$
67	C7.6	$7.60\times10^{-6}\leqslant F_X<7.70\times10^{-6}$
68	C7.7	$7.70\times10^{-6}\leqslant F_X<7.80\times10^{-6}$
69	C7.8	$7.80\times10^{-6}\leqslant F_X<7.90\times10^{-6}$
70	C7.9	$7.90\times10^{-6}\leqslant F_X<8.00\times10^{-6}$
71	C8.0	$8.00\times10^{-6}\leqslant F_X<8.10\times10^{-6}$
72	C8.1	$8.10\times10^{-6}\leqslant F_X<8.20\times10^{-6}$

表 4　C 级太阳软 X 射线耀斑强度分级的流量范围(续)

序号	强度级别	流量范围 J/(m² · s)
73	C8.2	$8.20\times10^{-6}\leqslant F_X<8.30\times10^{-6}$
74	C8.3	$8.30\times10^{-6}\leqslant F_X<8.40\times10^{-6}$
75	C8.4	$8.40\times10^{-6}\leqslant F_X<8.50\times10^{-6}$
76	C8.5	$8.50\times10^{-6}\leqslant F_X<8.60\times10^{-6}$
77	C8.6	$8.60\times10^{-6}\leqslant F_X<8.70\times10^{-6}$
78	C8.7	$8.70\times10^{-6}\leqslant F_X<8.80\times10^{-6}$
79	C8.8	$8.80\times10^{-6}\leqslant F_X<8.90\times10^{-6}$
80	C8.9	$8.90\times10^{-6}\leqslant F_X<9.00\times10^{-6}$
81	C9.0	$9.00\times10^{-6}\leqslant F_X<9.10\times10^{-6}$
82	C9.1	$9.10\times10^{-6}\leqslant F_X<9.20\times10^{-6}$
83	C9.2	$9.20\times10^{-6}\leqslant F_X<9.30\times10^{-6}$
84	C9.3	$9.30\times10^{-6}\leqslant F_X<9.40\times10^{-6}$
85	C9.4	$9.40\times10^{-6}\leqslant F_X<9.50\times10^{-6}$
86	C9.5	$9.50\times10^{-6}\leqslant F_X<9.60\times10^{-6}$
87	C9.6	$9.60\times10^{-6}\leqslant F_X<9.70\times10^{-6}$
88	C9.7	$9.70\times10^{-6}\leqslant F_X<9.80\times10^{-6}$
89	C9.8	$9.80\times10^{-6}\leqslant F_X<9.90\times10^{-6}$
90	C9.9	$9.90\times10^{-6}\leqslant F_X<1.00\times10^{-5}$

3.5　M 级耀斑划分为 90 个等级,F_X 每增加 0.1×10^{-5} J/(m² · s),耀斑的级别增加 0.1,见表 5。

表 5　M 级太阳软 X 射线耀斑强度分级的流量范围

序号	强度级别	流量范围 J/(m² · s)
1	M1.0	$1.00\times10^{-5}\leqslant F_X<1.10\times10^{-5}$
2	M1.1	$1.10\times10^{-5}\leqslant F_X<1.20\times10^{-5}$
3	M1.2	$1.20\times10^{-5}\leqslant F_X<1.30\times10^{-5}$
4	M1.3	$1.30\times10^{-5}\leqslant F_X<1.40\times10^{-5}$
5	M1.4	$1.40\times10^{-5}\leqslant F_X<1.50\times10^{-5}$
6	M1.5	$1.50\times10^{-5}\leqslant F_X<1.60\times10^{-5}$
7	M1.6	$1.60\times10^{-5}\leqslant F_X<1.70\times10^{-5}$
8	M1.7	$1.70\times10^{-5}\leqslant F_X<1.80\times10^{-5}$
9	M1.8	$1.80\times10^{-5}\leqslant F_X<1.90\times10^{-5}$

表5　M级太阳软X射线耀斑强度分级的流量范围(续)

序号	强度级别	流量范围 J/(m² · s)
10	M1.9	$1.90\times10^{-5}\leqslant F_X<2.00\times10^{-5}$
11	M2.0	$2.00\times10^{-5}\leqslant F_X<2.10\times10^{-5}$
12	M2.1	$2.10\times10^{-5}\leqslant F_X<2.20\times10^{-5}$
13	M2.2	$2.20\times10^{-5}\leqslant F_X<2.30\times10^{-5}$
14	M2.3	$2.30\times10^{-5}\leqslant F_X<2.40\times10^{-5}$
15	M2.4	$2.40\times10^{-5}\leqslant F_X<2.50\times10^{-5}$
16	M2.5	$2.50\times10^{-5}\leqslant F_X<2.60\times10^{-5}$
17	M2.6	$2.60\times10^{-5}\leqslant F_X<2.70\times10^{-5}$
18	M2.7	$2.70\times10^{-5}\leqslant F_X<2.80\times10^{-5}$
19	M2.8	$2.80\times10^{-5}\leqslant F_X<2.90\times10^{-5}$
20	M2.9	$2.90\times10^{-5}\leqslant F_X<3.00\times10^{-5}$
21	M3.0	$3.00\times10^{-5}\leqslant F_X<3.10\times10^{-5}$
22	M3.1	$3.10\times10^{-5}\leqslant F_X<3.20\times10^{-5}$
23	M3.2	$3.20\times10^{-5}\leqslant F_X<3.30\times10^{-5}$
24	M3.3	$3.30\times10^{-5}\leqslant F_X<3.40\times10^{-5}$
25	M3.4	$3.40\times10^{-5}\leqslant F_X<3.50\times10^{-5}$
26	M3.5	$3.50\times10^{-5}\leqslant F_X<3.60\times10^{-5}$
27	M3.6	$3.60\times10^{-5}\leqslant F_X<3.70\times10^{-5}$
28	M3.7	$3.70\times10^{-5}\leqslant F_X<3.80\times10^{-5}$
29	M3.8	$3.80\times10^{-5}\leqslant F_X<3.90\times10^{-5}$
30	M3.9	$3.90\times10^{-5}\leqslant F_X<4.00\times10^{-5}$
31	M4.0	$4.00\times10^{-5}\leqslant F_X<4.10\times10^{-5}$
32	M4.1	$4.10\times10^{-5}\leqslant F_X<4.20\times10^{-5}$
33	M4.2	$4.20\times10^{-5}\leqslant F_X<4.30\times10^{-5}$
34	M4.3	$4.30\times10^{-5}\leqslant F_X<4.40\times10^{-5}$
35	M4.4	$4.40\times10^{-5}\leqslant F_X<4.50\times10^{-5}$
36	M4.5	$4.50\times10^{-5}\leqslant F_X<4.60\times10^{-5}$
37	M4.6	$4.60\times10^{-5}\leqslant F_X<4.70\times10^{-5}$
38	M4.7	$4.70\times10^{-5}\leqslant F_X<4.80\times10^{-5}$
39	M4.8	$4.80\times10^{-5}\leqslant F_X<4.90\times10^{-5}$
40	M4.9	$4.90\times10^{-5}\leqslant F_X<5.00\times10^{-5}$
41	M5.0	$5.00\times10^{-5}\leqslant F_X<5.10\times10^{-5}$
42	M5.1	$5.10\times10^{-5}\leqslant F_X<5.20\times10^{-5}$

表 5　M 级太阳软 X 射线耀斑强度分级的流量范围(续)

序号	强度级别	流量范围 J/(m² · s)
43	M5.2	$5.20\times10^{-5}\leqslant F_X<5.30\times10^{-5}$
44	M5.3	$5.30\times10^{-5}\leqslant F_X<5.40\times10^{-5}$
45	M5.4	$5.40\times10^{-5}\leqslant F_X<5.50\times10^{-5}$
46	M5.5	$5.50\times10^{-5}\leqslant F_X<5.60\times10^{-5}$
47	M5.6	$5.60\times10^{-5}\leqslant F_X<5.70\times10^{-5}$
48	M5.7	$5.70\times10^{-5}\leqslant F_X<5.80\times10^{-5}$
49	M5.8	$5.80\times10^{-5}\leqslant F_X<5.90\times10^{-5}$
50	M5.9	$5.90\times10^{-5}\leqslant F_X<6.00\times10^{-5}$
51	M6.0	$6.00\times10^{-5}\leqslant F_X<6.10\times10^{-5}$
52	M6.1	$6.10\times10^{-5}\leqslant F_X<6.20\times10^{-5}$
53	M6.2	$6.20\times10^{-5}\leqslant F_X<6.30\times10^{-5}$
54	M6.3	$6.30\times10^{-5}\leqslant F_X<6.40\times10^{-5}$
55	M6.4	$6.40\times10^{-5}\leqslant F_X<6.50\times10^{-5}$
56	M6.5	$6.50\times10^{-5}\leqslant F_X<6.60\times10^{-5}$
57	M6.6	$6.60\times10^{-5}\leqslant F_X<6.70\times10^{-5}$
58	M6.7	$6.70\times10^{-5}\leqslant F_X<6.80\times10^{-5}$
59	M6.8	$6.80\times10^{-5}\leqslant F_X<6.90\times10^{-5}$
60	M6.9	$6.90\times10^{-5}\leqslant F_X<7.00\times10^{-5}$
61	M7.0	$7.00\times10^{-5}\leqslant F_X<7.10\times10^{-5}$
62	M7.1	$7.10\times10^{-5}\leqslant F_X<7.20\times10^{-5}$
63	M7.2	$7.20\times10^{-5}\leqslant F_X<7.30\times10^{-5}$
64	M7.3	$7.30\times10^{-5}\leqslant F_X<7.40\times10^{-5}$
65	M7.4	$7.40\times10^{-5}\leqslant F_X<7.50\times10^{-5}$
66	M7.5	$7.50\times10^{-5}\leqslant F_X<7.60\times10^{-5}$
67	M7.6	$7.60\times10^{-5}\leqslant F_X<7.70\times10^{-5}$
68	M7.7	$7.70\times10^{-5}\leqslant F_X<7.80\times10^{-5}$
69	M7.8	$7.80\times10^{-5}\leqslant F_X<7.90\times10^{-5}$
70	M7.9	$7.90\times10^{-5}\leqslant F_X<8.00\times10^{-5}$
71	M8.0	$8.00\times10^{-5}\leqslant F_X<8.10\times10^{-5}$
72	M8.1	$8.10\times10^{-5}\leqslant F_X<8.20\times10^{-5}$
73	M8.2	$8.20\times10^{-5}\leqslant F_X<8.30\times10^{-5}$
74	M8.3	$8.30\times10^{-5}\leqslant F_X<8.40\times10^{-5}$
75	M8.4	$8.40\times10^{-5}\leqslant F_X<8.50\times10^{-5}$

表 5　M 级太阳软 X 射线耀斑强度分级的流量范围(续)

序号	强度级别	流量范围 J/(m² · s)
76	M8.5	$8.50\times10^{-5}\leqslant F_X<8.60\times10^{-5}$
77	M8.6	$8.60\times10^{-5}\leqslant F_X<8.70\times10^{-5}$
78	M8.7	$8.70\times10^{-5}\leqslant F_X<8.80\times10^{-5}$
79	M8.8	$8.80\times10^{-5}\leqslant F_X<8.90\times10^{-5}$
80	M8.9	$8.90\times10^{-5}\leqslant F_X<9.00\times10^{-5}$
81	M9.0	$9.00\times10^{-5}\leqslant F_X<9.10\times10^{-5}$
82	M9.1	$9.10\times10^{-5}\leqslant F_X<9.20\times10^{-5}$
83	M9.2	$9.20\times10^{-5}\leqslant F_X<9.30\times10^{-5}$
84	M9.3	$9.30\times10^{-5}\leqslant F_X<9.40\times10^{-5}$
85	M9.4	$9.40\times10^{-5}\leqslant F_X<9.50\times10^{-5}$
86	M9.5	$9.50\times10^{-5}\leqslant F_X<9.60\times10^{-5}$
87	M9.6	$9.60\times10^{-5}\leqslant F_X<9.70\times10^{-5}$
88	M9.7	$9.70\times10^{-5}\leqslant F_X<9.80\times10^{-5}$
89	M9.8	$9.80\times10^{-5}\leqslant F_X<9.90\times10^{-5}$
90	M9.9	$9.90\times10^{-5}\leqslant F_X<1.00\times10^{-4}$

3.6　X 级耀斑的级别没有给出上限，F_X 每增加 0.1×10^{-4} J/(m² · s)，耀斑的级别增加 0.1，见表 6。

表 6　X 级太阳软 X 射线强度分级的流量范围

序号	强度级别	流量范围 J/(m² · s)
1	X1.0	$1.00\times10^{-4}\leqslant F_X<1.10\times10^{-4}$
2	X1.1	$1.10\times10^{-4}\leqslant F_X<1.20\times10^{-4}$
3	X1.2	$1.20\times10^{-4}\leqslant F_X<1.30\times10^{-4}$
4	X1.3	$1.30\times10^{-4}\leqslant F_X<1.40\times10^{-4}$
5	X1.4	$1.40\times10^{-4}\leqslant F_X<1.50\times10^{-4}$
6	X1.5	$1.50\times10^{-4}\leqslant F_X<1.60\times10^{-4}$
7	X1.6	$1.60\times10^{-4}\leqslant F_X<1.70\times10^{-4}$
8	X1.7	$1.70\times10^{-4}\leqslant F_X<1.80\times10^{-4}$
9	X1.8	$1.80\times10^{-4}\leqslant F_X<1.90\times10^{-4}$
10	X1.9	$1.90\times10^{-4}\leqslant F_X<2.00\times10^{-4}$
11	X2.0	$2.00\times10^{-4}\leqslant F_X<2.10\times10^{-4}$
12	X2.1	$2.10\times10^{-4}\leqslant F_X<2.20\times10^{-4}$

表6　X级太阳软X射线强度分级的流量范围(续)

序号	强度级别	流量范围 J/(m² · s)
13	X2.2	$2.20\times10^{-4}\leqslant F_X<2.30\times10^{-4}$
14	X2.3	$2.30\times10^{-4}\leqslant F_X<2.40\times10^{-4}$
15	X2.4	$2.40\times10^{-4}\leqslant F_X<2.50\times10^{-4}$
16	X2.5	$2.50\times10^{-4}\leqslant F_X<2.60\times10^{-4}$
17	X2.6	$2.60\times10^{-4}\leqslant F_X<2.70\times10^{-4}$
18	X2.7	$2.70\times10^{-4}\leqslant F_X<2.80\times10^{-4}$
19	X2.8	$2.80\times10^{-4}\leqslant F_X<2.90\times10^{-4}$
20	X2.9	$2.90\times10^{-4}\leqslant F_X<3.00\times10^{-4}$
21	X3.0	$3.00\times10^{-4}\leqslant F_X<3.10\times10^{-4}$
22	X3.1	$3.10\times10^{-4}\leqslant F_X<3.20\times10^{-4}$
23	X3.2	$3.20\times10^{-4}\leqslant F_X<3.30\times10^{-4}$
24	X3.3	$3.30\times10^{-4}\leqslant F_X<3.40\times10^{-4}$
25	X3.4	$3.40\times10^{-4}\leqslant F_X<3.50\times10^{-4}$
26	X3.5	$3.50\times10^{-4}\leqslant F_X<3.60\times10^{-4}$
27	X3.6	$3.60\times10^{-4}\leqslant F_X<3.70\times10^{-4}$
28	X3.7	$3.70\times10^{-4}\leqslant F_X<3.80\times10^{-4}$
29	X3.8	$3.80\times10^{-4}\leqslant F_X<3.90\times10^{-4}$
30	X3.9	$3.90\times10^{-4}\leqslant F_X<4.00\times10^{-4}$
31	X4.0	$4.00\times10^{-4}\leqslant F_X<4.10\times10^{-4}$
32	X4.1	$4.10\times10^{-4}\leqslant F_X<4.20\times10^{-4}$
33	X4.2	$4.20\times10^{-4}\leqslant F_X<4.30\times10^{-4}$
34	X4.3	$4.30\times10^{-4}\leqslant F_X<4.40\times10^{-4}$
35	X4.4	$4.40\times10^{-4}\leqslant F_X<4.50\times10^{-4}$
36	X4.5	$4.50\times10^{-4}\leqslant F_X<4.60\times10^{-4}$
37	X4.6	$4.60\times10^{-4}\leqslant F_X<4.70\times10^{-4}$
38	X4.7	$4.70\times10^{-4}\leqslant F_X<4.80\times10^{-4}$
39	X4.8	$4.80\times10^{-4}\leqslant F_X<4.90\times10^{-4}$
40	X4.9	$4.90\times10^{-4}\leqslant F_X<5.00\times10^{-4}$
41	X5.0	$5.00\times10^{-4}\leqslant F_X<5.10\times10^{-4}$
42	X5.1	$5.10\times10^{-4}\leqslant F_X<5.20\times10^{-4}$
43	X5.2	$5.20\times10^{-4}\leqslant F_X<5.30\times10^{-4}$
44	X5.3	$5.30\times10^{-4}\leqslant F_X<5.40\times10^{-4}$
45	X5.4	$5.40\times10^{-4}\leqslant F_X<5.50\times10^{-4}$

表6 X级太阳软X射线强度分级的流量范围(续)

序号	强度级别	流量范围 J/(m² · s)
46	X5.5	$5.50\times10^{-4}\leqslant F_X<5.60\times10^{-4}$
47	X5.6	$5.60\times10^{-4}\leqslant F_X<5.70\times10^{-4}$
48	X5.7	$5.70\times10^{-4}\leqslant F_X<5.80\times10^{-4}$
49	X5.8	$5.80\times10^{-4}\leqslant F_X<5.90\times10^{-4}$
50	X5.9	$5.90\times10^{-4}\leqslant F_X<6.00\times10^{-4}$
51	X6.0	$6.00\times10^{-4}\leqslant F_X<6.10\times10^{-4}$
52	X6.1	$6.10\times10^{-4}\leqslant F_X<6.20\times10^{-4}$
53	X6.2	$6.20\times10^{-4}\leqslant F_X<6.30\times10^{-4}$
54	X6.3	$6.30\times10^{-4}\leqslant F_X<6.40\times10^{-4}$
55	X6.4	$6.40\times10^{-4}\leqslant F_X<6.50\times10^{-4}$
56	X6.5	$6.50\times10^{-4}\leqslant F_X<6.60\times10^{-4}$
57	X6.6	$6.60\times10^{-4}\leqslant F_X<6.70\times10^{-4}$
58	X6.7	$6.70\times10^{-4}\leqslant F_X<6.80\times10^{-4}$
59	X6.8	$6.80\times10^{-4}\leqslant F_X<6.90\times10^{-4}$
60	X6.9	$6.90\times10^{-4}\leqslant F_X<7.00\times10^{-4}$
61	X7.0	$7.00\times10^{-4}\leqslant F_X<7.10\times10^{-4}$
62	X7.1	$7.10\times10^{-4}\leqslant F_X<7.20\times10^{-4}$
63	X7.2	$7.20\times10^{-4}\leqslant F_X<7.30\times10^{-4}$
64	X7.3	$7.30\times10^{-4}\leqslant F_X<7.40\times10^{-4}$
65	X7.4	$7.40\times10^{-4}\leqslant F_X<7.50\times10^{-4}$
66	X7.5	$7.50\times10^{-4}\leqslant F_X<7.60\times10^{-4}$
67	X7.6	$7.60\times10^{-4}\leqslant F_X<7.70\times10^{-4}$
68	X7.7	$7.70\times10^{-4}\leqslant F_X<7.80\times10^{-4}$
69	X7.8	$7.80\times10^{-4}\leqslant F_X<7.90\times10^{-4}$
70	X7.9	$7.90\times10^{-4}\leqslant F_X<8.00\times10^{-4}$
71	X8.0	$8.00\times10^{-4}\leqslant F_X<8.10\times10^{-4}$
72	X8.1	$8.10\times10^{-4}\leqslant F_X<8.20\times10^{-4}$
73	X8.2	$8.20\times10^{-4}\leqslant F_X<8.30\times10^{-4}$
74	X8.3	$8.30\times10^{-4}\leqslant F_X<8.40\times10^{-4}$
75	X8.4	$8.40\times10^{-4}\leqslant F_X<8.50\times10^{-4}$
76	X8.5	$8.50\times10^{-4}\leqslant F_X<8.60\times10^{-4}$
77	X8.6	$8.60\times10^{-4}\leqslant F_X<8.70\times10^{-4}$
78	X8.7	$8.70\times10^{-4}\leqslant F_X<8.80\times10^{-4}$

表 6　X 级太阳软 X 射线强度分级的流量范围(续)

序号	强度级别	流量范围 J/(m^2·s)
79	X8.8	$8.80\times10^{-4}\leqslant F_X<8.90\times10^{-4}$
80	X8.9	$8.90\times10^{-4}\leqslant F_X<9.00\times10^{-4}$
81	X9.0	$9.00\times10^{-4}\leqslant F_X<9.10\times10^{-4}$
82	X9.1	$9.10\times10^{-4}\leqslant F_X<9.20\times10^{-4}$
83	X9.2	$9.20\times10^{-4}\leqslant F_X<9.30\times10^{-4}$
84	X9.3	$9.30\times10^{-4}\leqslant F_X<9.40\times10^{-4}$
85	X9.4	$9.40\times10^{-4}\leqslant F_X<9.50\times10^{-4}$
86	X9.5	$9.50\times10^{-4}\leqslant F_X<9.60\times10^{-4}$
87	X9.6	$9.60\times10^{-4}\leqslant F_X<9.70\times10^{-4}$
88	X9.7	$9.70\times10^{-4}\leqslant F_X<9.80\times10^{-4}$
89	X9.8	$9.80\times10^{-4}\leqslant F_X<9.90\times10^{-4}$
90	X9.9	$9.90\times10^{-4}\leqslant F_X<10.00\times10^{-4}$
91	X10.0	$10.00\times10^{-4}\leqslant F_X<10.10\times10^{-4}$
92	X10.1	$10.10\times10^{-4}\leqslant F_X<10.20\times10^{-4}$
93	X10.2	$10.20\times10^{-4}\leqslant F_X<10.30\times10^{-4}$
94	X10.3	$10.30\times10^{-4}\leqslant F_X<10.40\times10^{-4}$
95	X10.4	$10.40\times10^{-4}\leqslant F_X<10.50\times10^{-4}$
96	X10.5	$10.50\times10^{-4}\leqslant F_X<10.60\times10^{-4}$
97	X10.6	$10.60\times10^{-4}\leqslant F_X<10.70\times10^{-4}$
98	X10.7	$10.70\times10^{-4}\leqslant F_X<10.80\times10^{-4}$
99	X10.8	$10.80\times10^{-4}\leqslant F_X<10.90\times10^{-4}$
100	X10.9	$10.90\times10^{-4}\leqslant F_X<11.00\times10^{-4}$
101	X11.0	$11.00\times10^{-4}\leqslant F_X<11.10\times10^{-4}$
102	X11.1	$11.10\times10^{-4}\leqslant F_X<11.20\times10^{-4}$
103	X11.2	$11.20\times10^{-4}\leqslant F_X<11.30\times10^{-4}$
104	X11.3	$11.30\times10^{-4}\leqslant F_X<11.40\times10^{-4}$
105	X11.4	$11.40\times10^{-4}\leqslant F_X<11.50\times10^{-4}$
106	X11.5	$11.50\times10^{-4}\leqslant F_X<11.60\times10^{-4}$
107	X11.6	$11.60\times10^{-4}\leqslant F_X<11.70\times10^{-4}$
108	X11.7	$11.70\times10^{-4}\leqslant F_X<11.80\times10^{-4}$
109	X11.8	$11.80\times10^{-4}\leqslant F_X<11.90\times10^{-4}$
110	X11.9	$11.90\times10^{-4}\leqslant F_X<12.00\times10^{-4}$
111	X12.0	$12.00\times10^{-4}\leqslant F_X<12.10\times10^{-4}$

表 6　X 级太阳软 X 射线强度分级的流量范围(续)

序号	强度级别	流量范围 J/(m² · s)
112	X12.1	$12.10\times10^{-4}\leqslant F_X<12.20\times10^{-4}$
113	X12.2	$12.20\times10^{-4}\leqslant F_X<12.30\times10^{-4}$
114	X12.3	$12.30\times10^{-4}\leqslant F_X<12.40\times10^{-4}$
115	X12.4	$12.40\times10^{-4}\leqslant F_X<12.50\times10^{-4}$
116	X12.5	$12.50\times10^{-4}\leqslant F_X<12.60\times10^{-4}$
117	X12.6	$12.60\times10^{-4}\leqslant F_X<12.70\times10^{-4}$
118	X12.7	$12.70\times10^{-4}\leqslant F_X<12.80\times10^{-4}$
119	X12.8	$12.80\times10^{-4}\leqslant F_X<12.90\times10^{-4}$
120	X12.9	$12.90\times10^{-4}\leqslant F_X<13.00\times10^{-4}$
121	X13.0	$13.00\times10^{-4}\leqslant F_X<13.10\times10^{-4}$
122	X13.1	$13.10\times10^{-4}\leqslant F_X<13.20\times10^{-4}$
123	X13.2	$13.20\times10^{-4}\leqslant F_X<13.30\times10^{-4}$
124	X13.3	$13.30\times10^{-4}\leqslant F_X<13.40\times10^{-4}$
125	X13.4	$13.40\times10^{-4}\leqslant F_X<13.50\times10^{-4}$
126	X13.5	$13.50\times10^{-4}\leqslant F_X<13.60\times10^{-4}$
127	X13.6	$13.60\times10^{-4}\leqslant F_X<13.70\times10^{-4}$
128	X13.7	$13.70\times10^{-4}\leqslant F_X<13.80\times10^{-4}$
129	X13.8	$13.80\times10^{-4}\leqslant F_X<13.90\times10^{-4}$
130	X13.9	$13.90\times10^{-4}\leqslant F_X<14.00\times10^{-4}$
131	X14.0	$14.00\times10^{-4}\leqslant F_X<14.10\times10^{-4}$
132	X14.1	$14.10\times10^{-4}\leqslant F_X<14.20\times10^{-4}$
133	X14.2	$14.20\times10^{-4}\leqslant F_X<14.30\times10^{-4}$
134	X14.3	$14.30\times10^{-4}\leqslant F_X<14.40\times10^{-4}$
135	X14.4	$14.40\times10^{-4}\leqslant F_X<14.50\times10^{-4}$
136	X14.5	$14.50\times10^{-4}\leqslant F_X<14.60\times10^{-4}$
137	X14.6	$14.60\times10^{-4}\leqslant F_X<14.70\times10^{-4}$
138	X14.7	$14.70\times10^{-4}\leqslant F_X<14.80\times10^{-4}$
139	X14.8	$14.80\times10^{-4}\leqslant F_X<14.90\times10^{-4}$
140	X14.9	$14.90\times10^{-4}\leqslant F_X<15.00\times10^{-4}$
141	X15.0	$15.00\times10^{-4}\leqslant F_X<15.10\times10^{-4}$
142	X15.1	$15.10\times10^{-4}\leqslant F_X<15.20\times10^{-4}$
143	X15.2	$15.20\times10^{-4}\leqslant F_X<15.30\times10^{-4}$
144	X15.3	$15.30\times10^{-4}\leqslant F_X<15.40\times10^{-4}$

表 6　X 级太阳软 X 射线强度分级的流量范围(续)

序号	强度级别	流量范围 J/(m² · s)
145	X15.4	$15.40\times10^{-4}\leqslant F_X<15.50\times10^{-4}$
146	X15.5	$15.50\times10^{-4}\leqslant F_X<15.60\times10^{-4}$
147	X15.6	$15.60\times10^{-4}\leqslant F_X<15.70\times10^{-4}$
148	X15.7	$15.70\times10^{-4}\leqslant F_X<15.80\times10^{-4}$
149	X15.8	$15.80\times10^{-4}\leqslant F_X<15.90\times10^{-4}$
150	X15.9	$15.90\times10^{-4}\leqslant F_X<16.00\times10^{-4}$
151	X16.0	$16.00\times10^{-4}\leqslant F_X<16.10\times10^{-4}$
152	X16.1	$16.10\times10^{-4}\leqslant F_X<16.20\times10^{-4}$
153	X16.2	$16.20\times10^{-4}\leqslant F_X<16.30\times10^{-4}$
154	X16.3	$16.30\times10^{-4}\leqslant F_X<16.40\times10^{-4}$
155	X16.4	$16.40\times10^{-4}\leqslant F_X<16.50\times10^{-4}$
156	X16.5	$16.50\times10^{-4}\leqslant F_X<16.60\times10^{-4}$
157	X16.6	$16.60\times10^{-4}\leqslant F_X<16.70\times10^{-4}$
158	X16.7	$16.70\times10^{-4}\leqslant F_X<16.80\times10^{-4}$
159	X16.8	$16.80\times10^{-4}\leqslant F_X<16.90\times10^{-4}$
160	X16.9	$16.90\times10^{-4}\leqslant F_X<17.00\times10^{-4}$
161	X17.0	$17.00\times10^{-4}\leqslant F_X<17.10\times10^{-4}$
162	X17.1	$17.10\times10^{-4}\leqslant F_X<17.20\times10^{-4}$
163	X17.2	$17.20\times10^{-4}\leqslant F_X<17.30\times10^{-4}$
164	X17.3	$17.30\times10^{-4}\leqslant F_X<17.40\times10^{-4}$
165	X17.4	$17.40\times10^{-4}\leqslant F_X<17.50\times10^{-4}$
166	X17.5	$17.50\times10^{-4}\leqslant F_X<17.60\times10^{-4}$
167	X17.6	$17.60\times10^{-4}\leqslant F_X<17.70\times10^{-4}$
168	X17.7	$17.70\times10^{-4}\leqslant F_X<17.80\times10^{-4}$
169	X17.8	$17.80\times10^{-4}\leqslant F_X<17.90\times10^{-4}$
170	X17.9	$17.90\times10^{-4}\leqslant F_X<18.00\times10^{-4}$
171	X18.0	$18.00\times10^{-4}\leqslant F_X<18.10\times10^{-4}$
172	X18.1	$18.10\times10^{-4}\leqslant F_X<18.20\times10^{-4}$
173	X18.2	$18.20\times10^{-4}\leqslant F_X<18.30\times10^{-4}$
174	X18.3	$18.30\times10^{-4}\leqslant F_X<18.40\times10^{-4}$
175	X18.4	$18.40\times10^{-4}\leqslant F_X<18.50\times10^{-4}$
176	X18.5	$18.50\times10^{-4}\leqslant F_X<18.60\times10^{-4}$
177	X18.6	$18.60\times10^{-4}\leqslant F_X<18.70\times10^{-4}$

表 6　X 级太阳软 X 射线强度分级的流量范围(续)

序号	强度级别	流量范围 J/(m² · s)
178	X18.7	$18.70\times10^{-4}\leqslant F_X<18.80\times10^{-4}$
179	X18.8	$18.80\times10^{-4}\leqslant F_X<18.90\times10^{-4}$
180	X18.9	$18.90\times10^{-4}\leqslant F_X<19.00\times10^{-4}$
181	X19.0	$19.00\times10^{-4}\leqslant F_X<19.10\times10^{-4}$
182	X19.1	$19.10\times10^{-4}\leqslant F_X<19.20\times10^{-4}$
183	X19.2	$19.20\times10^{-4}\leqslant F_X<19.30\times10^{-4}$
184	X19.3	$19.30\times10^{-4}\leqslant F_X<19.40\times10^{-4}$
185	X19.4	$19.40\times10^{-4}\leqslant F_X<19.50\times10^{-4}$
186	X19.5	$19.50\times10^{-4}\leqslant F_X<19.60\times10^{-4}$
187	X19.6	$19.60\times10^{-4}\leqslant F_X<19.70\times10^{-4}$
188	X19.7	$19.70\times10^{-4}\leqslant F_X<19.80\times10^{-4}$
189	X19.8	$19.80\times10^{-4}\leqslant F_X<19.90\times10^{-4}$
190	X19.9	$19.90\times10^{-4}\leqslant F_X<20.00\times10^{-4}$
191	X20.0	$20.00\times10^{-4}\leqslant F_X<20.10\times10^{-4}$
192	X20.1	$20.10\times10^{-4}\leqslant F_X<20.20\times10^{-4}$
193	X20.2	$20.20\times10^{-4}\leqslant F_X<20.30\times10^{-4}$
194	X20.3	$20.30\times10^{-4}\leqslant F_X<20.40\times10^{-4}$
195	X20.4	$20.40\times10^{-4}\leqslant F_X<20.50\times10^{-4}$
196	X20.5	$20.50\times10^{-4}\leqslant F_X<20.60\times10^{-4}$
197	X20.6	$20.60\times10^{-4}\leqslant F_X<20.70\times10^{-4}$
198	X20.7	$20.70\times10^{-4}\leqslant F_X<20.80\times10^{-4}$
199	X20.8	$20.80\times10^{-4}\leqslant F_X<20.90\times10^{-4}$
200	X20.9	$20.90\times10^{-4}\leqslant F_X<21.00\times10^{-4}$
201	X21.0	$21.00\times10^{-4}\leqslant F_X<21.10\times10^{-4}$
202	X21.1	$21.10\times10^{-4}\leqslant F_X<21.20\times10^{-4}$
203	X21.2	$21.20\times10^{-4}\leqslant F_X<21.30\times10^{-4}$
204	X21.3	$21.30\times10^{-4}\leqslant F_X<21.40\times10^{-4}$
205	X21.4	$21.40\times10^{-4}\leqslant F_X<21.50\times10^{-4}$
206	X21.5	$21.50\times10^{-4}\leqslant F_X<21.60\times10^{-4}$
207	X21.6	$21.60\times10^{-4}\leqslant F_X<21.70\times10^{-4}$
208	X21.7	$21.70\times10^{-4}\leqslant F_X<21.80\times10^{-4}$
209	X21.8	$21.80\times10^{-4}\leqslant F_X<21.90\times10^{-4}$
210	X21.9	$21.90\times10^{-4}\leqslant F_X<22.00\times10^{-4}$

表6 X级太阳软X射线强度分级的流量范围(续)

序号	强度级别	流量范围 J/(m² · s)
211	X22.0	$22.00\times10^{-4}\leqslant F_X<22.10\times10^{-4}$
212	X22.1	$22.10\times10^{-4}\leqslant F_X<22.20\times10^{-4}$
213	X22.2	$22.20\times10^{-4}\leqslant F_X<22.30\times10^{-4}$
214	X22.3	$22.30\times10^{-4}\leqslant F_X<22.40\times10^{-4}$
215	X22.4	$22.40\times10^{-4}\leqslant F_X<22.50\times10^{-4}$
216	X22.5	$22.50\times10^{-4}\leqslant F_X<22.60\times10^{-4}$
217	X22.6	$22.60\times10^{-4}\leqslant F_X<22.70\times10^{-4}$
218	X22.7	$22.70\times10^{-4}\leqslant F_X<22.80\times10^{-4}$
219	X22.8	$22.80\times10^{-4}\leqslant F_X<22.90\times10^{-4}$
220	X22.9	$22.90\times10^{-4}\leqslant F_X<23.00\times10^{-4}$
221	X23.0	$23.00\times10^{-4}\leqslant F_X<23.10\times10^{-4}$
222	X23.1	$23.10\times10^{-4}\leqslant F_X<23.20\times10^{-4}$
223	X23.2	$23.20\times10^{-4}\leqslant F_X<23.30\times10^{-4}$
224	X23.3	$23.30\times10^{-4}\leqslant F_X<23.40\times10^{-4}$
225	X23.4	$23.40\times10^{-4}\leqslant F_X<23.50\times10^{-4}$
226	X23.5	$23.50\times10^{-4}\leqslant F_X<23.60\times10^{-4}$
227	X23.6	$23.60\times10^{-4}\leqslant F_X<23.70\times10^{-4}$
228	X23.7	$23.70\times10^{-4}\leqslant F_X<23.80\times10^{-4}$
229	X23.8	$23.80\times10^{-4}\leqslant F_X<23.90\times10^{-4}$
230	X23.9	$23.90\times10^{-4}\leqslant F_X<24.00\times10^{-4}$
231	X24.0	$24.00\times10^{-4}\leqslant F_X<24.10\times10^{-4}$
232	X24.1	$24.10\times10^{-4}\leqslant F_X<24.20\times10^{-4}$
233	X24.2	$24.20\times10^{-4}\leqslant F_X<24.30\times10^{-4}$
234	X24.3	$24.30\times10^{-4}\leqslant F_X<24.40\times10^{-4}$
235	X24.4	$24.40\times10^{-4}\leqslant F_X<24.50\times10^{-4}$
236	X24.5	$24.50\times10^{-4}\leqslant F_X<24.60\times10^{-4}$
237	X24.6	$24.60\times10^{-4}\leqslant F_X<24.70\times10^{-4}$
238	X24.7	$24.70\times10^{-4}\leqslant F_X<24.80\times10^{-4}$
239	X24.8	$24.80\times10^{-4}\leqslant F_X<24.90\times10^{-4}$
240	X24.9	$24.90\times10^{-4}\leqslant F_X<25.00\times10^{-4}$
241	X25.0	$25.00\times10^{-4}\leqslant F_X<25.10\times10^{-4}$
242	X25.1	$25.10\times10^{-4}\leqslant F_X<25.20\times10^{-4}$
243	X25.2	$25.20\times10^{-4}\leqslant F_X<25.30\times10^{-4}$

表 6 X 级太阳软 X 射线强度分级的流量范围(续)

序号	强度级别	流量范围 J/(m^2 · s)
244	X25.3	$25.30\times10^{-4}\leqslant F_X<25.40\times10^{-4}$
245	X25.4	$25.40\times10^{-4}\leqslant F_X<25.50\times10^{-4}$
246	X25.5	$25.50\times10^{-4}\leqslant F_X<25.60\times10^{-4}$
247	X25.6	$25.60\times10^{-4}\leqslant F_X<25.70\times10^{-4}$
248	X25.7	$25.70\times10^{-4}\leqslant F_X<25.80\times10^{-4}$
249	X25.8	$25.80\times10^{-4}\leqslant F_X<25.90\times10^{-4}$
250	X25.9	$25.90\times10^{-4}\leqslant F_X<26.00\times10^{-4}$
251	X26.0	$26.00\times10^{-4}\leqslant F_X<26.10\times10^{-4}$
252	X26.1	$26.10\times10^{-4}\leqslant F_X<26.20\times10^{-4}$
253	X26.2	$26.20\times10^{-4}\leqslant F_X<26.30\times10^{-4}$
254	X26.3	$26.30\times10^{-4}\leqslant F_X<26.40\times10^{-4}$
255	X26.4	$26.40\times10^{-4}\leqslant F_X<26.50\times10^{-4}$
256	X26.5	$26.50\times10^{-4}\leqslant F_X<26.60\times10^{-4}$
257	X26.6	$26.60\times10^{-4}\leqslant F_X<26.70\times10^{-4}$
258	X26.7	$26.70\times10^{-4}\leqslant F_X<26.80\times10^{-4}$
259	X26.8	$26.80\times10^{-4}\leqslant F_X<26.90\times10^{-4}$
260	X26.9	$26.90\times10^{-4}\leqslant F_X<27.00\times10^{-4}$
261	X27.0	$27.00\times10^{-4}\leqslant F_X<27.10\times10^{-4}$
262	X27.1	$27.10\times10^{-4}\leqslant F_X<27.20\times10^{-4}$
263	X27.2	$27.20\times10^{-4}\leqslant F_X<27.30\times10^{-4}$
264	X27.3	$27.30\times10^{-4}\leqslant F_X<27.40\times10^{-4}$
265	X27.4	$27.40\times10^{-4}\leqslant F_X<27.50\times10^{-4}$
266	X27.5	$27.50\times10^{-4}\leqslant F_X<27.60\times10^{-4}$
267	X27.6	$27.60\times10^{-4}\leqslant F_X<27.70\times10^{-4}$
268	X27.7	$27.70\times10^{-4}\leqslant F_X<27.80\times10^{-4}$
269	X27.8	$27.80\times10^{-4}\leqslant F_X<27.90\times10^{-4}$
270	X27.9	$27.90\times10^{-4}\leqslant F_X<28.00\times10^{-4}$
271	X28.0	$28.00\times10^{-4}\leqslant F_X<28.10\times10^{-4}$
272	X28.1	$28.10\times10^{-4}\leqslant F_X<28.20\times10^{-4}$
273	X28.2	$28.20\times10^{-4}\leqslant F_X<28.30\times10^{-4}$
274	X28.3	$28.30\times10^{-4}\leqslant F_X<28.40\times10^{-4}$
275	X28.4	$28.40\times10^{-4}\leqslant F_X<28.50\times10^{-4}$
276	X28.5	$28.50\times10^{-4}\leqslant F_X<28.60\times10^{-4}$

表 6　X 级太阳软 X 射线强度分级的流量范围(续)

序号	强度级别	流量范围 $J/(m^2 \cdot s)$
277	X28.6	$28.60\times10^{-4}\leqslant F_X<28.70\times10^{-4}$
278	X28.7	$28.70\times10^{-4}\leqslant F_X<28.80\times10^{-4}$
279	X28.8	$28.80\times10^{-4}\leqslant F_X<28.90\times10^{-4}$
280	X28.9	$28.90\times10^{-4}\leqslant F_X<29.00\times10^{-4}$
281	X29.0	$29.00\times10^{-4}\leqslant F_X<29.10\times10^{-4}$
282	X29.1	$29.10\times10^{-4}\leqslant F_X<29.20\times10^{-4}$
283	X29.2	$29.20\times10^{-4}\leqslant F_X<29.30\times10^{-4}$
284	X29.3	$29.30\times10^{-4}\leqslant F_X<29.40\times10^{-4}$
285	X29.4	$29.40\times10^{-4}\leqslant F_X<29.50\times10^{-4}$
286	X29.5	$29.50\times10^{-4}\leqslant F_X<29.60\times10^{-4}$
287	X29.6	$29.60\times10^{-4}\leqslant F_X<29.70\times10^{-4}$
288	X29.7	$29.70\times10^{-4}\leqslant F_X<29.80\times10^{-4}$
289	X29.8	$29.80\times10^{-4}\leqslant F_X<29.90\times10^{-4}$
290	X29.9	$29.90\times10^{-4}\leqslant F_X<30.00\times10^{-4}$
291	X30.0	$30.00\times10^{-4}\leqslant F_X<30.10\times10^{-4}$

注:对于超过 X30.0 级的太阳软 X 射线耀斑,F_X 每增加 0.1×10^{-4} $J/(m^2 \cdot s)$,太阳软 X 射线耀斑的强度增加 0.1级。

示例:

太阳软 X 射线的峰值流量范围为

30.30×10^{-4} $J/(m^2 \cdot s)\leqslant F_X<30.40\times10^{-4}$ $J/(m^2 \cdot s)$,则太阳软 X 射线耀斑的级别为 X30.3。

ICS 07.060
A 47

中华人民共和国气象行业标准

QX/T 139—2011

卫星大气垂直探测资料的格式和文件命名

Name and format for satellite atmospheric vertical sounding data

2011-08-16 发布　　2012-03-01 实施

中 国 气 象 局　发 布

前　言

本标准按照 GB/T 1.1—2009 给出的规则起草。

本标准由全国卫星气象与空间天气标准化技术委员会(SAC/TC 347)提出并归口。

本标准起草单位:国家卫星气象中心。

本标准起草人:马刚、吴雪宝、漆成莉、刘辉、李小青。

引　言

当前国内数值预报资料同化用户使用不同卫星大气垂直探测资料时，这些资料文件的格式，包含信息内容和文件命名方式各不相同，给业务卫星资料的处理和存档带来相当的困扰。早期国内同化使用ATOVS Level1d数据，随后使用了原始分辨率的卫星TOVS/ATOVS辐射资料。经过处理的ATOVS资料分别来自于NOAA15/16/17/18、METOP-2，以及FY3A的VASS(IRAS/MWTS/MWHS)资料；NOAA19、AQUA、NPP、NPOESS和METOP3等大气探测资料也将陆续纳入业务处理和应用。本标准参考NESDIS在同化系统中使用的ATOVS Level1b数据结构，提出了用于数值预报资料同化的卫星大气垂直探测辐射数据文件的信息格式、信息内容和文件命名。

卫星大气垂直探测资料的格式和文件命名

1 范围

本标准规定了卫星大气垂直探测资料的文件命名原则、文件信息内容、数据格式及格式说明的规范。

本标准适用于卫星大气垂直探测器辐射资料的接收、处理部门生成卫星大气垂直探测器辐射探测数据的格式及相关存储文件命名和数值天气预报用户的资料检索、数值天气预报模式的同化应用。

2 术语、定义和缩略语

2.1 术语和定义

下列术语和定义适用于本文件。

亮温 brightness temperature

以开氏温度形式表示的辐射率。

2.2 缩略语

下列缩略语适用于本文件。

AIRS 先进红外高光谱大气垂直探测器(Advanced InfraRed Sounder)

AMSU-A 先进微波探测器-A(Advanced Microwave Sounding Unit-A)

AMSU-B 先进微波探测器-B(Advanced Microwave Sounding Unit-B)

ATOVS 先进 TIROS 垂直探测器(Advanced TIROS Operational Vertical Sounder)

EUMETSAT 欧洲气象卫星组织(European Organisation for the Exploitation of Meteorological Satellites)

EUMETCast EUMETSAT 建立的基于标准 DVB-S 技术的卫星数据广播系统(EUMETSAT's Broadcast System for Environmental Data)

FY3 风云 3 号极轨气象卫星(Feng Yun 3)

HIRS 高分辨率红外辐射探测仪(High Resolution Infrared Sounder)

HRPT 高分辨率区域图像传输(High Resolution Picture Transmission)

IASI 红外大气垂直探测干涉仪(Infrared Atmospheric Sounding Interfermeter)

IRAS 红外大气垂直探测器(InfraRed Atmospheric Sounder)

MHS 微波湿度探测仪(Microwave Humidity Sounder)

MWHS 微波湿度垂直探测器(MicroWave Humidity Sounder)

MWTS 微波温度垂直探测器(MicroWave Temperature Sounder)

NESDIS 国家卫星、数据和信息局(National Enviromental Satellite, Data and Information Service)

NOAA 美国国家海洋与大气管理局(National Oceanic and Atmospheric Administration)

NPOSESS 国家极轨业务环境卫星系统(National Polar-orbiting Operational Enviromental Satellite System)

NPP NPOSESS 的前期规划(NPOESS Preparatory Project)

NSMC 国家卫星气象中心(National Satellite Meteorology Center)

RARS　区域 ATOVS 再传输系统(Regional ATOVS Retransmittion System)

VASS　大气垂直探测系统(Vertical Atmospheric Sounding System)

3　文件结构

文件命名规范约定如下：

Z_SATE_C_LOCA_yyyymmddhhmmss_O_SATID_INS_MAP_PRODUCT_ATTRIBUTE_COVERAGE_ORBIT(-STAT).BIN

各字段的含义如下(示例参见附录 A)：

a)　Z:国内接收和处理的各种探测资料和产品；

b)　SATE:气象资料来自于卫星的产品；

c)　C:固定字符；

d)　LOCA:用来标识数据的接收地点，各接收地点站名及其对应的字符见表 1；

e)　yyyymmddhhmmss:观测开始时间(年、月、日、时、分、秒)；

f)　O:观测资料；

g)　SATID:4 个字符的卫星标记，见表 2；

h)　INS:3 个字符的探测仪器信息，见表 3；

i)　MAP:投影方式，设为 NUL；

j)　PRODUCT:产品名称，设为 S1C；

k)　ATTRIBUTE:产品空间分辨率属性；

l)　COVERAGE:产品覆盖范围。全球:GLB;中国及其周边区域:CNB;区域 HRPT 产品:HRP;

m)　ORBIT:观测开始时段，MUT；

n)　STAT:HRPT 接收站标识，说明见附录 B；

o)　BIN:二进制文件属性。

表 1　卫星资料接收地标识与名称对应表

序号	卫星资料接收地	标识名	说明
1	BEIJING	BAWX	包含:NSMC HRPT 数据和 NESDIS 接收处理的全球数据
2	EUMETSAT	EUMP	包含:EUMETSAT 接收的全球数据
3	EUMETSAT	EUMS	包含:EUMETCast 接收的 HRPT 数据
4	RARS	WSSS	包含:RARS 接收的 HRPT 数据

表 2　卫星标识与卫星名称对应表

序号	卫星名称	标识符
1	NOAA_15	NA15
2	NOAA_16	NA16
3	NOAA_17	NA17
4	NOAA_18	NA18
5	NOAA_19	NA19
6	METOP-2	MT02

表 2 卫星标识与卫星名称对应表(续)

序号	卫星名称	标识符
7	METOP-3	MT03
8	FY3A	FY3A
9	AQUA	AQUA

表 3 仪器标识与仪器名称对应表

序号	仪器名称	标识符	仪器装载的卫星
1	AIRS	ARS	AQUA
2	AMSU-A	AMA	NOAA15/16/17/18/19、METOP2/3、AQUA、NPP
3	AMSU-B	AMB	NOAA15/16/17、AQUA
4	HIRS/3	HRS	NOAA15/16/17、AQUA
5	HIRS/4	HRS	NOAA18/19、NPP、METOP2/3
6	IASI	IAI	METOP2/3
7	IRAS	IRS	FY3A
8	MHS	MHS	NOAA18/19、NPP、METOP2/3
9	MWHS	MHS	FY3A
10	MWTS	MTS	FY3A

4 文件内容

文件包含的信息内容如下：

a) 每个文件包含一条轨道观测数据；

b) 文件数据以观测点资料形式存在，即每个有效卫星观测像元包含了该像元投影的地理位置、下垫面类型、海拔高度和该仪器全部有效通道亮温数；

c) 区域卫星数据文件和全球卫星数据文件在文件名中加以区分，其他数据格式和信息内容相同。

5 数据格式

文件的数据格式见表 4。数据文件中的仪器标识用数字表示，仪器标识见表 5。

表 4 卫星大气垂直探测数据格式

序号	变量名	类型	数据单位	说明
1	Sat_id	I*4		卫星标识
2	Instrument_id	I*4		仪器标识
3	Scan_line	I*4		扫描线序号
4	Scan_fov	I*4		扫描点序号

表 4　卫星大气垂直探测数据格式(续)

序号	变量名	类型	数据单位	说明
5	Obs_year	I*4	年	扫描线/点的年计数
6	Obs_mon	I*4	月	扫描线/点的月计数
7	Obs_day	I*4	日	扫描线/点的日计数
8	Obs_hor	I*4	时(世界时)	扫描线/点的时计数
9	Obs_min	I*4	分	扫描线/点的分计数
10	Obs_sec	I*4	秒	扫描线/点的秒计数
11	Obs_lat	I*4	度*100	扫描点的纬度
12	Obs_lon	I*4	度*100	扫描点的经度
13	Surface_mark	I*4		扫描点海陆标记(0=海洋,1=海陆交界，2=陆地)
14	Surface_height	I*4	米	扫描点海拔高度
15	Local_zenith	I*4	度*100	扫描点的局地天顶角
16	Local_azimuth	I*4	度*100	扫描点的局地方位角
17	Solar_zenith	I*4	度*100	扫描点的太阳天顶角
18	Solar_azimuth	I*4	度*100	扫描点的太阳方位角
19	Sat_scalti	I*4	千米	卫星轨道高度
20	Obs_dataqual	I*4		扫描点观测资料质量标记
21+n	Obs_BT(n)	I*4	开尔文*100	星载仪器光谱通道辐射亮温(通道 n)
22+n	Cld_frac	I*4	*100	扫描点云量
23+n	Pre_mark	I*4		扫描点强降水标记(0=无强降水,1=强降水)

表 5　仪器标识

序号	仪器名	仪器标识
1	AIRS	420
2	AMSU-A	570
3	AMSU-B	574
4	HIRS/3	606
5	HIRS/4	607
6	IASI	221
7	IRAS	31
8	MHS	203
9	MWHS	33
10	MWTS	32

6 数据格式说明

6.1 概述

本数据文件采用直接存取方式。探测仪器每个扫描点为一个数据记录，包含一个扫描点的所有光谱通道的观测资料、下垫面特征和观测几何信息。

6.1.1 记录长度和通道数

数据文件中各仪器观测数据记录长度与仪器通道数见表6。

表6 数据记录长度与仪器通道的对应

序号	仪器名	通道数	记录长度/B
1	AIRS	2378	TBD
2	AMSU-A	15	420
3	AMSU-B	5	220
4	HIRS/3	20	520
5	HIRS/4	20	520
6	IASI	8471	TBD
7	IRAS	26	520
8	MHS	5	220
9	MWHS	5	220
10	MWTS	4	216

6.1.2 记录数据质量标记

记录中如数据丢失或质量有问题，均赋予标记：－999999。

6.1.3 扫描点的视场质量标识(见表7)

表7 扫描点视场质量标识

<table>
<tr><th rowspan="2">序号</th><th rowspan="2">位标识</th><th colspan="2">HIRS/3/4、IRAS</th><th colspan="2">AMSU-A</th><th colspan="2">AMSU-B、MHS、MWHS</th><th colspan="2">MWTS</th></tr>
<tr><th>0</th><th>1</th><th>0</th><th>1</th><th>0</th><th>1</th><th>0</th><th>1</th></tr>
<tr><td>1</td><td>0</td><td></td><td>所有通道数据丢失</td><td></td><td>所有通道数据丢失</td><td></td><td>所有通道数据丢失</td><td></td><td>所有通道数据丢失</td></tr>
</table>

表 7　扫描点视场质量标识(续)

<table>
<tr><th rowspan="2">序号</th><th rowspan="2">位标识</th><th colspan="2">HIRS/3/4、IRAS</th><th colspan="2">AMSU-A</th><th colspan="2">AMSU-B、MHS、MWHS</th><th colspan="2">MWTS</th></tr>
<tr><th>0</th><th>1</th><th>0</th><th>1</th><th>0</th><th>1</th><th>0</th><th>1</th></tr>
<tr><td>2</td><td>1</td><td></td><td rowspan="20">亮度温度在物理意义上不合理,或由于定标问题没有计算</td><td></td><td rowspan="20">亮度温度在物理意义上不合理,或由于定标问题没有计算</td><td></td><td rowspan="20">亮度温度在物理意义上不合理,或由于定标问题没有计算</td><td></td><td rowspan="20">亮度温度在物理意义上不合理,或由于定标问题没有计算</td></tr>
<tr><td>3</td><td>2</td><td></td><td></td><td></td><td></td></tr>
<tr><td>4</td><td>3</td><td></td><td></td><td></td><td></td></tr>
<tr><td>5</td><td>4</td><td></td><td></td><td></td><td></td></tr>
<tr><td>6</td><td>5</td><td></td><td></td><td></td><td></td></tr>
<tr><td>7</td><td>6</td><td></td><td></td><td></td><td></td></tr>
<tr><td>8</td><td>7</td><td></td><td></td><td></td><td></td></tr>
<tr><td>9</td><td>8</td><td></td><td></td><td></td><td></td></tr>
<tr><td>10</td><td>9</td><td></td><td></td><td></td><td></td></tr>
<tr><td>11</td><td>10</td><td></td><td></td><td></td><td></td></tr>
<tr><td>12</td><td>11</td><td></td><td></td><td></td><td></td></tr>
<tr><td>13</td><td>12</td><td></td><td></td><td></td><td></td></tr>
<tr><td>14</td><td>13</td><td></td><td></td><td></td><td></td></tr>
<tr><td>15</td><td>14</td><td></td><td></td><td></td><td></td></tr>
<tr><td>16</td><td>15</td><td></td><td></td><td></td><td></td></tr>
<tr><td>17</td><td>16</td><td></td><td></td><td></td><td></td></tr>
<tr><td>18</td><td>17</td><td></td><td></td><td></td><td></td></tr>
<tr><td>19</td><td>18</td><td></td><td></td><td></td><td></td></tr>
<tr><td>20</td><td>19</td><td></td><td></td><td></td><td></td></tr>
<tr><td>21</td><td>20</td><td></td><td></td><td></td><td></td></tr>
<tr><td>22</td><td>21</td><td rowspan="9">填充值</td><td></td><td rowspan="9">填充值</td><td></td><td rowspan="9">填充值</td><td></td><td rowspan="9">填充值</td><td></td></tr>
<tr><td>23</td><td>22</td><td></td><td></td><td></td><td></td></tr>
<tr><td>24</td><td>23</td><td></td><td></td><td></td><td></td></tr>
<tr><td>25</td><td>24</td><td></td><td></td><td></td><td></td></tr>
<tr><td>26</td><td>25</td><td></td><td></td><td></td><td></td></tr>
<tr><td>27</td><td>26</td><td></td><td></td><td></td><td></td></tr>
<tr><td>28</td><td>27</td><td></td><td></td><td></td><td></td></tr>
<tr><td>29</td><td>28</td><td></td><td></td><td></td><td></td></tr>
<tr><td>30</td><td>29</td><td></td><td></td><td></td><td></td></tr>
<tr><td>31</td><td>30</td><td></td><td>采用辅助定标系数</td><td></td><td>采用辅助定标系数</td><td></td><td>采用辅助定标系数</td><td></td><td>采用辅助定标系数</td></tr>
<tr><td>32</td><td>31</td><td>填充值</td><td></td><td>填充值</td><td></td><td>填充值</td><td></td><td>填充值</td><td></td></tr>
</table>

6.1.4　观测时间:世界时(UTC)。

附 录 A
（资料性附录）
卫星大气垂直探测器辐射率资料文件命名示例

示例 1：Z_SATE_C_BAWX_20090622213200_O_NA16_AMA_NUL_S1C_45KM_GLB_MUT. BIN

说明：北京（NSMC）处理的 NOAA-16 在 2009 年 6 月 22 日 21 时 32 分（UTC）开始观测的 AMSU-A仪器全球数据，资料格式为 L1c，空间水平分辨率为 45 km；

示例 2：Z_SATE_C_EUMP_20090622211720_O_NA18_HRS_NUL_S1C_20KM_GLB_MUT. BIN

说明：EUMETSAT 处理广播的 NOAA-18 在 2009 年 6 月 22 日 21 时 17 分 20 秒（UTC）开始观测的 HIRS/4 仪器全球数据，资料格式为 L1c，空间水平分辨率为 20 km；

示例 3：Z_SATE_C_EUMS_20090622084500_O_NA17_AMB_NUL_S1C_15KM_HRP_MUT-EATH. BIN

说明：EUMETCast 广播希腊雅典站接收处理的 NOAA-17 在 2009 年 6 月 22 日 08 时 45 分（UTC）开始观测的 AMSU-B 仪器区域数据，资料格式为 L1c，空间水平分辨率为 15 km；

示例 4：Z_SATE_C_WSSS_20090627073239_O_NA19_MHS_NUL_S1C_15KM_HRP_MUT-RSGP. BIN

说明：通过 RARS 渠道获取新加坡站接收处理的 NOAA-19 在 2009 年 6 月 27 日 07 时 32 分 39 秒（UTC）开始观测的 MHS 仪器区域数据，资料格式为 L1c，空间水平分辨率为 15 km；

示例 5：Z_SATE_C_BAWX_20090628050700_O_FY3A_MTS_NUL_S1C_50KM_CNB_MUT-ASGZ. BIN

说明：北京（NSMC）广播广州站接收的 FY3A 在 2009 年 6 月 28 日 05 时 07 分开始观测的 MWTS 仪器区域数据，资料格式为 L1c，空间水平分辨率为 50 km。

附　录　B
（规范性附录）
卫星大气垂直探测器辐射率资料接收地点及其字符对应表

表B.1给出了卫星大气垂直探测器辐射率资料接收地点及其字符对应表。

表B.1　卫星大气垂直探测器辐射率资料接收地点及其字符对应表

<table>
<tr><th>序号</th><th>国别</th><th>站名缩写</th><th>资料来源</th><th>覆盖范围</th></tr>
<tr><td>1</td><td>希腊</td><td>EATH</td><td rowspan="11">EUMETCast</td><td rowspan="20">区域</td></tr>
<tr><td>2</td><td>英国</td><td>EBED</td></tr>
<tr><td>3</td><td>英国</td><td>EDAR</td></tr>
<tr><td>4</td><td>加拿大</td><td>EEDM</td></tr>
<tr><td>5</td><td>加拿大</td><td>EGAN</td></tr>
<tr><td>6</td><td>美国</td><td>EGIL</td></tr>
<tr><td>7</td><td>英国</td><td>EKAN</td></tr>
<tr><td>8</td><td>西班牙</td><td>EMAS</td></tr>
<tr><td>9</td><td>美国</td><td>EMON</td></tr>
<tr><td>10</td><td>挪威</td><td>ETRO</td></tr>
<tr><td>11</td><td>美国</td><td>EWAL</td></tr>
<tr><td>12</td><td>澳大利亚</td><td>RCPT</td><td rowspan="9">RARS</td></tr>
<tr><td>13</td><td>澳大利亚</td><td>RDAR</td></tr>
<tr><td>14</td><td>日本</td><td>RKIY</td></tr>
<tr><td>15</td><td>澳大利亚</td><td>RMEL</td></tr>
<tr><td>16</td><td>澳大利亚</td><td>RPTH</td></tr>
<tr><td>17</td><td>新加坡</td><td>RSGP</td></tr>
<tr><td>18</td><td>日本</td><td>RSYO</td></tr>
<tr><td>19</td><td>韩国</td><td>RSEO</td></tr>
<tr><td>20</td><td>中国香港</td><td>RHKG</td></tr>
<tr><td>21</td><td>全球</td><td>GBAL</td><td>NESDIS、EUMETSAT</td><td>全球</td></tr>
<tr><td>22</td><td>中国</td><td>BAWX</td><td>NSMC</td><td>区域</td></tr>
</table>

参 考 文 献

[1] QX/T 21—2004 农业气象观测记录年报数据文件格式

[2] QX/T 39—2005 气象数据集核心元数据

[3] 中国气象局政策法规司.气象标准汇编 2000—2003,2005 年 10 月

[4] Tiphaine Labrot, Lydie Lavanant, Keith Whyte. NWPSAF-MF-UD-003. AAPP documentation data formats. NWP SAF document

ICS 07.060
A 47

中华人民共和国气象行业标准

QX/T 140—2011

卫星遥感洪涝监测技术导则

Technical directive on satellite remote sensing of flood monitoring

2011-08-16 发布　　2012-03-01 实施

中国气象局　发布

前　　言

本标准按照 GB/T 1.1—2009 给出的规则起草。

本标准由全国卫星气象与空间天气标准化技术委员会(SAC/TC 347)提出并归口。

本标准起草单位:国家卫星气象中心。

本标准主要起草人:刘诚、武胜利、张晔萍、李三妹、李亚君。

引 言

随着空间技术、计算机技术的迅速发展,卫星遥感洪涝监测的能力得到显著提高,气象卫星(如我国风云系列、美国NOAA系列等)、资源环境卫星(如中巴资源卫星(CBERS)、美国EOS环境卫星等)在洪涝监测中得到了广泛应用,气象系统内从事遥感工作的单位均开展了卫星遥感洪涝监测工作,为各级政府提供了大量洪涝监测信息,在防灾减灾决策中发挥了重要作用。

由于各从事遥感工作的单位在洪涝监测中大多独立进行研究和开发应用,所用数据处理系统有所不同,监测方法也没有统一的规范,这些都对卫星遥感洪涝监测的应用推广和技术交流造成不便。同时也由于新型卫星和新型探测仪器的出现及地理信息系统(GIS)等技术的不断发展,各从事遥感工作的单位对新探测资料和应用技术的使用程度有所差异,因而卫星遥感在对全国范围洪涝监测方面还有很大潜力,尚未充分发挥其作用。

为了更好地发挥卫星遥感在我国洪涝监测中的作用,促进卫星遥感洪涝监测规范化、标准化,加强各遥感部门的技术交流,特制定本标准。

卫星遥感洪涝监测技术导则

1 范围

本标准规定了卫星遥感洪涝监测所使用的前期数据要求、监测方法和处理流程。

本标准适用于卫星遥感水体信息提取与洪涝监测。

2 术语和定义

下列术语和定义适用于本文件。

2.1

警戒水体数据 data of warning water body

用于判断异常增大水体(即洪涝水体)的背景水体数据。

2.2

监测区 monitoring area

监测分析洪涝的区域。

注:包括县级以上的监测区和小流域治理工程监测区。

2.3

洪涝监测图像 flood monitoring image

可直观显示洪涝水体、植被、裸土、云盖等地表特征的多通道合成卫星遥感图像。

2.4

洪涝监测专题图 thematic map of flood monitoring

以特殊颜色显示有关洪涝监测内容及其特征变化等要素的图件。

2.5

洪涝监测方法 method of flood monitoring

利用卫星图像等遥感资料监测洪涝的方法。

3 符号

下列符号适用于本文件。

P:洪涝区边缘像元中水体面积占像元面积的百分比。

R_{NIR}:指定星载仪器中近红外 0.725 μm～1.25 μm 波段的反射率。

R_{NIRL}:洪涝区中纯陆地像元近红外 0.725 μm～1.25 μm 波段的反射率。

R_{NIRM}:洪涝区边缘像元近红外 0.725 μm～1.25 μm 波段的反射率。

R_{NIRW}:洪涝区中纯水像元近红外 0.725 μm～1.25 μm 波段的反射率。

R_{NIR_TH}:R_{NIR} 对应的阈值。

R_{VIS}:指定星载仪器中可见光 0.55 μm～0.68 μm 波段的反射率。

R_{VIS_TH}:R_{VIS} 对应的阈值。

RD_{NV}:R_{NIR} 与 R_{VIS} 的差值。

RD_{NV_TH}:RD_{NV} 对应的阈值。

RR_{NV}：R_{NIR} 与 R_{VIS} 的比值。

RR_{NV_TH}：RR_{NV}对应的阈值。

S：洪涝区水体总面积。

T_{MIR}：指定星载仪器中 3.55 μm～3.95 μm 中波红外波段的等效黑体辐射亮温，该波段中心波长在 3.7 μm 附近。

T_{MIR_TH}：T_{MIR} 对应的阈值。

T_{TIR}：指定星载仪器中 10.3 μm～11.3 μm 热红外波段的等效黑体辐射亮温，该波段中心波长在 11 μm附近。

T_{TIR_TH}：T_{TIR} 对应的阈值。

TD_{MT}：中红外波段与远红外波段亮温差。

TD_{MT_TH}：TD_{MT} 对应的阈值。

ΔS：洪涝区边缘单个像元面积。

ΔS_w：洪涝区边缘单个像元的亚像元水体面积。

4 前期数据要求

4.1 数据源要求

数据应源自携载有可见光和红外波段探测仪器的气象卫星（包括 FY-1C/D、FY-3A/B、NOAA 极轨气象卫星和 FY-2C/D/E 静止气象卫星等）、美国 EOS 环境卫星、中巴资源卫星（CBERS）等观测平台。

其中，FY-1C/D/MVISR（多光谱可见光红外扫描辐射计）、FY-3A/B/VIRR（可见光红外扫描辐射计）和 EOS/MODIS（中分辨率成像光谱仪）资料中完全持有可见光、近红外、短波红外、中红外、热红外探测波段。

NOAA/AVHRR（改进的甚高分辨率扫描辐射计）、FY-2C/D/E/VISSR（可见光红外扫描辐射计）、FY-3A/B/MERSI（中分辨率光谱成像仪）、CBERS/CCD（电荷耦合装置）部分持有可见光、近红外、短波红外、中红外、热红外探测波段。

以上卫星探测仪器特性参数参见附录 A、附录 B、附录 C、附录 D、附录 E、附录 F 和附录 G。

4.2 前期数据处理

在洪涝监测处理前，卫星轨道数据应经过以下处理：

a） 经过卫星原始数据预处理，所采用的卫星数据预处理技术应由相应标准或规范指定；

b） 对预处理后的数据进行地图投影变换；

c） 检查局域投影图像的定位精度，如定位不准，应进行几何校正，且误差应在 1 个像元以内。

5 监测方法

5.1 水体信息提取方法

5.1.1 白天水体判识

白天主要是在晴空、薄云覆盖或水面覆盖雾等三种情况下获取观测资料。不同观测条件下获取的资料应分别采取下列水体识别方法：

a） 晴空条件下的水体判识

$$R_{VIS} \leqslant R_{VIS\_TH}\text{，且 } R_{NIR} \leqslant R_{NIR\_TH}\text{，}RD_{NV} \leqslant RD_{NV\_TH} \qquad \cdots\cdots\cdots\cdots(1)$$

式中参考阈值为：

$R_{VIS\_TH}=18\%$；

$R_{NIR\_TH}=10\%$；

$RD_{NV\_TH}=0$。

由于各地地理条件和卫星过境时间的差异，阈值在不同情况下有一定的差异，一般在±5%左右。

b） 薄云条件下的水体判识

$$RR_{NV} \leqslant RR_{NV\_TH} \qquad \cdots\cdots\cdots\cdots(2)$$

注：RR_{NV_TH}可取 0.7。

c） 水面覆盖有雾条件下的水体判识

$$TD_{MT} \geqslant TD_{MT\_TH} \qquad \cdots\cdots\cdots\cdots(3)$$

注：TD_{MT_TH}可取 10 K。

5.1.2 夜间水体判识

$$T_{TIR} \geqslant T_{TIR\_TH} \qquad \cdots\cdots\cdots\cdots(4)$$

判识阈值根据不同季节、不同地区的地面温度变化加以确定，该阈值宜利用人机交互方式选取。

5.2 洪涝水体监测方法

5.2.1 建立警戒水体数据集

可利用监测区域江河、湖泊流域处于警戒水位时期的卫星资料提取当时的水体边界范围，生成警戒水体数据，作为判定异常增大水体（如洪涝水体）的依据。

5.2.2 提取洪涝水体信息

洪涝水体监测基于对异常增大水体的判定。通过对不同时次水体监测数据进行比较，区分水体的变化部分，判断异常增大水体的范围及位置。洪涝水体信息提取包括下列内容：

a） 洪涝泛滥水体信息提取

用警戒水体作为背景，洪涝发生后水体扩大部分为洪涝泛滥水体。

b） 退水区域信息提取

用洪涝严重时期监测的水体范围作为背景，退水期间水体缩小部分为退水区域。

5.2.3 洪涝水体面积估算

5.2.3.1 洪涝水体面积估算即为计算所有判识为洪涝水体像元的面积，并求和

洪涝水体面积为 S，则：

$$S=\sum_{i=1}^{n}\Delta S_i \qquad \cdots\cdots\cdots\cdots(5)$$

式中：

i——洪涝区内像元序号；

n——洪涝区的像元总数。

根据局域投影文件中所用的地图投影方式，利用洪涝水体二值数据和相应的面积计算公式（参见附录 H），逐像元计算洪涝水体像元面积，并对洪涝区域所包含的像元面积求和。

注：遥感监测业务中普遍采用的地图投影方式有兰勃特投影、等经纬度投影和等面积投影。

5.2.3.2 对于洪涝水体边缘像元，需使用洪涝区边缘像元水体面积估算方法

洪涝水体边缘像元的面积为 R_{NIRM}，则：

$$R_{NIRM}=P\times R_{NIRW}+(1-P)\times R_{NIRL} \qquad \cdots\cdots(6)$$

$$P=(R_{NIRL}-R_{NIRM})/(R_{NIRL}-R_{NIRW}) \qquad \cdots\cdots(7)$$

$$\Delta S_w=\Delta S\times P \qquad \cdots\cdots(8)$$

6 监测处理流程

卫星遥感洪涝监测处理流程包括水体信息提取处理和洪涝信息处理流程：

a) 水体信息提取处理流程，具体步骤如下：
   1) 读取经预处理的轨道数据、水体判识阈值数据集；
   2) 生成区域投影图像（选取可见光、近红外、中红外、红外波段）；
   3) 图像几何校正；
   4) 选择监测区域、提取水体信息；
   5) 人机交互验证判识效果；
   6) 生成水体二值图文件。
b) 洪涝信息处理流程，具体步骤如下：
   1) 读入当前水体二值数据和警戒水体数据；
   2) 比较当前水体和警戒水体差异，提取异常扩大水体信息；
   3) 计算洪涝水体面积；
   4) 在三通道彩色合成图像上叠加洪涝水体信息，生成洪涝监测专题图；
   5) 编制洪涝监测报告，说明有关卫星遥感洪涝监测信息，包括洪涝位置、范围、面积估算和所用卫星资料接收时间等，并附卫星遥感洪涝监测图像。

附 录 A
（资料性附录）
FY-1C/D极轨气象卫星多光谱可见光红外扫描辐射计(MVISR)通道参数

表A.1给出了FY-1C/D极轨气象卫星多光谱可见光红外扫描辐射计(MVISR)通道参数。

表A.1 FY-1C/D极轨气象卫星多光谱可见光红外扫描辐射计(MVISR)通道参数

通道	波长/μm	波段	星下点分辨率/m
1	0.58～0.68	可见光(Visible)	1100
2	0.84～0.89	近红外(Near Infrared)	1100
3	3.55～3.95	中波红外(Middle Infrared)	1100
4	10.3～11.3	远红外(Far Infrared)	1100
5	11.5～12.5	远红外(Far Infrared)	1100
6	1.58～1.64	短波红外(Short Infrared)	1100
7	0.43～0.48	可见光(Visible)	1100
8	0.48～0.53	可见光(Visible)	1100
9	0.53～0.58	可见光(Visible)	1100
10	0.9～0.985	近红外(Near Infrared)	1100

附 录 B
（资料性附录）
FY-3A/B 极轨气象卫星可见光红外扫描辐射计（VIRR）通道参数

表 B.1 给出了 FY-3A/B 极轨气象卫星可见光红外扫描辐射计（VIRR）通道参数。

表 B.1 FY-3A/B 极轨气象卫星可见光红外扫描辐射计（VIRR）通道参数

通道	波长/μm	波段	星下点分辨率/m
1	0.58～0.68	可见光（Visible）	1100
2	0.84～0.89	近红外（Near Infrared）	1100
3	3.55～3.95	中波红外（Middle Infrared）	1100
4	10.3～11.3	远红外（Far Infrared）	1100
5	11.5～12.5	远红外（Far Infrared）	1100
6	1.55～1.64	短波红外（Short Infrared）	1100
7	0.43～0.48	可见光（Visible）	1100
8	0.48～0.53	可见光（Visible）	1100
9	0.53～0.58	可见光（Visible）	1100
10	1.325～1.395	短波红外（Short Infrared）	1100

附 录 C
（资料性附录）
FY-3A/B 极轨气象卫星中分辨率光谱成像仪（MERSI）通道参数

表 C.1 给出了 FY-3A/B 极轨气象卫星中分辨率光谱成像仪（MERSI）通道参数。

表 C.1 FY-3A/B 极轨气象卫星中分辨率光谱成像仪（MERSI）通道参数

通道	波长/μm	波段	星下点分辨率/m
1	0.445～0.495	可见光(Visible)	250
2	0.525～0.575	可见光(Visible)	250
3	0.625～0.675	可见光(Visible)	250
4	0.835～0.885	近红外(Near Infrared)	250
5	10.50～12.50	远红外(Far Infrared)	250
6	1.615～1.665	短波红外(Short Infrared)	1000
7	2.105～2.255	短波红外(Short Infrared)	1000
8	0.402～0.422	可见光(Visible)	1000
9	0.433～0.453	可见光(Visible)	1000
10	0.480～0.500	可见光(Visible)	1000
11	0.510～0.530	可见光(Visible)	1000
12	0.555～0.575	可见光(Visible)	1000
13	0.640～0.660	可见光(Visible)	1000
14	0.675～0.695	可见光(Visible)	1000
15	0.755～0.775	可见光(Visible)	1000
16	0.855～0.875	近红外(Near Infrared)	1000
17	0.895～0.915	近红外(Near Infrared)	1000
18	0.930～0.950	近红外(Near Infrared)	1000
19	0.970～0.990	近红外(Near Infrared)	1000
20	1.020～1.040	近红外(Near Infrared)	1000

附　录　D
(资料性附录)
NOAA 极轨气象卫星(AVHRR)通道参数

表 D.1 给出了 NOAA 极轨气象(AVHRR)通道参数。

表 D.1　NOAA 极轨气象卫星(AVHRR)通道参数

通道	波长/μm	波段	星下点分辨率/m
1	0.58～0.68	可见光(Visible)	1100
2	0.7～1.1	近红外(Near Infrared)	1100
3A	1.58～1.64	短波红外(Short Infrared)	1100
3B	3.55～3.95	中波红外(Middle Infrared)	1100
4	10.3～11.3	远红外(Far Infrared)	1100
5	11.5～12.5	远红外(Far Infrared)	1100

附 录 E
（资料性附录）
FY-2C/D/E 静止气象卫星扫描辐射计（VISSR）通道参数

表 E.1 给出了 FY-2C/D/E 静止气象卫星扫描辐射计（VISSR）通道参数。

表 E.1 FY-2C/D/E 静止气象卫星扫描辐射计（VISSR）通道参数

通道	波长/μm	波段	星下点分辨率/m
1	0.50～0.75	可见光（Visible）	1250
2	10.3～11.3	远红外（Far Infrared）	5000
3	11.5～12.5	远红外（Far Infrared）	5000
4	3.5～4.0	中波红外（Middle Infrared）	5000
5	6.3～7.6	中波红外（Middle Infrared）	5000

附 录 F
（资料性附录）
EOS 卫星中分辨率成像光谱仪（MODIS）通道参数

表 F.1 给出了 EOS 卫星中分辨率成像光谱仪（MODIS）通道参数。

表 F.1 EOS 卫星中分辨率成像光谱仪（MODIS）通道参数

通道	波长/μm	波段	星下点分辨率/m
1	0.62～0.67	可见光（Visible）	250
2	0.841～0.876	近红外（Near Infrared）	250
3	0.459～0.479	可见光（Visible）	500
4	0.545～0.565	可见光（Visible）	500
5	1.230～1.250	近红外（Near Infrared）	500
6	1.628～1.652	短波红外（Short Infrared）	500
7	2.105～2.155	短波红外（Short Infrared）	500
8	0.405～0.420	可见光（Visible）	1000
9	0.438～0.448	可见光（Visible）	1000
10	0.483～0.493	可见光（Visible）	1000
11	0.526～0.536	可见光（Visible）	1000
12	0.546～0.556	可见光（Visible）	1000
13	0.662～0.672	可见光（Visible）	1000
14	0.673～0.683	可见光（Visible）	1000
15	0.743～0.753	可见光（Visible）	1000
16	0.862～0.877	近红外（Near Infrared）	1000
17	0.890～0.920	近红外（Near Infrared）	1000
18	0.931～0.941	近红外（Near Infrared）	1000
19	0.915～0.965	近红外（Near Infrared）	1000
20	3.660～3.840	中波红外（Middle Infrared）	1000
21	3.929～3.989	中波红外（Middle Infrared）	1000
22	3.929～3.989	中波红外（Middle Infrared）	1000
23	4.020～4.080	中波红外（Middle Infrared）	1000
24	4.433～4.498	中波红外（Middle Infrared）	1000
25	4.482～4.549	中波红外（Middle Infrared）	1000
26	1.360～1.390	短波红外（Short Infrared）	1000
27	6.535～6.895	中波红外（Middle Infrared）	1000
28	7.175～7.475	中波红外（Middle Infrared）	1000
29	8.400～8.700	远红外（Far Infrared）	1000

表 F.1 EOS卫星中分辨率成像光谱仪(MODIS)通道参数(续)

通道	波长/μm	波段	星下点分辨率/m
30	9.580～9.880	远红外(Far Infrared)	1000
31	10.780～11.280	远红外(Far Infrared)	1000
32	11.770～12.270	远红外(Far Infrared)	1000
33	13.185～13.485	远红外(Far Infrared)	1000
34	13.485～13.785	远红外(Far Infrared)	1000
35	13.785～14.085	远红外(Far Infrared)	1000
36	14.085～14.385	远红外(Far Infrared)	1000

附 录 G
（资料性附录）
中巴资源一号卫星传感器的基本参数

表G.1给出了中巴资源一号卫星传感器的基本参数。

表G.1　中巴资源一号卫星传感器的基本参数

序号	传感器名称	CCD相机	宽视场成像仪(WFI)	红外多光谱扫描(IRMSS)
1	传感器类型	推扫式	推扫式(分立相机)	振荡扫描式(前向和反向)
2	可见/近红外波段 μm	1:0.45～0.52 2:0.52～0.59 3:0.63～0.69 4:0.77～0.89 5:0.51～0.73	10:0.63～0.69 11:0.77～0.89	6:0.50～0.90
3	短波红外波段 μm	无	无	7:1.55～1.75 8:2.08～2.35
4	热红外波段 μm	无	无	9:10.4～12.5
5	辐射量化 bit	8	8	8
6	扫描带宽 km	113	890	119.5
7	每波段像元数 个	5812	3456	波段6、7、8:1536 波段9:768
8	星下点空间分辨率 m	19.5	258	波段6、7、8:78 波段9:156
9	是否具有侧视功能	有(－32°～＋32°)	无	无
10	视场角	8.32°	59.6°	8.80°

附 录 H
（资料性附录）
水体面积计算公式

H.1 兰勃特投影的面积计算公式（东北半球）

$$h = \sqrt{[(\phi_2 - \phi_1) \times R]^2 - (R\cos\phi_1 - R\cos\phi_2)^2} \quad \text{(H.1)}$$

式中：

h ——像元南界与北界纬度切割地球所成球台的厚度；

ϕ_1——以弧度表示的像元南界纬度；

ϕ_2——以弧度表示的像元北界纬度；

R——地球平均半径，6371 km。

$$S_{I,J} = (\lambda_2 - \lambda_1) \times R \times h \quad \text{(H.2)}$$

式中：

$S_{I,J}$ ——像元面积；

λ_1 ——以弧度表示的像元西界经度；

λ_2 ——以弧度表示的像元东界经度。

H.2 等经纬度投影的面积计算公式

$$Long = Res \times \frac{2\pi ac}{360}\sqrt{\frac{1}{c^2 + a^2 \times \tan^2\phi}} \quad \text{(H.3)}$$

式中：

$Long$ —— 经度方向的长度，单位为千米（km）；

Res —— 图像分辨率，单位为千米（km）；

a —— 6378.164，单位为千米（km）；

c —— 6356.779，单位为千米（km）；

ϕ —— 像元所在纬度，单位为弧度（rad）。

$$Lat = Res \times 111.13 \quad \text{(H.4)}$$

式中：

Lat —— 纬度方向的长度，单位为千米（km）。

像元面积为：

$$S_{I,J} = Long \times Lat \quad \text{(H.5)}$$

ICS 07.060
A 47

中华人民共和国气象行业标准

QX/T 141—2011

卫星遥感沙尘暴天气监测技术导则

Technical guide on satellite remote sensing of sand and dust storm monitoring

2011-08-16 发布　　2012-03-01 实施

中　国　气　象　局　　发布

前　　言

本标准按照 GB/T 1.1—2009 给出的规则起草。

本标准由全国卫星气象与空间天气标准化技术委员会(SAC/TC 347)提出并归口。

本标准起草单位:国家卫星气象中心。

本标准主要起草人:陆文杰、吴晓京、曹治强。

引　言

沙尘暴是一种灾害性天气，在我国多发生于北方的干旱季节，其发源地自然生态环境条件十分恶劣，气象观测台站稀少，常规的气象观测手段无法满足监测需求。卫星遥感具有范围广、时效快、精度高等突出特点，在沙尘暴天气监测中可以弥补常规气象观测的不足。利用卫星遥感方法监测沙尘暴天气的工作在气象行业内已普遍开展，气象卫星（如我国风云系列、美国 NOAA 系列等）和资源环境卫星（如美国 EOS 环境卫星等）遥感在沙尘暴天气监测中得到了广泛应用。

目前，沙尘暴天气卫星遥感监测以可见光、近红外、短波红外、中红外、热红外数据为主要应用资料，依据沙尘气溶胶光谱辐射特性和卫星遥感原理，兼顾数学、统计学和天气学的公式、参数、阈值提取沙尘暴信息。随着理论研究和技术水平的提升，卫星遥感沙尘暴天气监测方法还有很大的发展潜力。为更好地发挥卫星遥感在沙尘暴天气监测中的作用，突出这一工作的科学性、客观性和可操作性，使其服务产品具有代表性、准确性和可比性，从而满足防灾减灾、生态环境评价和气象公益服务的需求，编制组在现有遥感监测技术的基础上编制了本标准。

卫星遥感沙尘暴天气监测技术导则

1 范围

本标准规定了卫星遥感沙尘暴天气监测数据的要求及其监测方法和信息处理方法。

本标准适用于卫星遥感沙尘暴天气监测与沙尘遥感信息的提取。

本标准不适用于微波和紫外波段遥感信息的提取。

2 规范性引用文件

下列文件对于本文件的应用是必不可少的。凡是注日期的引用文件，仅注日期的版本适用于本文件。凡是不注日期的引用文件，其最新版本(包括所有的修改单)适用于本文件。

GB/T 20479—2006 沙尘暴天气监测规范

3 术语和定义

GB/T 20479—2006 中界定的以及下列术语和定义适用于本文件。

3.1

沙尘暴信息 sand and dust storm information

以卫星遥感方法提取的沙尘天气信息。

3.2

沙尘暴二值图 true or false image for sand and dust storm

以 0 和非 0 数值分别表示判识出的非沙尘像元和沙尘像元。

3.3

多时次合成图 multi-temporal composite image

将具有相同投影方式、相同空间分辨率的不同时相的遥感观测图像按其对应的地理位置叠加，并按一定方式取值作为该像元的量值。

3.4

红外差异沙尘指数 infra-red difference dust index; IDDI

地表向上辐射及其通过沙尘气溶胶层后的热红外辐射差异(热红外通道亮温衰减)。

4 符号

下列符号适用于本文件。

R_{NIR}：指定星载仪器中近红外 0.725 μm～1.25 μm 波段的反射率。

R_{SIR}：指定星载仪器中短波红外 1.58 μm～1.65 μm 波段的反射率。

R_{SIR_MIN}：R_{SIR} 对应的下限阈值。

R_{SIR_TH}：T_{SIR} 对应的阈值。

R_{VIS}：指定星载仪器中可见光 0.55 μm～0.68 μm 波段的反射率。

R_{VIS_MAX}：R_{VIS} 对应的上限阈值。

R_{VIS_MIN}：R_{VIS} 对应的下限阈值。

T_{BB}：卫星实时观测的沙尘气溶胶层黑体等效亮温。

T_{MIR}：指定星载仪器中中波红外 3.55 μm～3.95 μm 波段的等效黑体辐射亮温，该波段中心波长在 3.7 μm 附近。

T_{MIR_TH}：T_{MIR} 对应的阈值。

T_S：卫星观测的沙尘气溶胶遮盖下的地表面亮温。

T_{TIR}：指定星载仪器中热(远)红外 10.3 μm～11.3 μm 波段的等效黑体辐射亮温，该波段中心波长在 11 μm 附近。

T_{TIR_MAX}：T_{TIR} 对应的上限阈值。

T_{TIR_MIN}：T_{TIR} 对应的下限阈值。

$TD_{MIR-TIR}$：3.55 μm～3.95 μm 波段与 10.3 μm～11.3 μm 波段亮温差。

$TD_{MIR-TIR\_TH}$：$TD_{MIR-TIR}$ 对应的阈值。

5 要求

5.1 数据源

沙尘暴天气遥感监测数据应源自气象卫星(包括 FY-1C/D、FY-3A/B、NOAA 极轨气象卫星和 FY-2C/D/E静止气象卫星等)和环境卫星 EOS 等空间观测平台，提供数据源的空间观测平台携载相应的探测仪器，探测仪器上设置可见光、近红外、热红外、短波红外或中红外探测通道，通道所涵盖的波长范围应全部或部分满足第 4 章所指定的波段设置。其中，FY-1C/D/MVISR(多光谱可见光红外扫描辐射计)和 FY-3A/B/VIRR(可见光红外扫描辐射计)、FY-3A/B/MERSI(中分辨率光谱成像仪)以及 EOS/MODIS(中分辨率成像光谱仪)完全持有可见光、近红外、短波红外、中红外和热红外探测通道；NOAA/AVHRR(改进的甚高分辨率扫描辐射计)、FY-2C/D/E/VISSR(可见光红外扫描辐射计)部分持有可见光、近红外、短波红外、中红外、热红外探测通道。以上星载探测仪器通道参数分别参见附录 A、附录 B、附录 C、附录 D、附录 E 和附录 F。

5.2 数据预处理

5.2.1 卫星仪器接收的原始遥感数据应经过专门的中心资料处理系统进行预处理，完成对原始数据的相应处理流程。

5.2.2 经预处理的卫星数据可直接用于沙尘暴信息提取，也可经地图投影变换后再作沙尘暴信息提取运算及图像处理。

5.2.3 经预处理后的卫星轨道或投影数据存在定位不准的情况时，应进行几何精校正。纠正后的影像数据地理位置偏差应在 1 个像元内。

6 监测方法

6.1 多光谱阈值法

6.1.1 判识算法

6.1.1.1 多通道光谱数据判识大气沙尘的算法可分为陆地和海洋两种算法，它们均不适用于夜间观测。

6.1.1.2 陆地大气沙尘判识算法

$$R_{VIS\_MIN} \leqslant R_{VIS} \leqslant R_{VIS\_MAX} \quad \cdots\cdots(1)$$

$$T_{TIR\_MIN} \leqslant T_{TIR} \leqslant T_{TIR\_MAX} \quad \cdots\cdots(2)$$

$$R_{SIR} \geqslant R_{SIR\_TH} \quad \cdots\cdots(3)$$

$$R_{SIR} > R_{NIR} \quad \cdots\cdots(4)$$

$$TD_{MIR-TIR} \geqslant TD_{MIR-TIR\_TH} \quad \cdots\cdots(5)$$

由于不同卫星观测仪器设置的光谱通道不完全相同，可根据仪器设置完全采用以上判识条件，或采用式(1)、式(2)、式(3)和式(4)；或采用式(1)、式(2)和式(5)。

6.1.1.3　海洋上大气沙尘判识算法

$$R_{VIS\_MIN} \leqslant R_{VIS} \leqslant R_{VIS\_MAX} \quad \cdots\cdots(6)$$

$$T_{TIR\_MIN} \leqslant T_{TIR} \leqslant T_{TIR\_MAX} \quad \cdots\cdots(7)$$

$$R_{SIR} \geqslant R_{SIR\_TH} \quad \cdots\cdots(8)$$

$$R_{SIR} > R_{NIR} \quad \cdots\cdots(9)$$

$$R_{VIS} > R_{NIR} \quad \cdots\cdots(10)$$

$$TD_{MIR-TIR} \geqslant TD_{MIR-TIR\_TH} \quad \cdots\cdots(11)$$

可根据卫星仪器的光谱通道设置，完全采用以上判识条件，或采用式(6)、式(7)、式(8)、式(9)和式(10)；或采用式(6)、式(7)、式(10)和式(11)。

6.1.2　光谱阈值

6.1.2.1　不同探测仪器设置通道的波长范围有一定差异，不同仪器应选用相应的参考阈值。

6.1.2.2　陆地判识算法选用的参考阈值见表1。

表1　不同卫星仪器选用的陆地判识参考阈值

参考阈值	卫星仪器						
	VIRR	MVISR	MERSI	AVHRR[a]	AVHRR[b]	MODIS	VISSR
R_{VIS_MAX}	48%	78%	48%	48%	48%	48%	48%
R_{VIS_MIN}	18%	33%	18%	20%	18%	18%	20%
R_{SIR_MIN}	28%	35%	28%	—	28%	28%	—
T_{TIR_MAX}	293 K	293 K	293 K	293 K	293 K	293 K	293 K
T_{TIR_MIN}	250 K	250 K	250 K	250 K	250 K	250 K	250 K
T_{MIR_TH}	—	—	—	293 K	—	—	293 K
$TD_{MIR-TIR\_TH}$	18 K	—	—	20 K	—	18 K	20 K
$R_{SIR}-(T_{TIR}-250)$ %	≥7.5%	≥7.5%	≥7.5%	—	≥7.5%	≥7.5%	—

[a] 表示 NOAA-16/18/AVHRR，含中波红外通道，不含短波红外通道。

[b] 表示 NOAA-17/AVHRR，含短波红外通道，不含中波红外通道。

6.1.2.3　海洋上判识算法选用的参考阈值见表2。

表2 不同卫星仪器选用的海洋判识参考阈值

参考阈值	卫星仪器						
	VIRR	MVISR	MERSI	AVHRR[a]	AVHRR[b]	MODIS	VISSR
R_{VIS_MAX}	26%	26%	26%	35%	26%	26%	35%
R_{VIS_MIN}	10%	10%	10%	11%	10%	10%	11%
R_{SIR_MIN}	10%	10%	10%	—	10%	10%	—
T_{TIR_MAX}	283 K	283 K	283 K	283 K	283 K	283 K	283 K
T_{TIR_MIN}	265 K	265 K	265 K	265 K	265 K	265 K	265 K
T_{MIR_TH}	—	—	—	280 K	—	—	280 K
$TD_{MIR-TIR\_TH}$	15 K	—	—	18 K	—	15 K	18 K
$R_{SIR}-(T_{TIR}-265)$ %	≥−5%	≥−5%	≥−5%	—	≥−5%	≥−5%	—

[a] 表示 NOAA-16/18/AVHRR,含中波红外通道,不含短波红外通道。

[b] 表示 NOAA-17/AVHRR,含短波红外通道,不含中波红外通道。

6.1.3 多光谱阈值法的处理步骤

多光谱阈值法的处理步骤如下：

a) 读取经预处理、投影变换及几何精校正后生成的多通道数据；

b) 根据 6.1.1 和 6.1.2 给出的相应算法和参考阈值逐像元判识大气沙尘暴信息；

c) 对判识出的沙尘像元给出掩码,生成沙尘暴二值图。

6.2 红外差异沙尘指数(*IDDI*)

6.2.1 计算见式(12)

$$IDDI = T_{BB} - T_S \qquad \cdots\cdots(12)$$

式中：

T_S 的获取,一般以最近时段连续若干天作为合成时段,采集该时段内卫星观测的日地表最大热红外亮温,作为晴空大气下的地表面亮温,近似替代沙尘气溶胶遮盖下的地表面亮温。

由 *IDDI* 的量值判识沙尘像元的参考阈值宜采用：

$$-30K < IDDI \leqslant -10K$$

IDDI 适用于静止气象卫星(FY-2C/D/E 等)相应探测仪器资料,也可使用极轨卫星相应的探测仪器资料。

IDDI 可用于海洋上大气沙尘观测,但不宜用于夜间观测。

6.2.2 处理步骤

红外差异沙尘指数处理步骤为：

a) 建立晴空地表亮温图像。宜以 10 天作为合成时段,由该时段内采集的逐像元 T_S 值合成。

b) 按公式(12)获取亮温差值图像。

c) 云检测处理。可直接使用气象遥感业务的云检测产品,也可另行做云检测处理,或结合使用这些云检测算法,给出云检测掩码。

d) 提取沙尘数据。滤除云的覆盖区域并排除本底气溶胶和水汽的影响后,在阈值区间的 *IDDI*

值就可判识为沙尘气溶胶像元。对于较强的沙尘暴天气,可以忽略本底气溶胶和晴空大气水汽造成的地表亮温衰减量,以剔除云区后得到的符合参考阈值的 *IDDI* 图像为沙尘暴二值图。

7 沙尘暴信息处理

7.1 沙尘区域的面积表示

对判识的沙尘区域可用面积单位(km^2)加以量化表示。估算沙尘覆盖面积应根据局域投影文件中所用的地图投影方式,采用相应的面积计算公式和沙尘暴二值图数据,逐像元计算沙尘像元面积,并对沙尘区域所包含的像元总数求和。投影方式可采用兰勃特投影、等面积投影和等经纬度投影。计算投影面积的方法参见附录 G。

7.2 多时次合成图

对同一时间周期(如旬、月、季等)监测区域内的沙尘暴信息,可采用多时次合成图的方式加以表示,即对同一时间周期监测区域内各时次的沙尘暴信息二值数据做叠加处理,根据合成内容可分为:

a) 覆盖面积合成图。统计各个像元位置上是否有沙尘暴信息记录,同一像元位置上重复出现的沙尘记录只记 1 次,如区域内各时次二值图的像元均为 0,则覆盖面积合成图对应位置上的像元表示为无沙尘像元。覆盖面积合成图表示最大的沙尘暴天气发生面积。

b) 发生频次合成图。统计各个像元位置上沙尘记录的出现次数。如区域内各时次二值图的像元均为 0,则发生频次合成图对应位置上的沙尘暴天气发生次数为 0。

附 录 A
（资料性附录）
FY-1C/D 极轨气象卫星多光谱可见光红外扫描辐射计（MVISR）通道参数

表 A.1 给出了 FY-1C/D 极轨气象卫星多光谱可见光红外扫描辐射计（MVISR）通道参数。

表 A.1 FY-1C/D 极轨气象卫星多光谱可见光红外扫描辐射计（MVISR）通道参数

通道	波长/μm	波段	星下点分辨率/m
1	0.58～0.68	可见光（Visible）	1100
2	0.84～0.89	近红外（Near Infrared）	1100
3	3.55～3.95	中波红外（Middle Infrared）	1100
4	10.3～11.3	远红外（Far Infrared）	1100
5	11.5～12.5	远红外（Far Infrared）	1100
6	1.58～1.64	短波红外（Short Infrared）	1100
7	0.43～0.48	可见光（Visible）	1100
8	0.48～0.53	可见光（Visible）	1100
9	0.53～0.58	可见光（Visible）	1100
10	0.9～0.985	近红外（Near Infrared）	1100

附　录　B
（资料性附录）
FY-3A/B 极轨气象卫星可见光红外扫描辐射计（VIRR）通道参数

表 B.1 给出了 FY-3A/B 极轨气象卫星可见光红外扫描辐射计（VIRR）通道参数。

表 B.1　FY-3A/B 极轨气象卫星可见光红外扫描辐射计（VIRR）通道参数

通道	波长/μm	波段	星下点分辨率/m
1	0.58～0.68	可见光（Visible）	1100
2	0.84～0.89	近红外（Near Infrared）	1100
3	3.55～3.95	中波红外（Middle Infrared）	1100
4	10.3～11.3	远红外（Far Infrared）	1100
5	11.5～12.5	远红外（Far Infrared）	1100
6	1.55～1.64	短波红外（Short Infrared）	1100
7	0.43～0.48	可见光（Visible）	1100
8	0.48～0.53	可见光（Visible）	1100
9	0.53～0.58	可见光（Visible）	1100
10	1.325～1.395	短波红外（Short Infrared）	1100

附 录 C
（资料性附录）
FY-3A/B 极轨气象卫星中分辨率光谱成像仪（MERSI）通道参数

表 C.1 给出了 FY-3A/B 极轨气象卫星中分辨率光谱成像仪（MERSI）通道参数。

表 C.1 FY-3A/B 极轨气象卫星中分辨率光谱成像仪（MERSI）通道参数

通道	波长/μm	波段	星下点分辨率/m
1	0.445～0.495	可见光（Visible）	250
2	0.525～0.575	可见光（Visible）	250
3	0.625～0.675	可见光（Visible）	250
4	0.835～0.885	近红外（Near Infrared）	250
5	10.50～12.50	远红外（Far Infrared）	250
6	1.615～1.665	短波红外（Short Infrared）	1000
7	2.105～2.255	短波红外（Short Infrared）	1000
8	0.402～0.422	可见光（Visible）	1000
9	0.433～0.453	可见光（Visible）	1000
10	0.480～0.500	可见光（Visible）	1000
11	0.510～0.530	可见光（Visible）	1000
12	0.555～0.575	可见光（Visible）	1000
13	0.640～0.660	可见光（Visible）	1000
14	0.675～0.695	可见光（Visible）	1000
15	0.755～0.775	可见光（Visible）	1000
16	0.855～0.875	近红外（Near Infrared）	1000
17	0.895～0.915	近红外（Near Infrared）	1000
18	0.930～0.950	近红外（Near Infrared）	1000
19	0.970～0.990	近红外（Near Infrared）	1000
20	1.020～1.040	近红外（Near Infrared）	1000

附 录 D
（资料性附录）
NOAA 极轨气象卫星改进的甚高分辨率扫描辐射计(AVHRR)通道参数

表 D.1 给出了 NOAA 极轨气象卫星改进的甚高分辨率扫描辐射计(AVHRR)通道参数。

表 D.1 NOAA 极轨气象卫星改进的甚高分辨率扫描辐射计(AVHRR)通道参数

通道	波长/μm	波段	星下点分辨率/m
1	0.58～0.68	可见光(Visible)	1100
2	0.7～1.1	近红外(Near Infrared)	1100
3A	1.58～1.64	短波红外(Short Infrared)	1100
3B	3.55～3.95	中波红外(Middle Infrared)	1100
4	10.3～11.3	远红外(Far Infrared)	1100
5	11.5～12.5	远红外(Far Infrared)	1100

附　录　E
（资料性附录）
EOS 卫星中分辨率成像光谱仪（MODIS）通道参数

表 E.1 给出了 EOS 卫星中分辨率成像光谱仪（MODIS）通道参数。

表 E.1　EOS 卫星中分辨率成像光谱仪（MODIS）通道参数

通道	波长/μm	波段	星下点分辨率/m
1	0.62～0.67	可见光（Visible）	250
2	0.841～0.876	近红外（Near Infrared）	250
3	0.459～0.479	可见光（Visible）	500
4	0.545～0.565	可见光（Visible）	500
5	1.230～1.250	近红外（Near Infrared）	500
6	1.628～1.652	短波红外（Short Infrared）	500
7	2.105～2.155	短波红外（Short Infrared）	500
8	0.405～0.420	可见光（Visible）	1000
9	0.438～0.448	可见光（Visible）	1000
10	0.483～0.493	可见光（Visible）	1000
11	0.526～0.536	可见光（Visible）	1000
12	0.546～0.556	可见光（Visible）	1000
13	0.662～0.672	可见光（Visible）	1000
14	0.673～0.683	可见光（Visible）	1000
15	0.743～0.753	可见光（Visible）	1000
16	0.862～0.877	近红外（Near Infrared）	1000
17	0.890～0.920	近红外（Near Infrared）	1000
18	0.931～0.941	近红外（Near Infrared）	1000
19	0.915～0.965	近红外（Near Infrared）	1000
20	3.660～3.840	中波红外（Middle Infrared）	1000
21	3.929～3.989	中波红外（Middle Infrared）	1000
22	3.929～3.989	中波红外（Middle Infrared）	1000
23	4.020～4.080	中波红外（Middle Infrared）	1000
24	4.433～4.498	中波红外（Middle Infrared）	1000
25	4.482～4.549	中波红外（Middle Infrared）	1000
26	1.360～1.390	短波红外（Short Infrared）	1000
27	6.535～6.895	中波红外（Middle Infrared）	1000
28	7.175～7.475	中波红外（Middle Infrared）	1000
29	8.400～8.700	远红外（Far Infrared）	1000

表 E.1　EOS 卫星中分辨率成像光谱仪(MODIS)通道参数(续)

通道	波长/μm	波段	星下点分辨率/m
30	9.580～9.880	远红外(Far Infrared)	1000
31	10.780～11.280	远红外(Far Infrared)	1000
32	11.770～12.270	远红外(Far Infrared)	1000
33	13.185～13.485	远红外(Far Infrared)	1000
34	13.485～13.785	远红外(Far Infrared)	1000
35	13.785～14.085	远红外(Far Infrared)	1000
36	14.085～14.385	远红外(Far Infrared)	1000

附 录 F
（资料性附录）
FY-2C/D/E 静止气象卫星可见光红外扫描辐射计(VISSR)通道参数

表 F.1 给出了 FY-2C/D/E 静止气象卫星可见光红外扫描辐射计(VISSR)通道参数。

表 F.1 FY-2C/D/E 静止气象卫星可见光红外扫描辐射计(VISSR)通道参数

通道	波长/μm	波段	星下点分辨率/m
1	0.50～0.75	可见光(Visible)	1250
2	10.3～11.3	远红外(Far Infrared)	5000
3	11.5～12.5	远红外(Far Infrared)	5000
4	3.5～4.0	中波红外(Middle Infrared)	5000
5	6.3～7.6	中波红外(Middle Infrared)	5000

附 录 G
(资料性附录)
投影面积的计算方法

G.1 兰勃特投影的面积计算公式(东北半球)

$$h=\sqrt{[(\phi_2-\phi_1)\times R]^2-(R\cos\phi_1-R\cos\phi_2)^2} \quad\cdots\cdots(G.1)$$

式中:

h —— 像元南界与北界纬度切割地球所成球台的厚度;

ϕ_2 —— 以弧度表示的像元北界纬度;

ϕ_1 —— 以弧度表示的像元南界纬度;

R ——6371 km,地球平均半径。

$$S_{I,J}=(\lambda_2-\lambda_1)\times R\times h \quad\cdots\cdots(G.2)$$

式中:

$S_{I,J}$ —— 像元面积;

λ_2 —— 以弧度表示的像元东界经度;

λ_1 —— 以弧度表示的像元西界经度。

兰勃特投影的沙尘覆盖区面积可由上式计算出的各含沙尘像元面积累加获得。

G.2 等经纬度投影的面积计算公式

$$Long=Res\times\frac{2\pi ac}{360}\sqrt{\frac{1}{c^2+a^2\times\tan^2\phi}} \quad\cdots\cdots(G.3)$$

式中:

$Long$ —— 经度方向的长度,单位为千米(km);

Res —— 图像分辨率,单位为千米(km);

a —— 6378.164,单位为千米(km);

c —— 6356.779,单位为千米(km);

ϕ —— 像元所在纬度,单位为弧度(rad)。

$$Lat=Res\times 111.13 \quad\cdots\cdots(G.4)$$

式中:

Lat —— 纬度方向的长度,单位为千米(km)。

像元面积为:

$$S_{I,J}=Long\times Lat \quad\cdots\cdots(G.5)$$

等经纬度投影的沙尘覆盖区面积可由计算出的逐含沙尘像元面积累加获得。

G.3 其他投影面积计算方法

其他投影面积计算方法有:

a) 等面积投影的沙尘覆盖区面积计算可由含沙尘像元数与像元面积的数量积获得;

b) 投影面积的计算也可采用相应的面积查算表进行计算。

ICS 07.060
A 47

中华人民共和国气象行业标准

QX/T 142—2011

北方草原干旱指标

Northern grassland drought index

2011-08-16 发布　　2012-03-01 实施

中国气象局　发布

前　　言

本标准按照 GB/T 1.1—2009 给出的规则起草。

本标准由全国气象防灾减灾标准化技术委员会(SAC/TC 345)提出并归口。

本标准起草单位:内蒙古自治区气象局、中国气象科学研究院。

本标准主要起草人:陈素华、刘玲、乌兰巴特尔、侯琼、高素华、张化。

引　言

中国草原面积占国土总面积的41.7%，北方草原面积占全国草原面积的68.5%，从大兴安岭起，经内蒙古直达黄土高原北部、青藏高原东缘，至横断山脉为草原集中分布区。干旱作为草原最严重的自然灾害，不但制约着畜牧业生产的发展，而且还造成水资源短缺、荒漠化加剧、沙尘暴频发等诸多不利影响。因此，有效监测和合理评估草原干旱对社会发展、环境保护都具有积极的意义，而草原干旱指标的制定是干旱监测的基础与核心。

北方草原干旱指标

1 范围

本标准规定了北方草原区主要草原类型干旱指标的计算方法及干旱等级划分。

本标准适用于中国北方草原区和高寒草原区草原干旱监测、预测及评估。

2 术语和定义

下列术语和定义适用于本文件。

2.1

草原干旱 grassland drought

因长时期降水偏少，造成空气干燥、土壤缺水，牧草不能正常返青或生长发育受到抑制，从而导致草原生物量减少等干旱现象的气象灾害。

2.2

温性草甸草原 temperate meadow steppe

在温性半湿润的气候条件下，由多年生丛生禾草及根茎性禾草占优势所组成的植物群落。

2.3

典型草原 typical steppe

由典型旱生性多年生草本植物组成的植物群落。

2.4

荒漠草原 desert steppe

由旱生性更强的多年生矮小草本植物组成的半郁闭植物群落。

2.5

高寒草原 alpine steppe

在海拔 4000 m 以上，由高寒、干燥条件下发育而成的寒旱生的多年生丛生禾草为主的植物群落。

2.6

高寒草甸 alpine meadow

以耐寒冷、密丛短根茎地下芽蒿草及苔草、禾草、杂类草为建群植物的草甸群落。

2.7

可能蒸散量 potential evapotranspiration

单位时间所蒸发、蒸腾的水量。

注：表征植物蒸散过程或提供蒸发、蒸腾消耗潜在能量的物理量。

2.8

水分亏缺量 balance between evapotranspiration and precipitation

实际蒸散量与降水量的差值。

注：降水量包括前期 0cm～50cm 土壤有效水分贮存量和时段降水量之和。

2.9

相对亏缺量 relative balance between evapotranspiration and precipitation

水分亏缺量与多年平均水分亏缺量的比值。

2.10

蒸散系数　evapotranspiration coefficient

实际蒸散与潜在蒸散的比值。

3　等级划分

3.1　划分原则

依据不同草原类型优势草种的不同生育期、生长季和全生育期水分亏缺量的大小，将草原干旱分为无旱、轻旱、中旱、重旱和特旱5个级别，牧草旱象特征参见附录A。

3.2　等级指标

3.2.1　相对亏缺量指标

温性草甸草原区相对亏缺量(W_d)、典型草原区相对亏缺量(W_d)、荒漠草原区相对亏缺量(W_d)、高寒草原相对亏缺量(W_d)、高寒草甸相对亏缺量(W_d)干旱等级分别见表1、表2、表3、表4、表5。

表1　温性草甸草原区相对亏缺量(W_d)的干旱等级

生育时期	干旱等级				
	无旱	轻旱	中旱	重旱	特旱
全生育期	$W_d<1.0$	$1.0\leqslant W_d<1.3$	$1.3\leqslant W_d<1.6$	$1.6\leqslant W_d<1.9$	$W_d\geqslant1.9$
返青—分蘖	$W_d<0.9$	$0.9\leqslant W_d<1.2$	$1.2\leqslant W_d<1.5$	$1.5\leqslant W_d<1.8$	$W_d\geqslant1.8$
分蘖—抽穗	$W_d<0.8$	$0.8\leqslant W_d<1.1$	$1.1\leqslant W_d<1.4$	$1.4\leqslant W_d<1.7$	$W_d\geqslant1.7$
抽穗—开花	$W_d<1.1$	$1.1\leqslant W_d<1.4$	$1.4\leqslant W_d<1.7$	$1.7\leqslant W_d<2.0$	$W_d\geqslant2.0$
开花—成熟	$W_d<1.0$	$1.0\leqslant W_d<1.3$	$1.3\leqslant W_d<1.6$	$1.6\leqslant W_d<2.0$	$W_d\geqslant2.0$
成熟—黄枯	$W_d<1.0$	$1.0\leqslant W_d<1.3$	$1.3\leqslant W_d<1.6$	$1.6\leqslant W_d<2.0$	$W_d\geqslant2.0$

表2　典型草原区相对亏缺量(W_d)的干旱等级

生育时期	干旱等级				
	无旱	轻旱	中旱	重旱	特旱
全生育期	$W_d<0.7$	$0.7\leqslant W_d<1.0$	$1.0\leqslant W_d<1.3$	$1.3\leqslant W_d<1.6$	$W_d\geqslant1.6$
返青—分蘖	$W_d<0.6$	$0.6\leqslant W_d<0.9$	$0.9\leqslant W_d<1.2$	$1.2\leqslant W_d<1.5$	$W_d\geqslant1.5$
分蘖—抽穗	$W_d<0.5$	$0.5\leqslant W_d<0.8$	$0.8\leqslant W_d<1.1$	$1.1\leqslant W_d<1.4$	$W_d\geqslant1.4$
抽穗—开花	$W_d<0.5$	$0.5\leqslant W_d<0.8$	$0.8\leqslant W_d<1.1$	$1.1\leqslant W_d<1.4$	$W_d\geqslant1.4$
开花—成熟	$W_d<0.6$	$0.6\leqslant W_d<0.9$	$0.9\leqslant W_d<1.2$	$1.2\leqslant W_d<1.5$	$W_d\geqslant1.5$
成熟—黄枯	$W_d<0.7$	$0.7\leqslant W_d<1.0$	$1.0\leqslant W_d<1.3$	$1.3\leqslant W_d<1.6$	$W_d\geqslant1.6$

表 3　荒漠草原区相对亏缺量(W_d)的干旱等级

生育时期	干旱等级				
	无旱	轻旱	中旱	重旱	特旱
全生育期	$W_d<0.9$	$0.9\leqslant W_d<1.3$	$1.3\leqslant W_d<1.7$	$1.7\leqslant W_d<2.1$	$W_d\geqslant 2.1$
返青—展叶	$W_d<0.6$	$0.6\leqslant W_d<1.0$	$1.0\leqslant W_d<1.4$	$1.4\leqslant W_d<1.8$	$W_d\geqslant 1.8$
展叶—分枝形成	$W_d<0.6$	$0.6\leqslant W_d<1.0$	$1.0\leqslant W_d<1.4$	$1.4\leqslant W_d<1.8$	$W_d\geqslant 1.8$
分枝形成—成熟	$W_d<0.5$	$0.5\leqslant W_d<0.9$	$0.9\leqslant W_d<1.3$	$1.3\leqslant W_d<1.7$	$W_d\geqslant 1.7$
成熟—黄枯	$W_d<0.7$	$0.7\leqslant W_d<1.0$	$1.0\leqslant W_d<1.3$	$1.3\leqslant W_d<1.6$	$W_d\geqslant 1.6$

表 4　高寒草原相对亏缺量(W_d)的干旱等级

生长季	干旱等级				
	无旱	轻旱	中旱	重旱	特旱
春季	$W_d<1.3$	$1.3\leqslant W_d<1.6$	$1.6\leqslant W_d<1.8$	$1.8\leqslant W_d<2.0$	$W_d\geqslant 2.0$
夏季	$W_d<1.3$	$1.3\leqslant W_d<1.6$	$1.6\leqslant W_d<1.9$	$1.9\leqslant W_d<2.2$	$W_d\geqslant 2.2$
秋季	$W_d<1.3$	$1.3\leqslant W_d<1.6$	$1.6\leqslant W_d<1.8$	$1.8\leqslant W_d<2.0$	$W_d\geqslant 2.0$

表 5　高寒草甸相对亏缺量(W_d)的干旱等级

生长季	干旱等级				
	无旱	轻旱	中旱	重旱	特旱
春季	$W_d<1.5$	$1.5\leqslant W_d<1.8$	$1.8\leqslant W_d<2.0$	$2.0\leqslant W_d<2.4$	$W_d\geqslant 2.4$
夏季	$W_d<1.5$	$1.5\leqslant W_d<2.0$	$2.0\leqslant W_d<2.3$	$2.3\leqslant W_d<2.7$	$W_d\geqslant 2.7$
秋季	$W_d<1.5$	$1.5\leqslant W_d<1.8$	$1.8\leqslant W_d<2.0$	$2.0\leqslant W_d<2.4$	$W_d\geqslant 2.4$

3.2.2　降水距平百分率指标

降水距平百分率指标干旱等级见表 6。

表 6　降水距平百分率 P(%)指标干旱等级

草原类型	生长季	干旱等级				
		无旱	轻旱	中旱	重旱	特旱
温性草甸草原	春季	$P\geqslant 20$	$-10\leqslant P<20$	$-40\leqslant P<-10$	$-70\leqslant P<-40$	$P<-70$
	夏季	$P\geqslant 10$	$-10\leqslant P<10$	$-30\leqslant P<-10$	$-50\leqslant P<-30$	$P<-50$
	秋季	$P\geqslant 20$	$-10\leqslant P<20$	$-40\leqslant P<-10$	$-70\leqslant P<-40$	$P<-70$
典型草原	春季	$P\geqslant 30$	$0\leqslant P<30$	$-30\leqslant P<0$	$-60\leqslant P<-30$	$P<-60$
	夏季	$P\geqslant 10$	$-10\leqslant P<10$	$-30\leqslant P<-10$	$-50\leqslant P<-30$	$P<-50$
	秋季	$P\geqslant 30$	$0\leqslant P<30$	$-30\leqslant P<0$	$-60\leqslant P<-30$	$P<-60$

表 6 降水距平百分率(P)指标干旱等级(续)

草原类型	生长季	干旱等级				
		无旱	轻旱	中旱	重旱	特旱
荒漠草原	春季	$P\geqslant 40$	$20\leqslant P<40$	$-10\leqslant P<20$	$-30\leqslant P<-10$	$P<-30$
	夏季	$P\geqslant 10$	$-20\leqslant P<10$	$-50\leqslant P<-20$	$-80\leqslant P<-50$	$P<-80$
	秋季	$P\geqslant 40$	$20\leqslant P<40$	$-10\leqslant P<20$	$-30\leqslant P<-10$	$P<-30$
高寒草原	春季	$P\geqslant -20$	$-35\leqslant P<-20$	$-55\leqslant P<-35$	$-65\leqslant P<-55$	$P<-65$
	夏季	$P\geqslant -20$	$-35\leqslant P<-20$	$-50\leqslant P<-35$	$-60\leqslant P<-50$	$P<-60$
	秋季	$P\geqslant -15$	$-35\leqslant P<-15$	$-55\leqslant P<-35$	$-70\leqslant P<-55$	$P<-70$
高寒草甸	春季	$P>-25$	$-45\leqslant P<-25$	$-55\leqslant P<-45$	$-75\leqslant P<-55$	$P<-75$
	夏季	$P\geqslant -20$	$-35\leqslant P<-20$	$-50\leqslant P<-35$	$-65\leqslant P<-50$	$P<-65$
	秋季	$P\geqslant -25$	$-45\leqslant P<-25$	$-55\leqslant P<-45$	$-75\leqslant P<-55$	$P<-75$

3.3 指标使用原则

当具有连续土壤水分观测资料时，采用相对亏缺量指标。当土壤水分观测资料不具备时，采用降水距平百分率指标。

4 相对亏缺量计算方法

4.1 草原蒸散量的计算方法

$$Etm = E_0 \cdot K_c \qquad \cdots\cdots(1)$$

式中：

Etm ——草原蒸散量，单位为毫米(mm)；

E_0 ——可能蒸散量，单位为毫米(mm)；

K_c ——蒸散系数。

$$K_c = a\,t^3 + b\,t^2 + c\,t + d \qquad \cdots\cdots(2)$$

式中：

a,b,c,d ——待定系数；

t ——返青后牧草生长的旬数。

注：通过在草原区试验分析，Penman 公式法及其改进公式计算 E_0 误差小。采用 Thornthwaite 方法计算所得的 E_0 与 Penman 公式结果有着极好的一致性，而且计算也更加简单。

内蒙古草原蒸散系数经验公式如下：

$$K_c = -0.001\,t^3 + 0.0115\,t^2 + 0.1062\,t - 0.1896\text{(温性草甸草原)}$$

$$K_c = -0.0012\,t^3 + 0.0265\,t^2 - 0.0825\,t + 0.2166\text{(典型草原)}$$

$$K_c = -0.0004\,t^3 + 0.0061\,t^2 + 0.0236\,t - 0.0092\text{(荒漠草原)}$$

4.2 相对亏缺量(W_d)的计算方法

$$W_{d(i)} = \frac{W_{(i)}}{\overline{W}_i} \qquad \cdots\cdots(3)$$

其中：

$$W_{(i)} = Etm_{(i)} - P_{(i)} - R_{(i-1)} \quad \cdots\cdots(4)$$

$$\overline{W}_{(i)} = \frac{1}{n}\sum_{k=1}^{n}(\overline{Etm}_{(k)} - \overline{P}_{(k)} - \overline{R}_{(k)}) \quad \cdots\cdots(5)$$

式中：

$W_{d(i)}$ ——第 i 旬相对亏缺量；

$W_{(i)}$ ——第 i 旬当年亏缺量，单位为毫米(mm)；

$\overline{W}_{(i)}$ ——第 i 旬历年平均亏缺量，单位为毫米(mm)；

$Etm_{(i)}$ ——第 i 旬实际蒸散量，单位为毫米(mm)；

$P_{(i)}$ ——第 i 旬降水量，单位为毫米(mm)；

$R_{(i-1)}$ ——第 $i-1$ 旬旬末 0cm～50cm 土壤有效水分贮存量，单位为毫米(mm)；

$\overline{Etm}_{(k)}$ ——第 k 旬历年平均草原蒸散量，单位为毫米(mm)；

$\overline{P}_{(k)}$ ——第 k 旬历年平均降水量，单位为毫米(mm)；

$\overline{R}_{(k)}$ ——第 $k-1$ 旬旬末 0cm～50cm 历年平均土壤有效水分贮存量，单位为毫米(mm)；

i ——所计算旬数；

n ——样本数；

k ——1,2,3,…,n。

附 录 A
（资料性附录）
牧草旱象特征

牧草旱象特征见表 A.1。

表 A.1 牧草旱象特征

干旱等级	牧草旱象特征		
	返青期	分蘖期—成熟期	全生育期
特旱	牧草返青率低于 20%	80%以上牧草叶片干枯、茎秆矮小，甚至生长发育停止，籽粒正常灌浆率低于 10%	草原地上生物量不足正常年份的 40%
重旱	牧草返青率在 20%～50%	50%～80%牧草叶片萎蔫卷曲，叶色发灰，叶片干枯易脱落，生长发育严重受阻，籽粒不能正常灌浆，大部分为秕粒	草原地上生物量仅是牧草正常返青和生长发育年份的 40%～60%
中旱	牧草返青率在 50%～80%	30%～50%牧草叶片中午时萎蔫卷曲，生长中后期中下部叶片早衰变黄，灌浆受阻，秕粒较多	草原地上生物量仅是牧草正常返青和生长发育年份的 60%～80%
轻旱	牧草返青率超过 80%，但返青速度缓慢，植株不整齐	仅牧草基部叶片卷曲，生长发育略有迟缓，长势基本正常	草原地上生物量为牧草正常返青和生长发育年份的 80%～90%
无旱	牧草正常返青，返青率达到 98%左右，植株生长健壮	牧草能正常生长发育，长势良好	牧草返青和生长发育正常，草原地上生物量正常或偏高

ICS 07.060
A 47

中华人民共和国气象行业标准

QX/T 143—2011

潮塌等级

Grade of soil surface water supersaturation on soil thawing

2011-08-16 发布 2012-03-01 实施

中 国 气 象 局 发布

前　　言

本标准按照 GB/T 1.1—2009 给出的规则起草。

本标准由全国气象防灾减灾标准化技术委员会(SAC/TC 345)提出并归口。

本标准起草单位:内蒙古自治区气象局。

本标准主要起草人:杨松、刘俊林、孔德胤、陶娜。

引　言

潮塌是我国河套灌区在初春发生的一种特有的灾害，主要危害春小麦的生长，具有很强的地域性和季节性。河套灌区每年进行秋浇储水，当翌年春季气温稳定通过0℃后，表层土壤迅速解冻，而下层土壤尚未解冻，解冻土壤水分无法向下层渗透，致使表层土壤出现含水量饱和或过饱和状态，造成潮塌，延迟春小麦播种，使其各发育期气象条件与生长需要出现偏差，影响其正常生长，导致产量降低。潮塌持续时间过长时，春小麦难以在适宜时段内播种，也会减少播种面积，降低产量。由于潮塌的发生机理和影响较为复杂，在进行潮塌监测、预测、评估时，如果没有统一的标准，将会影响春小麦适宜播种期的选择。因此，为科学监测潮塌、准确预测灾害的发生程度、定量评估潮塌的影响，特编制本标准。

潮塌等级

1 范围

本标准规定了潮塌发生发展的气象指标和等级划分。

本标准适用于河套灌区潮塌的监测、预测、调查和评估。

2 术语和定义

下列术语和定义适用于本文件。

2.1

春潮 soil thawing

初春时因气温回升，灌区表层土壤解冻，下层未化冻，土壤水分无法下渗而向上输送的一种现象。

2.2

潮塌 soil surface water supersaturation on soil thawing

春潮严重时发生的一种综合性灾害。在春小麦播种期(2月下旬到4月中旬)出现的一种土壤表层水分呈现过饱和状态，使人、机、畜不能下地作业而延迟播种对春小麦生产的各个阶段造成危害，进而导致减产的灾害。

注：潮塌的危害参见附录A。

2.3

土壤重量含水量 soil gravimetric water content

土壤中含水量占土壤总重量的百分数。

2.4

潮塌持续时间 duration of soil surface water supersaturation on soil thawing

潮塌从开始到结束，其间的连续日数。

3 潮塌发生发展的气象指标

根据气象要素对潮塌影响的特点，潮塌分为稳定型、雨水型、高温型和混合型四种类型(参见附录B)，其发生发展的气象指标如下。

3.1 稳定型潮塌

3.1.1 10 cm～20 cm土壤重量含水量在24%以上，土壤解冻深度达5 cm～10 cm时，日平均气温稳定通过1.0 ℃(5日滑动，以下同)，低于3.0 ℃时，土壤开始起潮。

3.1.2 日平均气温稳定通过3.0 ℃，低于5.0 ℃时，潮塌开始发展。

3.1.3 日平均气温稳定通过5 ℃时，低于8.0 ℃时，潮塌进入盛期。

3.1.4 日平均气温稳定通过8 ℃时，潮塌开始回落。

3.2 雨水型潮塌

3.2.1 10 cm～20 cm土壤重量含水量在18%以上，土壤解冻深度达5 cm～10 cm时，日平均气温在

1 ℃以上维持 3 天时，有 1 mm～3 mm 降水过程，或日平均气温在 0 ℃以上维持 3 天时，降水量大于或等于3 mm时，开始起潮。

3.2.2 在上述温度条件下，出现大于或等于 5 mm 降水过程后，潮塌暴发。

3.2.3 日平均气温稳定通过 5 ℃时，潮塌进入盛期。

3.2.4 日平均气温稳定通过 8 ℃时，潮塌开始回落。

3.3 高温型潮塌

3.3.1 10 cm～20 cm 土壤重量含水量在 20%以上，土壤解冻深度达 5 cm～10 cm 时，日平均气温迅速上升到 5 ℃以上，持续 3 天～6 天时，潮塌起潮。

3.3.2 上述情况持续 7 天以上时，潮塌迅速发展。

3.3.3 日平均气温稳定通过 5 ℃时，潮塌进入盛期。

3.3.4 日平均气温稳定通过 8 ℃时，潮塌开始回落。

3.4 混合型潮塌

3.4.1 10 cm～20 cm 土壤重量含水量在 24%以上，土壤解冻深度达 5 cm～10 cm 时，日平均气温在 0 ℃左右时，出现降雪量大于或等于 1 mm 或降雨量大于或等于 3 mm，开始起潮。

3.4.2 气温迅速上升到 3 ℃以上时，出现降水，潮塌提前进入盛期。

3.4.3 气温上升到 5 ℃以上时，出现降水，潮塌面积迅速达到最大。

3.4.4 日平均气温稳定通过 8 ℃时，潮塌开始回落。

4 潮塌等级指标

潮塌等级分为 5 级，分别为轻、中等偏轻、中等、中等偏重、严重。根据河套灌区多年潮塌的发生情况，采用发生面积百分比和持续时间两个指标来确定潮塌等级(见表 1)。潮塌发生面积百分比为潮塌发生面积与秋浇总面积的比值。当上述两指标划分的潮塌等级出现分歧时，以潮塌持续时间划分的等级为准。

表 1 潮塌等级划分

等级	指标	
	发生面积百分比(%)	持续时间(天)
严重	≥15	≥21
中等偏重	(15,10]	16～20
中等	(10,5]	11～15
中等偏轻	(5,1]	6～10
轻	<1	≤5

附 录 A
（资料性附录）
潮塌的危害

A.1 出苗率下降，亩穗数减少

潮塌前播种，部分潮塌严重的地块会在地表形成板结，影响春小麦出苗，造成出苗率下降，出苗不齐，降低密度，影响产量；潮塌结束后播种，土壤化冻加深，春小麦种子纵向分布范围扩大，种子深浅差距也相应增大，出苗时间相差较大，播种过深的春小麦种子营养消耗较多，导致不能出苗。一些种子虽然勉强出苗，但由于植株瘦弱，在以后生长过程中，随着小气候条件逐渐变差而凋萎，或不能正常抽穗。

A.2 根系受制，活力减弱

由于晚播，气温相对较高，地温相对较低，种子发芽时，营养主要用于发芽，根系生长受到抑制，发育不良，根数少，吸收水分和矿物质元素的功能下降。

A.3 分蘖及幼穗分化期缩短

播种延迟导致春小麦分蘖及幼穗分化期也相应延迟。由于气温相对较高、日照时间较长，生长加快，分蘖期和幼穗分化期缩短。分蘖减少导致小穗和小花数减少，进而造成穗少、穗小和粒少，从而影响了产量提高。

A.4 灌浆期缩短

一般情况下，春小麦播种延迟，进入灌浆期时间也随之推后，使灌浆期更多地处于高温条件下，导致灌浆期缩短，造成千粒重下降。

A.5 抗逆性减弱

由于晚播，根系发育受到抑制，抗倒伏、抗旱、防早衰能力下降；此外，容易遭受麦秆蝇、锈病等病虫害以及干热风、冰雹、烂场雨等自然灾害的危害。

A.6 播种面积减少

潮塌严重时，由于持续时间长，小麦不能在合理期前播种，播种面积就会减少，致使产量降低。

附 录 B
（资料性附录）
潮塌类型

根据气象要素不同组合对潮塌影响的差异，潮塌分为四种类型。

B.1 稳定型

开春后，当没有发生降水，气温稳定在1 ℃以上时，特别是伴有连续偏东风，不断输送暖湿气流，且风速较小，空气湿度增大，蒸发量减小，土壤水分能够迅速向上输送，但不能及时散失，造成表土层水分过多，人、畜、机不能下地，延迟小麦播种。

B.2 雨水型

入春后，当温度条件不足以引发潮塌，而出现明显降水，降水渗入地表后与冻土层水分连接，干土层消失，导致表层土壤迅速出现饱和或过饱和现象，发生潮塌。由于河套地区春季降水量较少，因此，这种类型潮塌发生较少。如果气温条件不适宜，则灾害持续时间短，危害较小。但如果降水出现在小麦播种的主要时段，气温又相对较高，就会延长潮塌维持时间，加重危害程度。

B.3 高温型

高温型潮塌是指气温变化较大，出现气温持续偏高的天气，平均气温一般在5 ℃左右，迅速出现的潮塌。气温越高，出现潮塌所需时间越短。土壤湿度越大，潮塌发展越快。

B.4 混合型

上述多种情况或几种要素同时出现时发生的潮塌。其特点是发生快、蔓延迅速、持续时间长和危害大。

ICS 07.060
A 47

中华人民共和国气象行业标准

QX/T 144—2011

东亚冬季风指数

Index of East Asian winter monsoon

2011-08-16 发布　　2012-03-01 实施

中 国 气 象 局　发布

前　言

本标准按照 GB/T 1.1—2009 给出的规则起草。

本标准由全国气象防灾减灾标准化技术委员会(SAC/TC 345)提出并归口。

本标准起草单位:吉林省气象局、国家气候中心。

本标准主要起草人:刘实、王启祎、朱艳峰、孙力、隋波、王静达、李昕。

引　言

中国受东亚冬季风的直接影响，长期以来，与“东亚冬季风指数”有关的大量研究对开展东亚冬季风的相关业务起到了很好的指导作用。由于不同的研究对东亚冬季风的表述侧重不同，目前尚无统一的业务监测指数。因此，有必要编制“东亚冬季风指数”气象行业标准，使得东亚冬季风的监测、预测、影响评估等业务工作进一步规范化、标准化和科学化。

本标准采用海陆气压差和西伯利亚高压强度两个指标作为东亚冬季风指数，并据此提出东亚冬季风指数的强度分级标准。

东亚冬季风指数

1 范围

本标准规定了东亚冬季风指数的定义、计算方法、强度等级的划分。

本标准适用于对东亚冬季风的监测、预测、影响评估等业务。

2 术语和定义、符号

2.1 术语和定义

下列术语和定义适用于本文件。

2.1.1

海平面气压 sea-level pressure

由本站气压推算得出的海平面高度上的气压值。

注：单位为百帕(hPa)。

2.1.2

气候平均值 climatological normal

最近3个年代资料序列的平均值。

2.1.3

样本长度 sample length

统计样本中个体的序列长度。

2.1.4

冬季 winter

当年12月至翌年2月这一时间段。

2.1.5

东亚冬季风 East Asian winter monsoon

冬季出现在东亚大陆及沿岸附近近地面层的偏北干冷气流，它不仅与西伯利亚冷高压密切相关，而且与海陆热力差异造成的海陆气压梯度力密切相关。

2.1.6

东亚冬季风指数 index of East Asian winter monsoon

用于描述东亚冬季风强度的指标。

2.1.7

西伯利亚高压强度指数 index of intensity of Siberian high

用西伯利亚高压表征、反映东亚冬季风强度的指数。

2.1.8

东亚冬季风强度指数 index of intensity of East Asian winter monsoon

用东亚海陆气压差表征、反映东亚冬季风在亚洲大陆东岸附近的影响程度的指数。

2.2 符号

下列符号适用于本文件。

I_{EAWM}：东亚冬季风指数。
σ：均方差。

3 指数计算方法

3.1 冬季平均海平面气压计算

按式(1)利用冬季各月平均海平面气压计算冬季平均海平面气压。

$$\bar{P}=\frac{1}{3}\sum_{i=1}^{3}P_i \qquad \cdots\cdots(1)$$

式中：
$\bar{P}$ ——冬季平均海平面气压；
P_i ——冬季 i 月份平均海平面气压；
i ——月份，$i=1,2,3$(分别代表当年 12 月，翌年 1 月、2 月)。

3.2 气候平均值计算

按式(2)计算气候平均值：

$$\bar{A}=\frac{1}{n}\sum_{i=1}^{n}A_i \qquad \cdots\cdots(2)$$

式中：
$\bar{A}$ ——任一气候要素气候平均值；
n ——样本长度；
A_i——第 i 年冬季任一气候要素值。

3.3 西伯利亚高压强度指数计算

计算冬季西伯利亚高压的气候平均位置(40°N～60°N，80°E～120°E)区域内冬季平均海平面气压值，按式(3)进行数据归一化处理后可得第 i 年西伯利亚高压强度指数。

$$I_{i0}=\frac{A_i-\bar{A}}{\sqrt{\frac{1}{n}\sum_{i=1}^{n}(A_i-\bar{A})^2}} \qquad \cdots\cdots(3)$$

式中：
I_{i0} ——第 i 年任一气候要素归一化处理后的数值，这里为西伯利亚高压强度指数；
n ——样本长度；
A_i ——第 i 年任一气候要素值，这里为海平面气压；
$\bar{A}$ —— A_i 的气候平均值。

3.4 东亚冬季风强度指数计算

选取 10°N～50°N 范围内，按式(4)计算第 i 年的冬季海陆海平面气压差：

$$\Delta P_{ki}=P_{ki}^{110°E}-P_{ki}^{160°E} \qquad \cdots\cdots(4)$$

式中：
ΔP_{ki} ——第 i 年的冬季海陆海平面气压差；
k ——纬度，$k=1,2,3,4,5$(分别代表 10°N，20°N，30°N，40°N，50°N)；
$P_{ki}^{110°E}$——第 i 年 k 纬度上 110°E 的海平面气压；
$P_{ki}^{160°E}$——第 i 年 k 纬度上 160°E 的海平面气压。

按式(5)计算第 i 年的 Q_i 值：

$$Q_i = \sum_{k=1}^{5} \Delta P_{ki} \qquad \cdots\cdots(5)$$

式中：

Q_i ——第 i 年 5 个纬度冬季海陆海平面气压差的和；

ΔP_{ki}——第 i 年满足大于或等于 5 hPa 的海陆海平面气压差值。

按式(6)计算第 i 年的 I_i ：

$$I_i = \frac{Q_i}{\overline{Q}} \qquad \cdots\cdots(6)$$

式中：

I_i ——第 i 年 Q_i 值与其气候平均值的比值；

$\overline{Q}$ —— Q_i 的气候平均值。

I_i 按式(3)进行数据归一化处理后即为第 i 年的东亚冬季风强度指数。

4 等级

按照东亚冬季风指数的大小，分别以 -1.28σ，-0.52σ，0.52σ，1.28σ 为由弱到强的 5 个等级的阈值(指数归一化后 σ 等于 1)，表示各等级发生概率分别为 10%、20%、40%、20%和 10%，对其强度进行分类。

将“西伯利亚高压强度指数”和“东亚冬季风强度指数”均按上述阈值划分为 5 个等级，详见表 1。

表 1 等级划分

东亚冬季风强度等级	指数	发生概率/%
弱	$I_{EAWM} < -1.28\sigma$	10
较弱	$-1.28\sigma \leqslant I_{EAWM} < -0.52\sigma$	20
正常	$-0.52\sigma \leqslant I_{EAWM} < 0.52\sigma$	40
较强	$0.52\sigma \leqslant I_{EAWM} < 1.28\sigma$	20
强	$I_{EAWM} \geqslant 1.28\sigma$	10

参考文献

[1] QX/T 49—2007 地面气象观测规范 第5部分:气压观测

[2] 丁一汇.高等天气学.北京:气象出版社,1991:322

[3] 郭其蕴.东亚夏季风强度指数及其变化的分析.地理学报,1983,**38**(3):207-216

[4] 郭其蕴.东亚冬季风的变化与中国气温异常的关系.应用气象学报,1994,**5**(2):218-224

[5] 王宁.东亚冬季风指数研究进展.地理科学,2007,**27**(Suppl):103-110

[6] 赵汉光,张先恭.东亚季风和我国夏季雨带的关系.气象,1996,**22**(4):8-12

[7] Wu Bingyi,Wang Jia. Winter Arctic oscillation,Siberian high and East Asian winter monsoon. *Geophysical Research Letters*,2002,**29**(19):1897

ICS 07.060
A 47

中华人民共和国气象行业标准

QX/T 145—2011

气象节目播音员、主持人气象专业资格认证

Meteorological qualification for weather presenter

2011-08-16 发布　　2012-03-01 实施

中　国　气　象　局　发布

前　　言

本标准按照 GB/T 1.1—2009 给出的规则起草。

本标准由全国气象防灾减灾标准化技术委员会(SAC/TC 345)提出并归口。

本标准起草单位:北京华风气象影视信息集团有限责任公司。

本标准主要起草人:秦祥士、石永怡、王倩、卢成、孟波、黄蔚薇、韩建钢、张易。

引　言

气象节目播音员、主持人是广播电视气象节目的核心要素之一，是气象事业通过广播电视服务于公众的形象代表和品牌代言人，是气象预报者、社会公众和决策者之间的桥梁。随着我国广播电视气象服务的快速发展，建立一套完善的气象节目播音员、主持人资格认证体系，已经成为广播电视气象服务良性发展的当务之急。因此，制定本标准对气象节目播音员、主持人进行专业化的资格认证、培养管理，对推动公众气象服务发展有重要作用。

气象节目播音员、主持人气象专业资格认证

1 范围

本标准规定了获取气象节目播音员、主持人气象专业资格需要具备的认证条件、认证程序(考试的要求和方法)和资格证书的管理。

本标准适用于气象节目播音员、主持人资格认证。

2 术语和定义

下列术语和定义适用于本文件。

2.1

气象节目 weather program

以气象信息为主体及依托气象元素所构成的相关节目。

2.2

气象节目播音员、主持人 weather presenter

在气象节目中承担播音和主持的人员。

3 申请资格认证条件

申请气象节目播音员、主持人气象专业资格评审的人员应具备以下条件:

——具有完全民事行为能力;

——具有大学本科及以上学历;

——具有国家广播电影电视总局颁发的《中华人民共和国播音员、主持人资格证》;

——从事普通话节目的,普通话水平测试达到一级乙等(含)以上。

4 资格认证程序和内容

4.1 提出申请

填写《中华人民共和国气象节目播音员、主持人气象专业资格认证申请表》,见附录A。

4.2 申请人提供相关材料

申请人应向资格认证委员会提供以下材料:

——资格认证申请表;

——国民教育系列本科(含)以上的学历、学位证书原件和复印件;

——从事普通话节目的,普通话水平测试一级乙等(含)以上证书原件和复印件;

——《中华人民共和国播音员、主持人资格证》原件和复印件;

——代表个人水平的气象节目;

——不具备气象专业本科(含)以上学历者,应提供气象节目播音员、主持人气象专业资格考试成绩。

4.3　代表个人水平的气象节目评审

4.3.1　评审组织

由资格认证委员会从资格评审专家库中推举5～7名成员，组成评审小组，对申请人提交的节目进行评审。

4.3.2　评审内容

——科技含量，评审申请人节目中包含的信息是否科学、有效；
——信息价值，评审申请人是否提供了足够的气象信息，以及所导致或可能产生的影响；
——解释能力，评审申请人是否对节目中的气象现象给出了充分的解释；
——交流技能，评审申请人所使用的传播技能是否有效。

4.3.3　评审等级

上述评审内容每项最高分10分，分为四个等级：

a)　优秀，8.0分以上；

b)　良好，7.0～7.9分；

c)　合格，6.0～6.9分；

d)　不合格，5.9分以下。

4.4　气象节目播音员、主持人气象专业资格考试

不具备气象专业本科(含)以上学历的申请人，应通过气象节目播音员、主持人气象专业资格考试。考试应按照气象节目播音员、主持人气象专业资格认证考试大纲(参见附录B)的要求，由中国气象局统一组织实施。

5　资格证书管理

5.1　证书的颁发

达到合格等级(含)以上的申请人，经资格认证委员会审核后颁发资格证书。

5.2　证书的有效期

5.2.1　资格证书有效期限为3年。

5.2.2　连续12个月未从事气象节目播音主持工作的，应重新报送代表个人水平的气象节目，按照4.3进行资格评审，通过后方可从事气象节目播音主持工作。

5.3　证书的延续注册

5.3.1　有效期满前6个月，持证者到原申请单位提出延续申请。

5.3.2　资格证书超过3年(含)的，持证人应重新申请。

5.4　证书的变更注册

资格证书有效期内，工作单位变动后仍从事气象节目播音主持工作的应办理以下手续：

a)　在变更工作单位后1个月内填写《变更申请表》；

b)　提交原资格证书；

c) 由变更后所在工作单位向资格认证委员会申请办理变更资格证书手续。

5.5 证书的废止

出现以下情况之一时，气象节目播音员、主持人气象专业资格证书废止：

a) 因犯罪受过刑事处罚的；

b) 受过党纪、政纪开除处分的；

c) 因本人过错造成重大气象信息传播事故的；

d) 违反职业纪律、违背职业道德，造成恶劣影响的。

附 录 A
（规范性附录）
中华人民共和国气象节目播音员、主持人气象专业资格认证申请表

中华人民共和国气象节目播音员、主持人气象专业资格认证申请表见图 A.1。

中华人民共和国气象节目播音员、主持人
气 象 专 业 资 格 认 证 申 请 表

工作单位 ________________

姓　　名________________

申报时间________________

气象节目播音员主持人气象专业资格认证委员会编制

图 A.1　中华人民共和国气象节目播音员、主持人气象专业资格认证申请表

基 本 情 况

<table>
<tr><td colspan="2">姓　名</td><td></td><td>性别</td><td></td><td>出生日期</td><td></td><td rowspan="4">照
片</td></tr>
<tr><td colspan="3">身份证件号码</td><td colspan="2"></td><td>政治面貌</td><td></td></tr>
<tr><td rowspan="4">工作单位</td><td>单位名称</td><td colspan="5"></td></tr>
<tr><td>单位性质</td><td colspan="2"></td><td>联系电话</td><td colspan="2"></td></tr>
<tr><td>通信地址</td><td colspan="6"></td></tr>
<tr><td>E-mail 地址</td><td colspan="3"></td><td>邮　编</td><td colspan="2"></td></tr>
<tr><td rowspan="3">最高学历</td><td>毕业院校</td><td colspan="6"></td></tr>
<tr><td>专　业</td><td colspan="3"></td><td>学　历</td><td colspan="2"></td></tr>
<tr><td>毕(肄、结)
业时间</td><td colspan="3"></td><td>学　位</td><td colspan="2"></td></tr>
<tr><td colspan="2">普通话
水平测试等级</td><td colspan="3"></td><td>气象专业
资格考试成绩</td><td colspan="2"></td></tr>
</table>

<table>
<tr><td colspan="4">主要学习与培训经历</td></tr>
<tr><td>起 止 时 间</td><td>院校/培训机构名称</td><td>专业名称/培训内容</td><td>所获证书</td></tr>
<tr><td>年　月—　　年　月</td><td></td><td></td><td></td></tr>
<tr><td>年　月—　　年　月</td><td></td><td></td><td></td></tr>
<tr><td>年　月—　　年　月</td><td></td><td></td><td></td></tr>
</table>

<table>
<tr><td colspan="3">主要工作经历</td></tr>
<tr><td>起 止 时 间</td><td>单 位 名 称</td><td>岗　位</td></tr>
<tr><td>年　月—　　年　月</td><td></td><td></td></tr>
<tr><td>年　月—　　年　月</td><td></td><td></td></tr>
<tr><td>年　月—　　年　月</td><td></td><td></td></tr>
</table>

图 A.1　中华人民共和国气象节目播音员、主持人气象专业资格认证申请表(续)

从事气象节目播音主持工作主要业绩和获奖情况

1、
2、
3、
4、
5、
6、
7、

以上内容均由申请人据实填写。　　本人签名：　　　　年　月　日

图 A.1　中华人民共和国气象节目播音员、主持人气象专业资格认证申请表(续)

<table>
<tr><td colspan="2">工 作 单 位 意 见</td></tr>
<tr><td colspan="2">

负责人：　　　　　　　　　　　　　　　　（公章）
年　月　日</td></tr>
<tr><td colspan="2">气象节目播音员、主持人节目评审小组意见</td></tr>
<tr><td colspan="2">

负责人：　　　　　　　　　　　　　　　　（公章）
年　月　日</td></tr>
<tr><td colspan="2">气象节目播音员、主持人气象专业资格认证委员会审查意见</td></tr>
<tr><td colspan="2">经审查，符合有关规定，准予颁发资格证书。

负责人：　　　　　　　　　　　　　　　　（公章）
年　月　日</td></tr>
<tr><td>备
注</td><td></td></tr>
</table>

图 A.1　中华人民共和国气象节目播音员、主持人气象专业资格认证申请表（续）

附 录 B
（资料性附录）
气象节目播音员、主持人气象专业资格认证考试大纲

为统一全国各省（自治区、直辖市）气象节目播音员、主持人的气象专业资格考试标准，制定本考试大纲。

B.1 考试范围

B.1.1 法律法规

B.1.1.1 《中华人民共和国气象法》（中华人民共和国主席令第 23 号）。

B.1.1.2 《气象预报发布与刊播管理办法》（中国气象局令第 6 号）。

B.1.1.3 《气象灾害预警信号发布与传播办法》（中国气象局令第 16 号）及所附的《气象灾害预警信号及防御指南》。

B.1.1.4 其他相关法律法规。

B.1.2 气象基础知识

B.1.2.1 《电视气象基础》，气象出版社，北京华风气象影视信息集团。

B.1.2.2 《电视气象服务与标准化研究》，气象出版社，阮水根等编著。

B.1.2.3 《天气学原理和方法》，气象出版社，寿绍文等编著。

B.1.2.4 其他相关气象基础知识。

B.2 考试内容

B.2.1 法律法规

B.2.1.1 目的要求

通过本部分的考试，考核考生了解、熟悉和掌握国家、部门发布的与气象相关的法律、法规和有关规定的程度，以提高考生对相关法律法规的认识水平和法律意识。

B.2.1.2 考试内容

B.2.1.2.1 熟悉《中华人民共和国气象法》中涉及气象预报、灾害性天气警报发布和气象服务的条款。

B.2.1.2.2 熟悉《气象预报发布与刊播管理办法》（中国气象局令第 6 号）中的第三条、第五条、第七条、第九条、第十条、第十一条、第十三条、第十五条和第十六条的内容。

B.2.1.2.3 熟悉《气象灾害预警信号发布与传播办法》（中国气象局令第 16 号）中的第八条、第九条、第十条、第十四条、第十五条和第十六条的内容。

B.2.2 气象基础知识

B.2.2.1 目的要求

通过本部分的考试，考核考生对气象节目中涉及的基础气象理论了解、熟悉和掌握的程度。

B.2.2.2 考试内容

B.2.2.2.1 基本气象要素

B.2.2.2.1.1 气温

对于气温的考试内容如下：

1） 掌握气温的基本概念；
2） 掌握日最高气温、日最低气温和平均气温的概念；
3） 了解气温的空间变化；
4） 了解气温的时间变化。

B.2.2.2.1.2 气压

对气压的考试内容如下：

1） 掌握气压的基本概念；
2） 了解气压的空间变化；
3） 了解气压的时间变化。

B.2.2.2.1.3 湿度

对湿度的考试内容如下：

1） 掌握相对湿度的概念；
2） 掌握露点温度的概念。

B.2.2.2.1.4 风

对风的考试内容如下：

1） 掌握风的概念；
2） 熟悉蒲氏风力等级；
3） 掌握风的表示法。

B.2.2.2.1.5 能见度

对能见度的考试内容如下：

1） 掌握能见度的概念；
2） 了解哪些天气现象会伴随低能见度。

B.2.2.2.2 基本的天气现象

B.2.2.2.2.1 降水

对降水的考试内容如下：

1） 熟悉根据降水物的形态（液态、固态和混合型）分成的11种降水（雨、毛毛雨、阵雨、雪、冰粒、米雪、阵雪、霰、冰雹、雨夹雪和阵性雨夹雪）的基本概念；
2） 掌握降水量的概念和分级；
3） 了解人工影响天气基本原理。

B.2.2.2.2.2 地面凝结、凝华和冻结

对地面凝结和冻结的考试内容如下：

1） 熟悉露、霜、雾凇、雨凇和地面结冰的基本概念及区别；

2） 了解形成露、霜、雾凇、雨凇和地面结冰的气象条件。

B.2.2.2.2.3 视程障碍

对视程障碍的考试内容如下：

a） 雾霾天气：
   1） 掌握雾、轻雾和霾的基本概念，并且能够区分；
   2） 掌握雾和云的区别；
   3） 了解形成雾的气象条件。
b） 沙尘天气：
   1） 掌握沙尘天气的分类和定义；
   2） 了解沙尘天气形成的气象条件。
c） 了解吹雪和雪暴的基本概念。

B.2.2.2.2.4 了解基本的大气光象（华、晕、虹、霞等）。

B.2.2.2.2.5 了解基本的大气电象（闪电、雷暴、极光等）。

B.2.2.2.2.6 了解基本的风暴现象（大风、飑、龙卷和尘卷等）。

B.2.2.2.2.7 了解其他的天气现象（积雪、冰针和结冰等）。

B.2.2.2.3 基本的天气系统

对基本的天气系统的考试内容如下：

a） 锋面系统：
   1） 掌握冷锋和暖锋的概念；
   2） 熟悉准静止锋和锢囚锋的概念。
b） 气旋和反气旋系统：
   1） 掌握气旋和反气旋的分类和基本概念；
   2） 熟悉气旋和反气旋的天气特征。
c） 西太平洋副热带高压：
   1） 了解西太平洋副热带高压的概念；
   2） 掌握西太平洋副热带高压的活动与我国天气的关系。

B.2.2.2.4 灾害性天气

B.2.2.2.4.1 热带气旋

对热带气旋的考试内容如下：

1） 掌握热带气旋的基本概念；
2） 掌握热带气旋的分类标准；
   注：本条内容参照中央气象台最新分类标准。
3） 掌握热带气旋所产生的灾害性天气。

B.2.2.2.4.2 寒潮

对寒潮的考试内容如下：

1） 了解冷空气强度的划分；
2） 掌握寒潮和强冷空气带来的灾害性天气。

B.2.2.2.4.3 暴雨(雪)

对暴雨（雪）的考试内容如下：

1） 掌握暴雨(雪)的分类和定义；

2） 了解形成暴雨(雪)的天气系统。

B.2.2.2.4.4 大风

对大风的考试内容如下：

1） 掌握大风的定义；

2） 了解大风的危害。

B.2.2.2.4.5 沙尘暴

对沙尘暴的考试内容如下：

1） 掌握我国沙尘暴主要发生的地区；

2） 了解沙尘暴的危害性。

B.2.2.2.4.6 高温

对高温的考试内容如下：

1） 掌握高温天气的定义；

2） 掌握高温天气的危害。

B.2.2.2.4.7 干旱

对干旱的考试内容如下：

1） 掌握气象干旱的定义；

2） 掌握气象干旱的危害性。

B.2.2.2.4.8 雷电

对雷电的考试内容如下：

1） 掌握雷电的定义；

2） 掌握雷电的危害性；

3） 掌握雷电的防御指南。

B.2.2.2.4.9 冰雹

对冰雹的考试内容如下：

1） 了解冰雹的定义；

2） 熟悉冰雹的危害性；

3） 掌握我国冰雹地理分布特点；

4） 熟悉我国冰雹出现的季节性。

B.2.2.2.4.10 霜冻

对霜冻的考试内容如下：

1） 掌握霜冻的定义；

2） 掌握霜冻和霜的区别；

3） 掌握霜冻的危害性。

B.2.2.2.4.11　雾

对雾的考试内容如下：

1）掌握雾天气的危害性；

2）掌握雾天气的防御指南。

B.2.2.2.5　重要天气过程

B.2.2.2.5.1　大型降雨天气过程

对大型降雨天气过程的考试内容如下：

a）华南前汛期：

　1）掌握华南前汛期的时间；

　2）了解华南前汛期暴雨的主要天气系统。

b）江淮梅雨：

　1）掌握江淮梅雨期的时间；

　2）了解江淮梅雨的主要降水天气系统。

c）华北和东北雨季：

　1）掌握华北与东北雨季的时间；

　2）了解华北与东北雨季的特点。

d）长江中下游春季连阴雨：

　1）了解长江中下游春季连阴雨的特点；

　2）掌握长江中下游春季连阴雨的危害性。

e）华西秋雨：

　1）了解华西秋雨的特点；

　2）掌握华西秋雨的危害性。

B.2.2.2.5.2　对流性天气过程

掌握一般雷暴和强雷暴伴随的天气现象。

B.2.2.2.6　季节变化

B.2.2.2.6.1　了解几种四季划分标准。

B.2.2.2.6.2　掌握中央气象台使用的四季划分标准。

B.2.2.2.6.3　我国四季的主要气候特点：

1）掌握我国四季的主要气候特点；

2）熟悉四季的灾害性天气。

B.2.2.2.7　环境气象

B.2.2.2.7.1　掌握影响人体体感温度的气象因子。

B.2.2.2.7.2　地质灾害气象等级预报，考试内容如下：

1）了解我国地质灾害的季节特征；

2）掌握地质灾害气象预报的影响因素；

3）掌握地质灾害气象等级预报各个等级的含义。

B.2.2.2.7.3　掌握影响森林火险等级的主要气象要素。

B.2.2.2.7.4 空气质量预报，考试内容如下：

1) 掌握影响空气质量的主要气象条件；

2) 熟悉空气污染指数范围及相对应的空气质量级别。

B.2.2.2.8 农业气象

B.2.2.2.8.1 了解影响农业的四大气象因子

考试内容如下：

1) 了解光照对农业生产的影响；

2) 了解温度对农业生产的影响；

3) 了解水分对农业生产的影响；

4) 了解风对农业生产的影响。

B.2.2.2.8.2 农业气象灾害

考试内容如下：

a) 干旱：
  1) 了解干旱对农业生产的影响；
  2) 了解我国农业干旱的时空分布。
b) 涝灾：
  1) 掌握渍涝灾害的定义；
  2) 了解渍涝灾害对农业的影响。
c) 低温冷害：
  1) 了解低温冷害的定义；
  2) 倒春寒：
    • 掌握倒春寒的定义；
    • 了解倒春寒对农业生产的影响。
  3) 寒露风：
    • 掌握寒露风的定义；
    • 了解寒露风对农业生产的影响。
d) 霜冻和冻害：
  1) 掌握冻害的定义；
  2) 了解霜冻和冻害的区别；
  3) 了解霜冻和冻害对农业生产的影响。
e) 高温灾害：
  1) 掌握干热风的定义；
  2) 了解干热风对农业生产的影响。

B.2.2.2.9 天气预报

B.2.2.2.9.1 了解临近天气预报和预报产品。

B.2.2.2.9.2 了解短期天气预报和预报产品。

B.2.2.2.9.3 了解中期天气预报和预报产品。

B.2.2.2.10 气候与气候预测

B.2.2.2.10.1 掌握天气与气候的区别。

B.2.2.2.10.2 了解气候平均的概念。

B.2.2.2.10.3 掌握气候异常的概念。

B.2.2.2.10.4 了解降水异常和气温异常。

B.2.2.2.10.5 了解我国主要的七种气候类型。

B.2.2.2.10.6 了解气候预测和预测产品。

B.2.2.2.10.7 了解气候变化的基本常识。

B.2.2.2.11 卫星气象

B.2.2.2.11.1 了解气象卫星图像在天气预报和环境监测中的作用。

B.2.2.2.11.2 卫星图像的分类：

1） 了解可见光图像的概念和作用；

2） 了解红外图像的概念和作用；

3） 了解水汽图像的概念和作用。

B.2.2.2.12 雷达气象

B.2.2.2.12.1 了解天气雷达在天气预报中的作用。

B.2.2.2.12.2 了解天气雷达监测产品。

B.2.2.2.13 地理知识

B.2.2.2.13.1 掌握我国一级地理区划。

B.2.2.2.13.2 掌握我国省、自治区和直辖市的地理位置。

B.2.2.2.13.3 掌握我国七大江河流域的分布。

B.2.3 技术标准

B.2.3.1 目的要求

通过本部分的考试、考核，了解考生对气象节目中涉及的国家标准和行业标准的掌握程度，以便促进气象节目播音员、主持人在气象节目中熟练运用这些标准。

B.2.3.2 考试内容

B.2.3.2.1 天气符号的技术标准

B.2.3.2.1.1 了解天气符号的设计原则。

B.2.3.2.1.2 掌握标准化天气符号的含义。

B.2.3.2.2 天气预警信号技术标准

B.2.3.2.2.1 掌握《气象灾害预警信号发布与传播办法》及所附的《气象灾害预警信号及防御指南》中气象灾害预警信号的名称和图标。

B.2.3.2.2.2 熟悉《气象灾害预警信号发布与传播办法》所附的《气象灾害预警信号及防御指南》中预警信号的标准和防御指南。

B.3 题型和要求

B.3.1 填空题

所答内容应和标准答案一致得满分，其他情况酌情扣分。

B.3.2 选择题

分单项选择和多项选择题。一般给出几个答案和代表符号，单项选择题，将你认为正确答案的代表符号填写在相应的空格内，多项选择题将你认为几个正确答案的代表符号填写在相应的空格内。多项选择题要求每项的答案都正确才得分，错一项或少项、多项均不给分数。

B.3.3 判断题

你认为所出题目表达的内容正确，在空格内填"√"，不正确填"×"。

B.3.4 问答题

B.3.4.1 问答题要求全面，不漏各项主要技术要求，表达层次清楚，文字表达准确，使用规范用语。

B.3.4.2 问答题中，较容易题目约占40%，中等难度题占50%，较难题占10%。

ICS 07.060
A 47

中华人民共和国气象行业标准

QX/T 146—2011

中国气象频道省级节目插播

Broadcasting insertion of province for China weather TV

2011-08-16 发布　　　2012-03-01 实施

中国气象局　发布

前　言

本标准按照 GB/T 1.1—2009 给出的规则起草。

本标准由全国气象防灾减灾标准化技术委员会(SAC/TC 345)提出并归口。

本标准起草单位:北京华风气象影视信息集团有限责任公司。

本标准主要起草人:杨玉真、张洁、李孟颇、贾佳。

中国气象频道省级节目插播

1 范围

本标准规定了中国气象频道省级节目插播系统建设、系统技术参数、系统运行、节目编排要求。

本标准适用于中国气象频道省级节目插播系统建设、运行和本地插播节目的包装、制作。

2 规范性引用文件

下列文件对于本文件的应用是必不可少的。凡是注明日期的引用文件，仅注日期的版本适用于本文件。凡是不注日期的引用文件，其最新版本（包括所有的修改单）适用于本文件。

GY/T 165—2000 电视中心播控系统数字播出通路技术指标和测量方法

QX/T 145—2011 气象节目播音员、主持人气象专业资格认证

3 术语和定义

下列术语和定义适用于本文件。

3.1

省级节目插播 broadcasting insertion of province

各省级气象部门定时在已落地的中国气象频道中插入并播出本地节目。

3.2

数字播出通路 digital broadcast channel

播控系统中从数字信号源、数字切换矩阵、应急切换器到压缩编码传输前端的数字视频、音频信号的无压缩信号通路。

3.3

本地插播节目 local insertion program

运用插播系统，在规定的时间，按照规定的时长和相对统一的节目标准和要求，在中国气象频道插入的由本地制作的气象节目。

3.4

图文节目 text and graphics program

利用图形、图像、文字、配音等进行信息传播的节目。

4 插播系统技术规范

4.1 系统功能

通过在各省级气象部门建立的插播系统，将本地制作的节目插播到中国气象频道中，供本地用户收看。

4.2 系统结构

4.2.1 视音频系统

本系统规定了本地插播节目信号插播方案。视音频系统见图1。

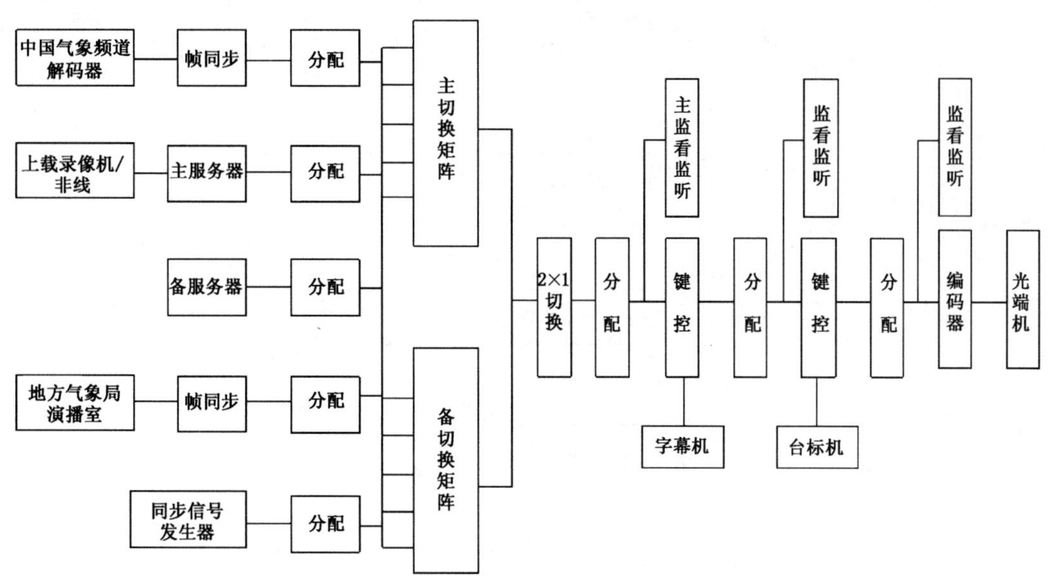

图1 视音频系统图

4.2.2 控制系统

本系统规定了插播系统中控制系统方案。控制系统见图2。

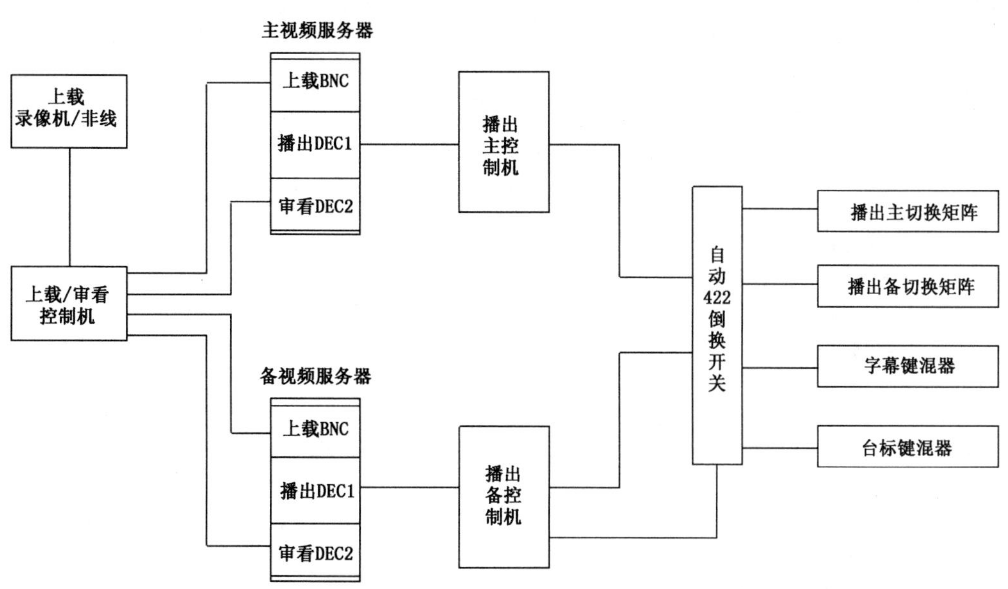

图2 控制系统图

4.2.3 同步系统

本系统规定了插播系统中同步信号的分配方案。同步系统见图 3。

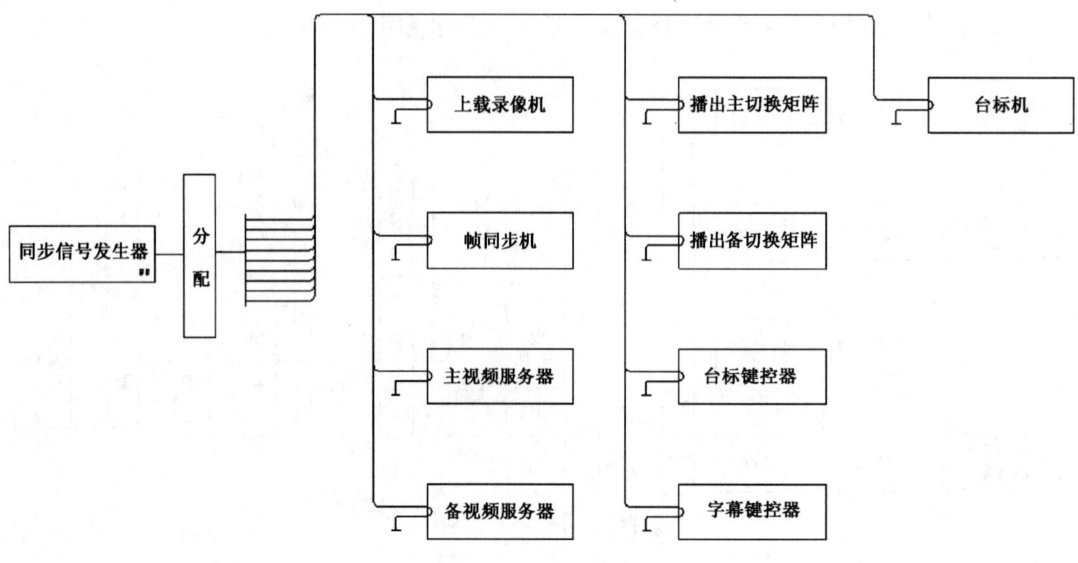

图 3 同步系统图

4.2.4 时钟系统

本系统规定了插播系统中时钟信号的分配方案。时钟系统见图 4。

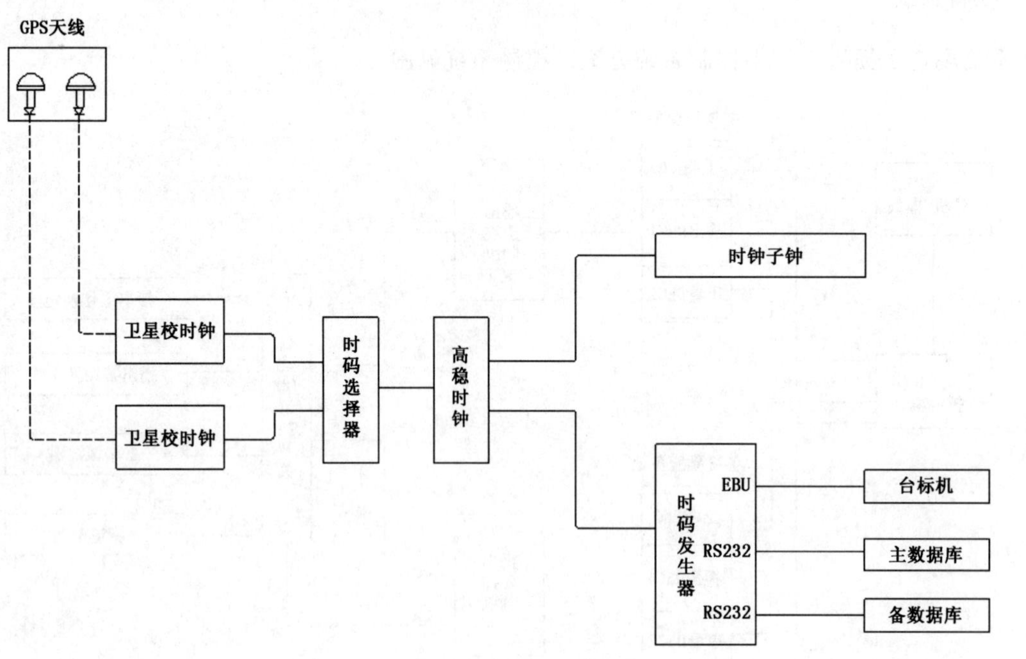

图 4 时钟系统图

4.3 技术指标

4.3.1 信号格式为嵌入音频式 SDI 数字信号，符合 SMPTE259M 的规定。

4.3.2 数字播出通路应符合 GY/T 165—2000 的规定。

4.3.3 播出通路测试点选取:矩阵输出端,最后一级放大器输出端,编码器输入端。

4.4 播出安全

4.4.1 插播系统

关键链路和重要设备应有主备热备份。关键链路备份包括:视频系统中的主备播出通路,控制系统中的主备控制切换;关键设备备份包括:主备视频服务器、主备数据库服务器、主备播出控制机。

4.4.2 传输通路

传输通路备份包括架设光纤链路和安装备份卫星信号接收天线。

4.4.3 节目备份

插播节目备份:手动切换直接播出中国气象频道信号。

4.4.4 机房面积

应建设面积不小于 60 m^2 相对独立的插播机房。

4.4.5 运行维护

视频服务器和数据库服务器每 3 个月重启维护 1 次;工作站每月重启维护 1 次。

4.4.6 安全播出责任

节目插播后的安全播出责任由各插播单位负责。

4.5 业务流程与职责

4.5.1 本地节目插播业务流程为:编单、上载、审核、播出。

4.5.2 编单:在编单工作站中,根据业务要求编辑、修改节目播出串联单,并确保播出串联单保存并提交到播出工作站。

4.5.3 上载:在上载工作站中,及时上载并审看节目,对审看通过的节目打上标记。

4.5.4 审核:对已上载的节目进行二次审看和最终审核,审核通过的节目允许播出。

4.5.5 播出:在播出工作站中加载节目播出串联单,全程监看播出画面并应急处理突发播出安全事件。

5 本地插播节目

5.1 节目基本内容

5.1.1 节目整体设置

各省级气象部门应在统一规定的节目时间和时长内将本地气象节目插入到中国气象频道中播出。每天应至少完成四档节目的制作,内容更新时效不应晚于当地气象台发布最新预报信息 1 小时。本地插播节目中图文节目在一天各个插播时段均应制作播出,出主持人节目应在早、中、晚三个收视高峰时段制作播出。

5.1.2 出主持人节目内容设置

节目内容应包含重要天气监测、预报和预警信息、灾害性天气事件的跟踪报道、气象灾害及其影响内容。

5.1.3 图文节目内容设置

本地插播节目中的图文节目应以图片、视频、图形、字幕、配音等形式发布预报预警、服务信息和气象灾害及其影响等内容。

5.2 节目基本包装要求

5.2.1 本地插播节目的基本包装应使用中国气象频道提供的统一模板，主要包括演播室背景、图文背景、片头片花及配乐、天气符号、字体字号等基本包装元素。

5.2.2 在基本包装元素不变的前提下，各地可根据节目内容需要，在包装模板中添加具有特色性的元素，但应与中国气象频道整体风格、主色调相匹配。

5.2.3 本地插播节目名称统一为本地天气＋XX气象（例如本地天气＋北京气象），插播时间段应标有中国气象频道的台标及本地气象的标识语。

5.3 气象信息发布

5.3.1 气象信息内容选择

5.3.1.1 气象预报预警信息发布，按照当地气象灾害防御的有关规定执行。

5.3.1.2 各项指数预报及专业、专项预报，在发布时给予一定的说明，并应与中国气象频道发布的同名产品含义保持一致。

5.3.1.3 对于温度的预报，如果有一定的时间跨度，应依次标注时间段内的最低和最高气温。

5.3.2 气象信息发布时效

5.3.2.1 在中国气象频道规定的插播时间内插播节目，实况信息至少每3小时更新一次。

5.3.2.2 在播出预报信息时，应注明预报的发布时间。

5.3.2.3 在遇有重大气象灾害出现时可随时增加插播内容。

5.4 节目及主持人的报批和审核

5.4.1 节目的报批和审核

本地插播节目及改版节目播出前，节目方案、节目样片应提交中国气象频道进行审核通过。

5.4.2 主持人出镜资格审核

本地插播节目中的主持人，按照QX/T 145—2011执行，并报中国气象频道管理机构备案。

ICS 07.060
A 47

中华人民共和国气象行业标准

QX/T 147—2011

基于手机客户端的气象灾害预警信息播发规范

Specification for meteorological disaster warnings dissemination on mobile clients

2011-12-21 发布　　　　2012-01-01 实施

中 国 气 象 局　发 布

前　　言

本标准按照 GB/T 1.1—2009 给出的规则起草。

本标准由全国气象防灾减灾标准化技术委员会(SAC/TC 345)提出并归口。

本标准起草单位:中国气象局公共气象服务中心、中国移动研究院。

本标准主要起草人:李昶、陈钻、张炎、曹之玉、兰海波、程龙、英翼、杨东、倪振洲、黄曙光。

基于手机客户端的气象灾害预警信息播发规范

1 范围

本标准规定了手机客户端播发气象灾害预警信息的功能、性能以及流程。

本标准适用于基于手机客户端的气象灾害预警信息播发。

2 术语和定义

下列术语和定义适用于本文件。

2.1

气象灾害预警信息 meteorological disaster warning

由各级气象主管机构所属的气象台站向社会公众发布的预警信息。

注:一般情况下,由名称、图标、标准和防御指南组成。

2.2

信息推送 information push

利用一定的技术标准或协议,在移动互联网上以向用户自动传送所需信息的方式来减少信息过载的技术。

2.3

手机客户端 mobile client

安装在手机上用于和手机应用平台进行数据交互并对信息内容进行浏览的软件。

2.4

播发到达时效 duration of disseminating information

手机客户端对手机应用平台所发信息的响应时间。

2.5

永久在线推送平台 always online platform

保证手机客户端与手机应用平台之间长连接的信息推送平台。

2.6

气象灾害预警信息发布平台 information platform for disseminating meteorological disaster warning

具有气象灾害预警信息发布授权或资质的电子信息发布平台。

3 手机客户端的功能要求

3.1 信息处理功能

3.1.1 信息获取

手机客户端可通过信息推送或向气象灾害预警信息发布平台查询的方式获取信息。支持永久在线推送平台的手机应通过信息推送获取气象灾害预警信息;不支持永久在线推送平台的手机可使用向气象灾害预警信息发布平台查询的方式获取气象灾害预警信息。

3.1.2 支持转发

手机客户端应具有转发功能，可通过短信、彩信、微博等网络互动方式转发气象灾害预警信息。

3.1.3 信息到达回执

支持永久在线推送平台的手机客户端，应具有信息到达回执功能，能够返回信息到达成功或信息到达失败的回执信息。

3.1.4 用户反馈

手机客户端应具有用户反馈功能，可显示预警信息发布单位指定的气象服务热线、客服邮件等咨询信息提示，并提供POST邮件方式等供用户进行信息反馈。

3.1.5 信息删除

3.1.5.1 手动删除

手机客户端应具有手动删除信息的功能，应提供删除功能界面并提示用户进行信息删除。

3.1.5.2 自动删除

手机客户端应具有自动删除信息的功能，可支持用户设置时间条件或信息存储数量条件对信息进行自动删除。

3.2 设置功能

3.2.1 地理位置信息定位

手机客户端应具有地理位置定位功能，可通过卫星定位或基站定位等方式进行定位，为用户提供与位置相关的气象灾害预警信息服务。

3.2.2 预警地点选择定制

手机客户端应具有预警地点定制功能，支持用户定制多个关注地点，获取关注地点的气象灾害预警信息。

3.2.3 主动提醒

手机客户端应具备主动提醒功能，可通过铃声、震动等方式，提示用户关注气象灾害预警信息。

3.2.4 信息接收提示音选择

手机客户端应具有信息接收提示音选择功能，可根据预警类别、预警发布时间、预警级别等供用户选择是否有提示音。

3.2.5 屏幕提示

手机客户端应在显示的气象灾害预警信息内容后自动匹配预警解释说明及防御信息，指导用户解读。

4 手机客户端的性能要求

4.1 前端性能

4.1.1 接收信息

手机客户端应直接从各级气象主管机构所属气象台站完整接收气象灾害预警信息。

4.1.2 显示信息

手机客户端应正确、完整地显示接收到的气象灾害预警信息，应标注发布单位、发布时间和发布时效。

4.1.3 信息播发到达时效

手机客户端播发气象灾害预警信息到达时效应满足气象灾害预警信息发布时效要求。

4.1.4 操作处理时间

在手机开机后未启动其他应用程序或手机客户端的情况下，手机客户端启动、功能响应、数据收发响应、数据处理等操作处理的时间要求应符合表1的规定。低性能手机的操作处理时间可在表1所要求的基础上增加2秒。

表1 手机客户端操作处理时间要求

性能指标	指标说明	要求
启动时间	从点击手机客户端应用程序快捷方式到应用程序完全启动所需的时间	小于或等于3秒
功能响应时间	点击手机客户端菜单功能键后到该功能实现所需的时间	小于或等于2秒
数据收发响应时间	手机客户端收到手机应用平台发送数据到开始处理数据所需的时间	小于或等于2秒
数据处理时间	手机客户端开始处理数据后到处理完毕并触发对应功能所需的时间	小于或等于2秒

4.1.5 支持的操作系统

手机客户端应支持以下操作系统：Symbian(S40及其以上)、Windows Phone、iOS(3.0及其以上)、Android(1.6及其以上)及OPhone等衍生手机操作系统。

4.1.6 网络链接

4.1.6.1 支持无线运营商的接入方式

应支持所有采用移动通信技术标准和无线网络通信技术的接入方式。

4.1.6.2 支持的网络通信协议

应支持TCP/IP、HTTP、AOP等网络通信协议。

4.2 后台支撑系统性能

4.2.1 可靠性

4.2.1.1 系统应保证 24 小时不间断服务。

4.2.1.2 系统应采用高可用性架构，保证可用时间在 99.999%以上。

4.2.1.3 系统应保证无单一故障点，在发生错误时能在 20 分钟内恢复正常运行。

4.2.2 安全性

4.2.2.1 网络安全

系统应部署单独的防火墙进行隔离，充分保证数据和应用系统的安全。

4.2.2.2 系统安全

系统应具备抵御网络病毒、黑客袭击的措施与隔离攻击、快速恢复的机制，具备多种、分级别的数据安全保护措施并形成有效运行机制。

4.2.2.3 数据安全

系统信息严格采用认证制度，将数据分为若干安全等级，将数据库用户分为若干等级，保证特定的用户可以使用特定的数据。

4.2.2.4 应用安全

系统应增加用户管理和权限管理，对用户执行的敏感操作进行记录。

5 手机客户端播发气象灾害预警信息流程

5.1 注册流程

5.1.1 支持永久在线推送平台的手机客户端

注册流程见图 1，具体步骤如下。

第一步：手机客户端首次启动或监测移动电话用户身份识别卡(SIM 卡)、国际移动用户识别码(IMSI)变化时，手机客户端提示用户并经用户确认后，将可获得的包含移动电话用户身份识别卡(SIM 卡)、国际移动用户识别码(IMSI)摘要号码的短信及采用永久在线推送平台协议的注册请求发送给永久在线推送平台。永久在线推送平台记录该终端国际移动用户识别码(IMSI)号码和移动用户国际业务数字网识别码(MSISDN)的对应关系。

第二步：手机客户端与永久在线推送平台建立"长连接"。

第三步：永久在线推送平台给手机客户端返回"长连接"建立响应。如果建立不成功则重复第二步。

第四步：手机客户端将定制信息发送给永久在线推送平台。

第五步：永久在线推送平台将定制信息和用户信息转发给气象灾害预警信息发布平台。

第六步：气象灾害预警信息发布平台记录用户和定制信息。

第七步：气象灾害预警信息发布平台返回给永久在线推送平台定制信息响应。

第八步：永久在线推送平台返回给手机客户端定制信息响应。

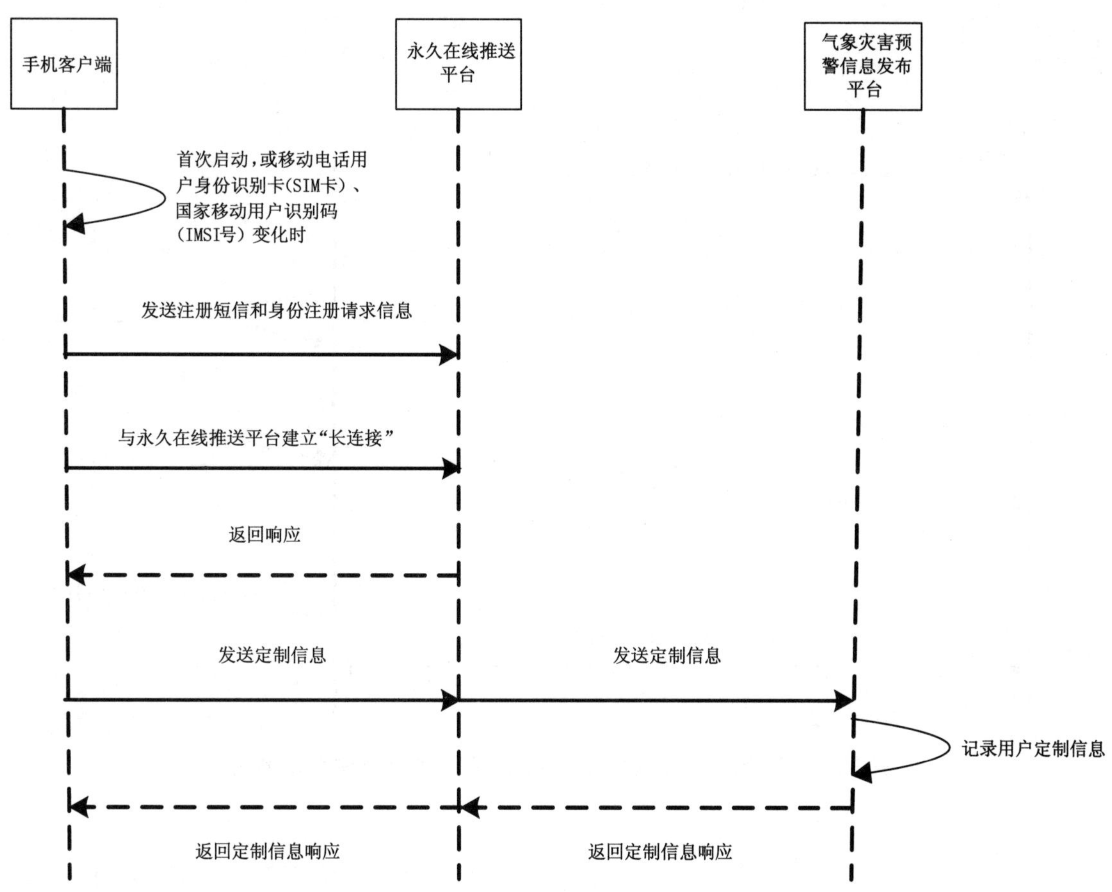

图1　支持永久在线推送平台的手机客户端注册流程图

5.1.2　不支持永久在线推送平台的手机客户端

注册流程见图2，具体步骤如下。

第一步：手机客户端首次启动时，收集用户国际移动用户识别码(IMSI)等信息生成用户身份识别码。

第二步：手机客户端向气象灾害预警信息发布平台发送注册请求。

第三步：气象灾害预警信息发布平台检查用户是否已经注册。如果已经注册，则气象灾害预警信息发布平台返回已注册提示信息给手机客户端；如果未注册，则气象灾害预警信息发布平台记录用户信息并返回注册成功信息。

5.2　设定气象灾害预警信息接收地点流程

5.2.1　手动设置接收气象灾害预警信息地点

流程见图3，具体步骤如下。

第一步：用户在手机客户端输入或者选择接收气象灾害预警信息的地点。

第二步：手机客户端向气象灾害预警信息发布平台发送定制预警信息的地点请求。

第三步：气象灾害预警信息发布平台向手机客户端返回定制响应信息。如果预订成功，返回并提示用户预订成功；如果预订失败，返回并提示用户预订失败及其原因。

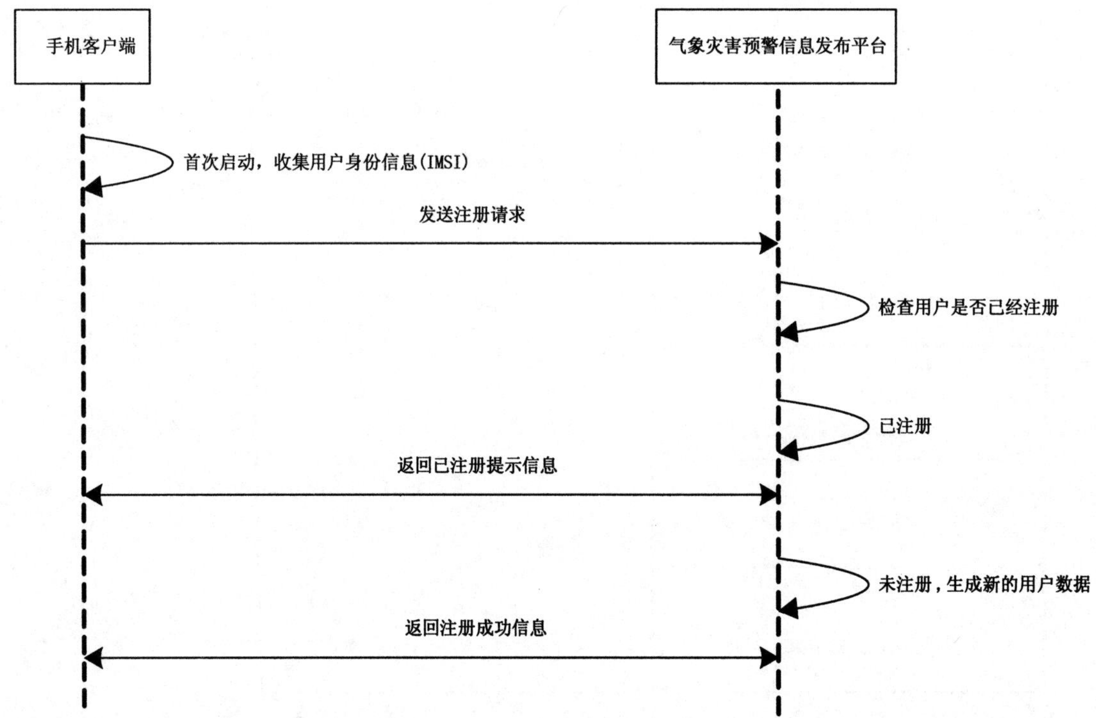

图 2　不支持永久在线推送平台的手机客户端注册流程图

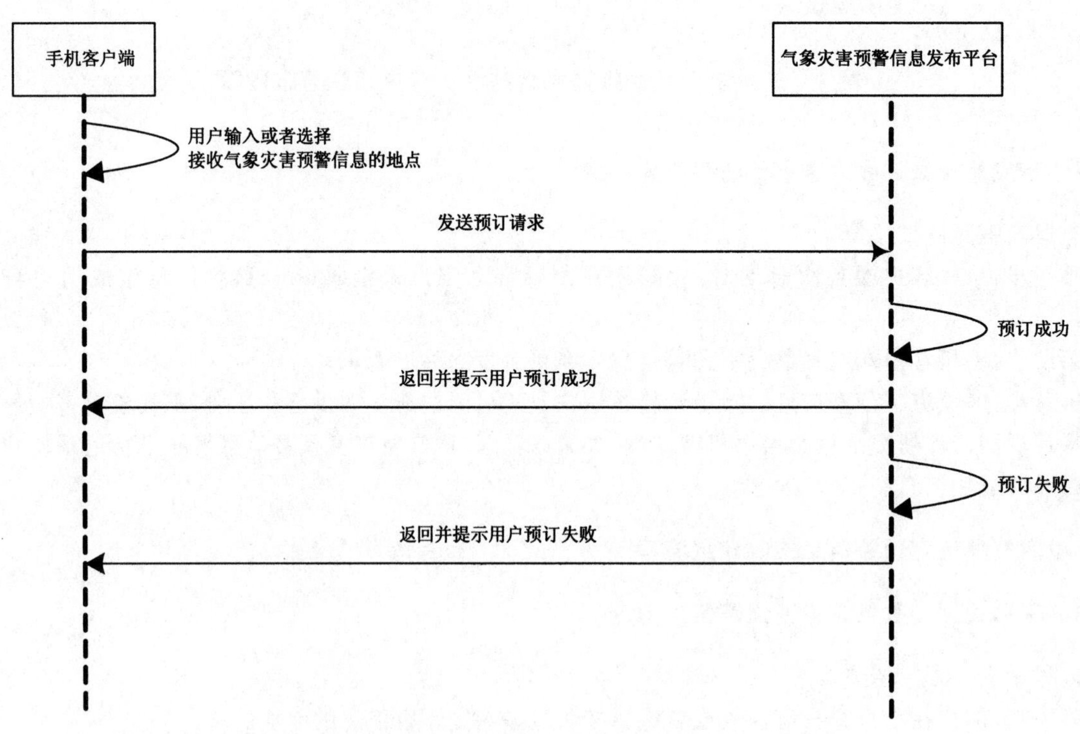

图 3　手动设置接收气象灾害预警信息地点流程图

5.2.2 通过手机全球定位系统(GPS)获取用户位置信息

流程见图4,具体步骤如下。

第一步:手机客户端启动后提示用户并经用户确认,手机全球定位系统(GPS)在用户开机或启动客户端后,每间隔一定时间获取一次用户位置经纬度信息。

第二步:手机客户端将位置经纬度信息发送给气象灾害预警信息发布平台。

第三步:气象灾害预警信息发布平台根据位置经纬度查询对应的国家县市标准码,并返回给手机客户端。

第四步:手机客户端判断是否有区域变化,如果有则询问用户是否增加新的定制地点。

第五步:如果用户选择增加定制地点,手机客户端将对应的县市标准码发送给气象灾害预警信息发布平台;如果用户选择不增加则不发送。

第六步:气象灾害预警信息发布平台增加并记录用户定制地点。

第七步:气象灾害预警信息发布平台返回给手机客户端定制地点操作的响应。

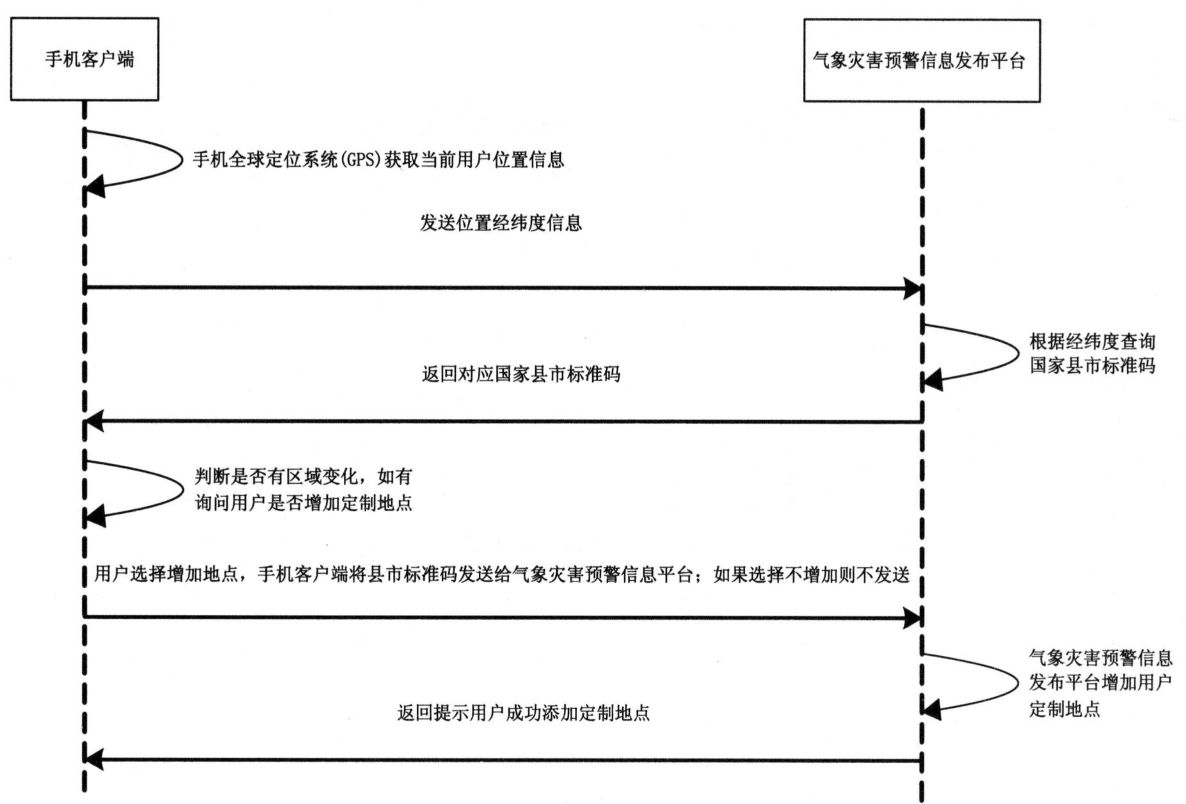

图4 通过手机全球定位系统(GPS)获取用户位置信息流程图

5.2.3 通过基站定位获取用户位置信息

流程见图5,具体步骤如下。

第一步:手机客户端开启后提示用户并经用户确认,在用户开机或启动手机客户端后,每间隔一定时间侦测一次区域识别码(Cell ID)。

第二步:手机客户端将区域识别码(Cell ID)发送给对应的运营商位置服务(LBS)平台。

第三步:运营商位置服务(LBS)平台根据区域识别码(Cell ID)查询对应的国家县市标准码,并返回给手机客户端。

第四步：手机客户端判断是否有区域变化，如果有则询问用户是否增加新的定制地点。

第五步：如用户选择增加定制地点，手机客户端将对应的县市标准码发送给气象灾害预警信息发布平台；如果用户选择不增加则不发送。

第六步：气象灾害预警信息发布平台增加并记录用户定制地点。

第七步：气象灾害预警信息发布平台返回给手机客户端定制地点操作的响应。

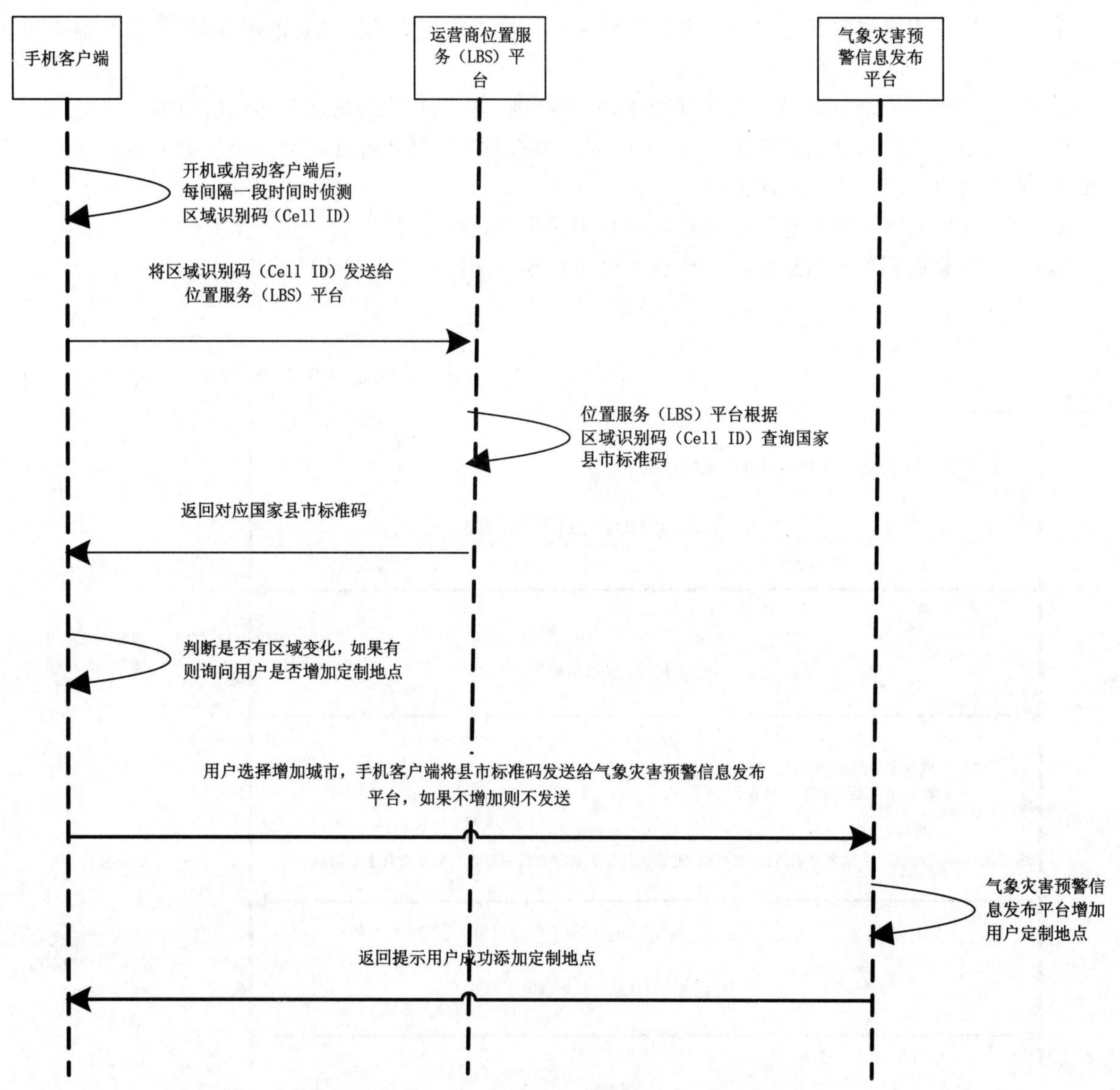

图5　通过基站定位获取用户位置信息流程图

5.3　气象灾害预警信息推送流程

5.3.1　永久在线推送平台推送气象灾害预警信息

流程见图6，具体步骤如下。

第一步：手机客户端同永久在线推送平台间保持“长连接”。

第二步：气象灾害预警信息发布平台生成气象灾害预警信息，并搜索该气象灾害预警信息所覆盖地区内各地点的定制用户。

第三步：气象灾害预警信息发布平台将需要推送的用户及其定制的气象灾害预警信息发送给永久在线推送平台。

第四步：永久在线推送平台判断手机客户端是否在线，如果在线则直接将信息推送给手机客户端；如果判断结果是不在线，则先将手机客户端拉起使其在线，然后推送气象灾害预警信息。

第五步：手机客户端根据收到的气象灾害预警信息发出相应的提示提醒用户查看。

第六步：手机客户端将气象灾害预警信息推送结果反馈给永久在线推送平台。

第七步：永久在线推送平台判断预警信息是否推送成功，如果未成功则重复第四步重发；如果发送成功则判断推送信息用户是否已读。

第八步：永久在线推送平台向气象灾害预警信息发布平台反馈预警信息推送结果。

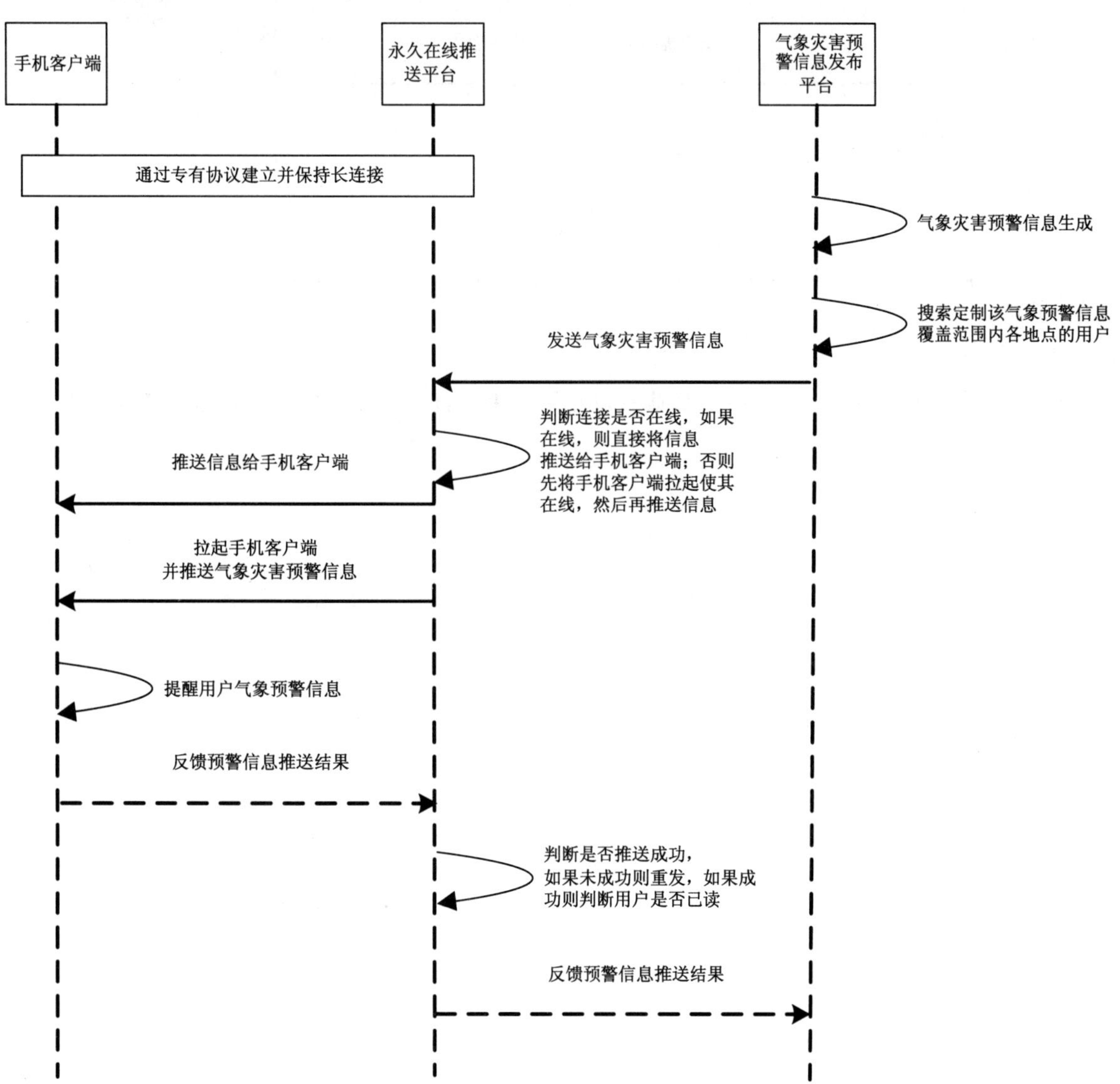

图6　通过永久在线推送平台推送气象灾害预警信息流程图

5.3.2　手机客户端向气象灾害预警信息发布平台主动查询获取气象灾害预警信息

流程见图7，具体步骤如下。

第一步：手机客户端主动向气象灾害预警信息发布平台查询已定制地点是否有气象灾害预警信息。

第二步:气象灾害预警信息发布平台根据手机客户端上传的地点查询气象灾害预警信息。

第三步:气象灾害预警信息发布平台将手机客户端定制地点的气象灾害预警信息返回给客户端。

第四步:手机客户端根据收到的气象灾害预警信息发出相应的提示提醒用户查看。

第五步:手机客户端将预警信息接收结果反馈给气象灾害预警信息发布平台。

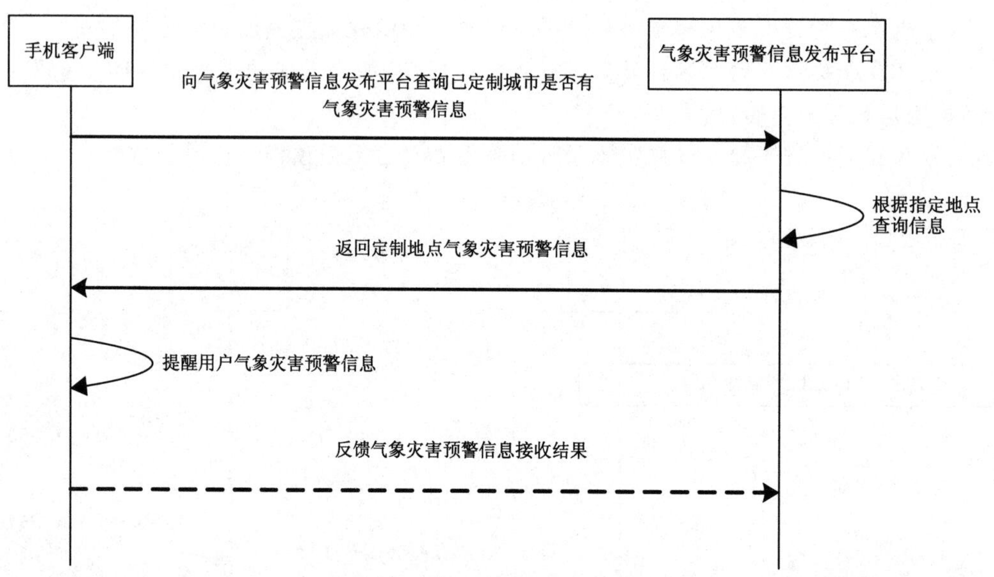

图7　手机客户端向气象灾害预警信息发布平台主动查询获取气象灾害预警信息流程图

参 考 文 献

[1] 中国气象局政策法规司.气象标准汇编 2005—2006.北京:气象出版社,2008

[2] 中国气象局政策法规司.气象行业标准汇编 2007.北京:气象出版社,2009

[3] 气象灾害防御条例.中华人民共和国国务院令第 570 号.2010 年 1 月 27 日

[4] 国务院办公厅关于加强气象灾害监测预警及信息发布工作的意见(国办发〔2011〕33 号)

ICS 07.060
A 47

中华人民共和国气象行业标准

QX/T 148—2011

气象领域高性能计算机系统测试与评估规范

Specification for high performance computer system test and evaluation in the meteorological field

2011-12-21 发布　　　　2012-01-01 实施

中 国 气 象 局　发 布

前　言

本标准按照 GB/T 1.1—2009 给出的规则起草。

本标准由全国气象基本信息标准化技术委员会(SAC/TC 346)提出并归口。

本标准起草单位:国家气象信息中心。

本标准主要起草人:洪文董、曹燕、田浩。

气象领域高性能计算机系统测试与评估规范

1 范围

本标准规定了气象领域高性能计算机系统测试的要求、内容和方法，以及对测试结果的定性和定量评估方法。

本标准适用于在采购气象数值预报使用的高性能计算机过程中的测试与评估。

2 术语和定义

下列术语和定义适用于本文件。

2.1

高性能计算机系统 high performance computer system;HPCS

由大量高性能计算节点、高速互联网络和大容量存储子系统构成的大规模并行计算机系统。

2.2

峰值性能 peak performance

计算机系统的最高理论性能值。

2.3

应用测试 application test

使用用户实际应用程序对计算机系统进行测试。

2.4

核心测试 kernel test

从大型应用程序中抽出最耗资源或最具代表性的程序代码集，测试计算机系统的相关性能。

2.5

非优化测试 un-optimized test

测试时不允许修改源代码，直接编译运行。

2.6

优化测试 optimized test

对源代码进行优化修改后的测试，且修改不能影响程序运行结果的正确性的测试。

注：程序修改处要注明。

2.7

再现性测试 repeatable test

测试完成后，测试方保存每个测试程序的运行记录和结果。在安装现场，按照与原测试完全相同的测试方法、编译环境、运行环境和配置进行重新测试，获得与测试方相同的测试结果。

3 测试规范

3.1 测试要求

3.1.1 筛选参测应用模式

从已有的业务或科研模式中筛选出可提供参与测试的模式。提供测试的模式或程序应是在一个以上平台上稳定运行过的版本。

3.1.2 设定测试时效要求

根据业务或科研模式的运行时效要求来设定模式测试的运行时间要求，也可用缩短运行时间的要求来测更大规模的系统。

3.1.3 整机测试

使用一套具有完整硬件配置、完整软件配置，且配置已全部安装的目标机为测试平台。一套单机柜组成的系统其节点间的互联网络、一套多机柜组成的系统其机柜间的互联网络均应得到测试。宜有一个并行应用程序能够测试到整机的全部计算单元和内部互联网络。

3.1.4 综合测试

运用应用测试、功能测试和核心测试等方法，对计算机系统的计算性能、内存性能、内部互联网络性能、I/O 性能和软件功能进行全面测试。

3.1.5 测试方法

以应用测试为主、核心测试为辅。各项测试分为非优化测试和优化测试，由厂家自测试。再现性测试在系统安装验收时进行，由采购方测试。

3.1.6 测试环境

所有测试应在满足计算机性能与规模等要求的环境下运行，测试节点的计算单元应满配置，内存容量可按需配置。应是 UNIX 或 LINUX 环境和 64 位精度及其以上的计算机系统。

3.1.7 运行方式

所有测试相关的脚本应以批作业的方式运行。

3.1.8 测试期限

根据题目的大小、数量确定测试期限。

测试期限以日历日按天计算，含节假日。发放测试代码（发放日）和提交测试结果（提交日）当日不计入测试期。境外测试按收到测试代码邮戳为发放日、寄出结果邮戳为提交日。应遵守按发放日按时领取测试代码和在提交日之前提交结果，逾期为无效测试。

3.2 测试内容

3.2.1 测试题

一道测试题（Test）可以对应一个应用程序的测试或对某个核心程序的测试，也可以对应多个应用程序的组合测试或多个核心程序的组合测试。测试题以 Test1,Test2,Test3 等顺序编号。

测试题分为必测(MUST-DO)和选测(OPTIONAL)两个类别,每道测试题应为必测或选测类别之一。其中必测项应包括主要业务模式。

3.2.2 应用测试

3.2.2.1 系统配置测试

在规定时间内运行完给定程序所需的 CPU 资源、内存资源等最小配置。可设为必测项或选测项。

测试题设计参见附录 A 的 Test1 和 Test3、Test5、Test6。

3.2.2.2 可扩展性测试

测试计算机系统的加速比和效率。此测试为必测项。

宜选择扩展性好的成熟模式为测试题。节点(或 CPU 核)数系列值的选取可根据目标系统的规模调整,至少应选取 8 个阶梯直至目标系统的节点数或大于目标系统的节点数。

测试题设计参见附录 A 的 Test6。

3.2.2.3 性能测试

性能测试为必测项,包含两个单项:

——单 CPU 的应用性能测试;

——单节点的应用性能测试。

宜选择含较多串行处理(如前处理)的模式为测试项。

测试题设计参见附录 A 的 Test8、Test9 和 Test2。

3.2.3 功能测试

功能测试至少包含两个必测项:

——断点/重起 Checkpoint/Restart 测试;

——分时调度测试。

测试题设计参见附录 A 的 Test7 和 Test4。

3.2.4 核心测试

采用国际上公认的、较多采用的核心程序或经改写的程序段。核心测试包含两个测试:

——高性能计算机基本性能 PMaC_HPC_Benchmarks 测试,此测试为选测项,可以从以下网址获得:〈http://www.sdsc.edu/PMaC〉;

——内存带宽流 STREAM 测试,此测试为必测项,可以从以下网址获得:〈http://www.cs.virginia.edu/stream/〉。

测试题设计参见附录 A 的 Test12 和 Test13。

3.3 测试准备

3.3.1 程序及相关数据准备

包括以下四项工作内容:

a) 测试程序及相关数据准备应在 UNIX 或 LINUX 环境下进行,生成的目录结构以测试程序名开始,下级目录为源程序、数据。

示例 1：

MM5 程序的目录结构：

MM5/src/

MM5/data/

……。

b） 在存放测试程序的主目录下用 tar 命令打包、压缩，一个程序（及数据）生成单个文件，并以该程序名命名。

示例 2：

MM5 程序的单文件命名：

MM5. tar. gz 或 MM5. tar. Z。

c） 如生成一个文件太大，可以几个子目录生成一个文件，则一个程序（及数据）生成多个文件。

示例 3：

MM5 程序的多文件命名：

MM5-1. tar. Z，MM5-2. tar. Z。

d） 压缩的单文件经解压、tar 开后能还原成上列的目录层次结构。压缩的多文件经解压、tar 开后同样也能还原成上列的目录层次结构。

3.3.2 介质准备

包括以下三个步骤：

a） 介质选择

存储介质宜选不会被更改且轻便易传递的光盘。根据存储容量可用 CD 或 DVD。存储介质也可选用轻便型的 U 盘或大容量的移动硬盘。

b） 数据刻录

把在 UNIX 或 LINUX 环境下准备的程序和数据传到 Windows 环境下刻写。存储介质制作之后应进行可用性读出检查。

c） 贴标签

存储介质制作完成后，应统一对每件介质编号、贴标签。标志样例包括下面 4 行：

——光盘编号：单位名称缩写名——Disk1（1/4）；

——模式名称：IFS. tar. Z：全球中期数值预报谱模式（并行版）；

——发行日期：xxxx 年 xx 月 xx 日；

——制作人签名：真实姓名。

U 盘或移动硬盘均为可改写介质，制作完成后应加密封标志。

3.3.3 介质传递

宜当面直接签字领取，也可快递。光盘应注重包装保护。移动硬盘不宜用邮寄。介质应备双套。

3.4 测试结果

3.4.1 准备电子形式输出结果

包括以下三个步骤：

a） 筛选输出结果

包括以下内容：

——实际作业运行时所使用输入数据文件，源程序和编译后对应的目标程序；

——优化时修改过的最终版本的源文件，不应包括优化过程中的中间文件；

——应对作业主要部分(如编译、程序载入和执行)的开始和结束打上墙钟时间标志；
——运行过程中的标准输出 stdout、标准错误输出 stderr 和日志 logs 保存下来的文件；
——测试的结果。

b) 存放路径与打包

在程序测试运行和优化测试的过程中所使用的模式目录层次不变，为区分不同公司各测试题非优化和优化结果，应在原模式目录层次之前增加若干父目录。按示例的目录结构存放，打包返回结果。

示例：

ABC 公司的目录结构：

ABC/IFS/Test1/un-optimized/...

ABC/IFS/Test1/optimized/...

上述路径表明是 ABC 公司测试的、基于集成预报系统 IFS 进行 Test1 测试，并分成优化和非优化两种。优化后的源程序也要包含其中。

打包成 ABC-IFS. tar. Z 返回结果。这表明是 ABC 做的 IFS 测试结果、用 tar 命令并压缩后的包。如果包太大，可分成几个包，如 ABC-IFSTest1. tar. Z，ABC-IFSTest2. tar. Z 等。

c) 存放介质

存放介质宜选光盘或 U 盘或大容量移动硬盘；贴标签，标注公司和列出文件，直接送达或快递。参见 3.3.2 和 3.3.3。

3.4.2 填写测试报告表

模式的测试题对应一个测试报告表(参见 A.7)，包含测试结果和相应的测试环境。由测试人用中文或英文填写并签字，用书面形式提交。

3.4.3 撰写分析报告书

内容包括对本测试的总体描述，测试结果的存放路径，运行环境和关键系统参数调整对性能的影响，优化过程中主要修改部分，结果的性能曲线的表述与分析，正确性分析、结果分析等。结果分析中对基于部分测试进行推算的测试题，应给出推算理由和计算公式。

分析报告书中应保证结果的真实性和测试的可再现性，推算结果视同承诺的文字。

分析报告书使用中文或英文，用书面形式和电子文档(PDF 或 WORD 格式)提交，书面形式文档应有撰写人签字。

3.5 测试说明书编写要求

3.5.1 总体测试说明书

每个采购或招标项目对应的测试应准备一份项目测试总说明书。说明书的书写应清楚、严谨。说明书的标题命名规则：×××单位×××项目 HPCS 性能测试说明书。说明书的内容应包括 3.2 至 3.4。说明书的大纲宜包括：概述、说明文档与程序、测试要求、测试结果、测试题(测试报告表格)和联系方式。

总体说明书的样式参见附录 A。

3.5.2 分项测试说明书

分项测试说明书按下列大纲顺序及内容书写：

a) 概述

对程序的总体介绍。打包的程序名；编程方式(是串行还是并行)；模式类别(是数值天气预报模式还是气候模式，是全球模式还是区域模式，是谱模式还是格点模式)；格点规模(波数、格点数组成、层数);源程序的语言版本;编程模式(是 MPI 还是 OpenMP 或混合模式);程序包展开的子目录结构。

b) 编译和运行步骤

介绍程序子目录下的说明文件 README,帮助文件 HELP;哪些文件能帮助了解整个模式,指导如何去编译,连接源程序、修改程序接口、运行数据;应修改哪个文件的参数,如何运行程序。

c) 数据文件说明

说明模式输入数据存放目录及其文件集,是实际气象数据还是人工数据,以及如何使用这些数据。

d) 运行结果

规定需要创建、存放所有修改过或优化过的子程序的子目录,运行时创建的人工数据、使用的真实数据、测试结果存放的子目录。

e) 测试内容和要求

规定如何使用初始场数据和修改作业卡运行程序,根据测试题要求,在规定时间内或指定系统规模下进行测试,应获得什么测试结果。

分项测试说明书的样式参见附录 B、附录 C。

3.5.3 说明书使用的语言

总体和分项测试说明书可使用中文或英文,用书面形式和电子文档(PDF 或 WORD 格式)提供。总体和分项测试说明书的电子文档可与测试代码同时刻录光盘。

4 评估规范

4.1 定性评估

4.1.1 完成情况

应对所有厂家所完成的测试及结果提交情况进行统计,填写测试完成情况定性评估表,见表 1。对按时完成的项目打“√”,其他图例见表注。该表应涵盖所有参与测试的厂家和所有测试程序,表项可按实际测试题和厂家数增减。

表 1 测试完成情况定性评估表

		厂家 A				厂家 B				厂家 C				厂家 D				厂家 E			
		测试完成	测试方法正确性	结果正确性	优化程度	测试完成	测试方法正确性	结果正确性	优化程度	测试完成	测试方法正确性	结果正确性	优化程度	测试完成	测试方法正确性	结果正确性	优化程度	测试完成	测试方法正确性	结果正确性	优化程度
Test1	非优化																				
	优化																				
Test2	非优化																				
	优化																				

表 1 测试完成情况定性评估表(续)

		厂家A				厂家B				厂家C				厂家D				厂家E			
		测试完成	测试方法正确性	结果正确性	优化程度	测试完成	测试方法正确性	结果正确性	优化程度	测试完成	测试方法正确性	结果正确性	优化程度	测试完成	测试方法正确性	结果正确性	优化程度	测试完成	测试方法正确性	结果正确性	优化程度
Test3	非优化																				
	优化																				
Test4	非优化																				
	优化																				
Test5	非优化																				
	优化																				
Test6	非优化																				
	优化																				
Test7	非优化																				
	优化																				
⋮																					
Test*n*	非优化																				
	优化																				
注 1:完成情况:√测了,— 未测;正确性:√正确,×错误;? 部分对,— 未测; **注 2**:优化程度:— 无优化,☆一般优化,★很好优化;涂底纹:为重测后的数据。																					

对于表中的表项不能仅靠打“√”来表达的测试题,可对该项测试进行文字说明。

注:某项目测试的结果提交不完整,经提醒后补齐;或某项目测试的不断优化,测试提交日后继续提供更新结果等加以说明。

4.1.2 测试环境真实性分析

对测试相关环境进行验证,至少应验证的项目如下:

a) 测试的环境是否是 UNIX 或 LINUX;

b) 测试的精度是否是 64 位或 64 位以上系统;

c) 测试的 CPU 是否与目标机配置有差异;

d) 测试的节点配置是否与目标机有差异;

e) 测试的系统配置包括内部网络互联、存储系统是否与目标机有差异。

4.1.3 测试方法准确性分析

验证是否按总体说明书和分项说明书的规定方法进行测试。至少应验证的项目如下:

a) 测试的源代码是否用采购方提供(或规定版本或指定来源)的源代码;

b) 非优化测试是否真正使用指定的、没有改动过的源程序；

c) 优化测试是否真正做过源代码优化、使用过预编译器、编译选项、链接的库；

d) 测试模式使用厂家的数据而不是采购方提供的业务运行(或指定来源)数据；

e) 减少输出数据次数而减少墙钟时间等；

f) 功能测试是否按规定的方法测试；

g) 测试的真伪性检查，包括对测试人签字、批作业运行的标准输出、运行结果输出检查；

h) 测试的完成程度，是全部实测还是全部推算，还是部分测试加推算。

4.1.4 测试结果正确性分析

4.1.4.1 计算机运算结果的正确性

一般情况下，未经修改的同一程序在不同机器上经编译、运算的结果应是相同的。若不同，可通过将运算结果比对样板输出文件来检查。

4.1.4.2 模式运行结果的正确性

测试时，因修改了部分程序代码(例如在优化方式测试时)或调整了模式的参数，会造成模式运行结果的偏差或预报的错误。可通过将运算结果绘制天气图比对样板天气图来检验。

4.1.4.3 输出结果被人为修改的检验

模式运行时，标准输出文件、标准错误输出文件的输出时打上的是关联的时间标志序列。当输出结果(如敏感的运行时间等)被人为修改，其文件的修改时间会发生变化。可通过对模式运行输出的系列文件的写、修改文件的时间关联性来检查。

4.1.5 问题清单

在问题清单上列出妨碍定量评估的问题。以测试题为单位，逐个厂家分析登记，见表2。该表应涵盖所有参与测试的厂家和所有测试题，表项可按实际测试题和厂家数增减。

表2 测试结果问题清单

	厂家 A	厂家 B	厂家 C	厂家 D	厂家 E
Test1		没有用业务数据运行 IFS 模式			
Test2					
Test3					
Test4					
⋮					
Test$n$		没有用业务数据运行 IFS 模式			

4.2 定量评估

4.2.1 总则

表3至表7中的各表项可按实际测试题和厂家数增减，各表中测试题参见A.5。

4.2.2 配置分析

应对涉及测量最小配置规模的测试题，对其 CPU 数（或核数、或节点数）、单 CPU 的内存配置和总功耗比对分析，从 CPU 数计算出系统峰值性能、内存总容量和每瓦峰值性能，见表 3。

表 3 被测程序的最小系统配置对比分析

<table>
<tr><td colspan="2" rowspan="4"></td><td colspan="6">厂家 A</td><td colspan="6">厂家 N</td></tr>
<tr><td colspan="6">①单 CPU 峰值性能 GFLOPS/GF：</td><td colspan="6">①单 CPU 峰值性能 GFLOPS/GF：</td></tr>
<tr><td colspan="6">②内存/CPU/MB：</td><td colspan="6">②内存/CPU/MB：</td></tr>
<tr><td>运行时间
s</td><td>CPU数
③</td><td>峰值性能④
=①×③
GF</td><td>内存容量
=②×③
MB</td><td>总功耗⑤
kW</td><td>每瓦性能
④/⑤
GF/W</td><td>运行时间
s</td><td>CPU数
③</td><td>峰值性能④
=①×③
GF</td><td>内存容量
=②×③
MB</td><td>总功耗⑤
kW</td><td>每瓦性能
④/⑤
GF/W</td></tr>
<tr><td rowspan="2">Test3
3600 s</td><td>非优化</td><td></td><td></td><td></td><td></td><td></td><td></td><td></td><td></td><td></td><td></td><td></td><td></td></tr>
<tr><td>优化</td><td></td><td></td><td></td><td></td><td></td><td></td><td></td><td></td><td></td><td></td><td></td><td></td></tr>
<tr><td rowspan="2">Test5
1800 s</td><td>非优化</td><td></td><td></td><td></td><td></td><td></td><td></td><td></td><td></td><td></td><td></td><td></td><td></td></tr>
<tr><td>优化</td><td></td><td></td><td></td><td></td><td></td><td></td><td></td><td></td><td></td><td></td><td></td><td></td></tr>
<tr><td rowspan="2">Test6A
1800 s</td><td>非优化</td><td></td><td></td><td></td><td></td><td></td><td></td><td></td><td></td><td></td><td></td><td></td><td></td></tr>
<tr><td>优化</td><td></td><td></td><td></td><td></td><td></td><td></td><td></td><td></td><td></td><td></td><td></td><td></td></tr>
</table>

4.2.3 测量时间分析

测量某一任务所花的全部时间称响应时间。响应时间也称墙钟时间或周转时间。响应时间＝CPU 时间（用户＋系统）＋ I/O 时间＋通信时间。一个程序的 CPU 时间包含用户 CPU 时间（执行程序的时间）和系统 CPU 时间（操作系统的开销）。系统性能对应于响应时间，而 CPU 性能对应于用户 CPU 时间。

应对涉及测量时间的测试题的测试结果填写分析比较表，见表 4。表 4 中涉及测量时间的测试题如：串行或并行程序在单 CPU 上、在单节点上或在指定系统规模上运行时测到的作业编译、加载和运行时间。

表 4 程序运行时间比较

（单位为 s）

<table>
<tr><td colspan="2" rowspan="2"></td><td colspan="3">厂家 A</td><td colspan="3">厂家 B</td><td colspan="3">厂家 C</td><td colspan="3">厂家 N</td></tr>
<tr><td>编译</td><td>载入</td><td>运行</td><td>编译</td><td>载入</td><td>运行</td><td>编译</td><td>载入</td><td>运行</td><td>编译</td><td>载入</td><td>运行</td></tr>
<tr><td rowspan="2">Test2</td><td>非优化</td><td></td><td></td><td></td><td></td><td></td><td></td><td></td><td></td><td></td><td></td><td></td><td></td></tr>
<tr><td>优化</td><td></td><td></td><td></td><td></td><td></td><td></td><td></td><td></td><td></td><td></td><td></td><td></td></tr>
<tr><td rowspan="3">Test8</td><td>非优化</td><td></td><td></td><td></td><td></td><td></td><td></td><td></td><td></td><td></td><td></td><td></td><td></td></tr>
<tr><td>优化（串）</td><td></td><td></td><td></td><td></td><td></td><td></td><td></td><td></td><td></td><td></td><td></td><td></td></tr>
<tr><td>优化（并）</td><td></td><td></td><td></td><td></td><td></td><td></td><td></td><td></td><td></td><td></td><td></td><td></td></tr>
<tr><td rowspan="3">Test9</td><td>非优化</td><td></td><td></td><td></td><td></td><td></td><td></td><td></td><td></td><td></td><td></td><td></td><td></td></tr>
<tr><td>优化（串）</td><td></td><td></td><td></td><td></td><td></td><td></td><td></td><td></td><td></td><td></td><td></td><td></td></tr>
<tr><td>优化（并）</td><td></td><td></td><td></td><td></td><td></td><td></td><td></td><td></td><td></td><td></td><td></td><td></td></tr>
</table>

4.2.4 加速比分析

并行系统加速比是指给定程序在单处理机上的执行时间与在多个这种处理机组成的并行处理系统上的执行时间之比。

应对涉及可扩展性试题的结果，计算并行系统加速比，填写加速比比较表，见表5。表中计算单元的核数也可为CPU数或节点数。

表5中某行加速比计算等于核数为1的执行时间除以该行的执行时间。效率计算等于实测性能/峰值性能。

加速比分析图的画法参见附录D的示例1和示例2。

表5 加速比分析比较表

	厂家A					厂家N				
机器型号										
芯片型号	Intel 2.93 GHz X5570					2.7 GHz AMD Opteron				
互联网络	InfiniBand					专有网络				
核数	运行时间 s	峰值性能① GFLOPS	实测性能② GFLOPS	加速比	效率②/① %	运行时间 s	峰值性能① GFLOPS	实测性能② GFLOPS	加速比	效率②/① %
1	√	√	√	√	√					
8	√	√	√	√	√					
16										
64	√	√	√	√	√					
128						√	√	√	√	√
256	√	√	√	√	√					
512	√	√	√	√	√	√	√	√	√	√
1024	√	√	√	√	√					
2048	√	√	√	√	√	√	√	√	√	√
4096	√	√	√	√	√					
8192	√	√	√	√	√	√	√	√	√	√
16384						√	√	√	√	√
32768					√	√	√	√	√	√
65536					√	√	√	√	√	√
131672					√	√	√	√	√	√
注：表中√表示填入数据。										

4.2.5 管理软件效率分析

应计算出用于管理开销(时间)与程序总运行时间的比值，即该管理软件开销比率：

a) 对Checkpoint/Restart测试题进行效率分析，参见附录A的Test7，填写表6。开销比率图的画法参见附录D的示例3。

表 6 断点/重起开销分析

	厂家 A			厂家 B			厂家 N		
	次数	总时间 s	开销 %	次数	总时间 s	开销 %	次数	总时间 s	开销 %
①T213 执行			—			—			—
②MM5 执行			—			—			—
③Test7 运行			—			—			—
④Ch/R 开销＝③－①－②	—		—	—		—	—		—
⑤开销比率％ ＝④/③	—	—		—	—		—	—	

b) 对分时调度(当选作测试题时)测试题进行效率分析,参见附录 A 的 Test4,填写表 7。开销比率图的画法参见附录 D 的示例 4。

表 7 分时调度开销分析

	厂家 A		厂家 B		厂家 N	
	总时间 s	开销 %	总时间 s	开销 %	总时间 s	开销 %
①T213 1 拷贝 单独执行		—		—		—
②4 个 T213 单独执行①×4		—		—		—
③Test4 4 拷贝 并行执行		—		—		—
④调度开销＝③－②		—		—		—
⑤开销比率％＝④/③	—		—		—	

4.3 测试评估报告书大纲

4.3.1 概述

评估报告书的概要性描述,包括参与测试的厂家、分析评估的测试题等。

4.3.2 定性评估

按测试题逐项进行评估。每个测试题评估的内容应覆盖 4.1 的内容。

4.3.3 定量评估

按测试题逐项进行评估。每个测试题评估的内容应覆盖 4.2 的内容。

4.3.4 总体评估

综合各个测试题、各厂家的评估结果得出总体评估。

附 录 A
(资料性附录)
CMA 短期气候预测 HPCS 性能测试说明

A.1 概述

参与测试的厂家根据两个气候预报模式 CGCM 和 RegCM、两个气象预报模式 IFS 和 MM5 及系统性能 Kernel 测试程序,按照本测试说明的测试总体要求和各模式的要求,进行 13 个分项目测试,并按测试结果的存放要求打包、填写测试报告表和书写测试分析报告书。

测试来往文档的工作语言为中文或英文。可打印说明性文档用 PDF 或 WORD 格式。

A.2 说明文档与程序

A.2.1 说明性文档

Word 格式,包含 6 个文件:

a) CMA 短期气候预测 HPCS 性能测试说明(文本和电子文档);

b) IFS 模式测试程序说明;

c) 中尺度数值模式(MM5V3)测试说明;

d) CGCM 测试程序说明;

e) RegCM 测试程序说明;

f) Kernel 测试程序说明(英文版 Description of Kernel Test)。

A.2.2 程序

压缩的 tar 格式,光盘 4 个,包含 5 个文件包:

a) CMA-Disk1:
IFS. tar. Z:全球中期数值预报谱模式(并行版);

b) CMA-Disk2:
MM5. tar. gz 中尺度非静力格点模式(并行版);

c) CMA-Disk3:
CGCM. tar. gz:海气耦合模式(串行版);

d) CMA-Disk4:
RegCM. tar. gz:区域气候模式(串行版),
Kernel. tar. Z:系统性能测试。

各程序包中包含有关程序的 README 文件。

A.3 测试要求

A.3.1 测试的目的

用于验证和确定 CMA 的目标系统的性能规模和内存配置;Kernel 程序用于测试系统的相关性能指标,如单 CPU 性能、I/O 速度、结点互联网速度等。

A.3.2 测试总体要求

所有测试均在相同或相近的系统配置规模环境下运行，一般是 UNIX 或 LINUX 环境和 64 位精度的机器。所有测试相关的脚本(scripts)以批作业的方式运行，不用交互方式。如果只能用交互方式运行，则说明原因。

5 个程序包，共分成 13 个测试题。按 A.5 进行测试。每个测试题分非优化和优化两种方式：

a) 非优化(un-optimized)是指源码不能被修改，除非为了程序的正常运行做必要的修改，但遵循下列代码修改限制条件：
   1) 不会影响模式的预报结果；
   2) 不影响代码的通用性，修改的代码重新运行能产生再现的结果，即使用完全相同的输入数据和参数，作业重新运行能得到二进制位逐位相同的结果；
   3) 各模式的参数修改限制参见各自的 README 文件；
   4) 非优化方式在代码和脚本文件(scripts)中所做修改的地方，标注 UNOPTMOD 字符串。
b) 优化(optimized)是指允许对源码进行修改以达到提高性能的目的。上述非优化的 4 个限制条件此处适用。下述情形的代码可修改：
   1) 编译前源代码可使用预编译器；
   2) 为指导编译器完成某种功能而在源代码中插入编译指导语句(compiler directives)；
   3) 各模式中 README 文件中指明的可修改部分；
   4) 两个串行气候模式可改成并行程序；
   5) 非优化方式所做的代码修改不能影响程序的可读性和代码的可移植性，不影响在不同结构系统上的有效运行；
   6) 优化方式在代码和脚本文件(scripts)中做修改的地方，标注 OPTMOD 字符串。并提供汇集所有修改内容及修改目的之描述性电子文档。

A.4 测试结果

A.4.1 电子形式输出结果

A.4.1.1 输出结果的内容

输出结果的内容包括：

a) 实际作业运行时所使用的输入数据文件，源程序和编译后的对应的目标程序，使 CMA 可以识别对源程序和输入数据文件作过的修改；
b) 优化时修改过的最终版本的源文件；不要优化过程中的中间文件；
c) 要对作业主要部分(如编译、程序装载和执行)的开始和结束打上墙钟时间标志；
d) 包括运行过程中的 stdout、stderr 和 logs 保存下来的文件；
e) 测试的结果。

A.4.1.2 存放路径与打包

在程序测试运行和优化测试的过程中所使用的模式目录层次不变，为区分不同公司各测试题非优化和优化结果，要求在原模式目录层次之前增加若干父目录。按下述目录结构存放。

注：以 ABC 公司为例：

ABC/IFS/Test1/un-optimized/...

ABC/IFS/Test1/optimized/...

上述路径表明是ABC公司测试的、基于集成预报系统IFS进行Test1项测试并分成优化和非优化两种。优化的后的源程序也应包含其中。

打包成ABC-IFS. tar. Z返回结果。这表明是ABC做的IFS测试结果、用tar命令并压缩后的包。如果包太大，可分成几个包，如ABC-IFSTest1. tar. Z，ABC-IFSTest2. tar. Z等。

存放介质可以是光盘或8 mm磁带或U盘，加标签，标注公司和列出文件。

A.4.2 填写测试报告表

模式的各分项测试对应一个测试报告表，包含测试结果和相应的测试环境。由测试人填写并签字，用书面形式提供。

A.4.3 撰写分析报告书

尽管有各项测试后的电子形式的测试结果和测试报告表，还是要求写一份分析报告，内容包括对本测试的总体描述，测试结果的存放路径，运行环境和关键系统参数调整对性能的影响，优化过程中主要修改部分，结果的性能曲线的表述与分析等。用书面形式和电子文档提供，书面形式文档要有撰写人签字。

厂家保证上述结果的真实性和测试的可再现性，推算结果视同正式承诺。

A.5 测试题

测试共分13个测试题（Test1～Test13），前9个为模式相关测试，后4个为系统相关性能测试。每一个测试题按非优化和优化两种方式测试。前9项测试需填写对应测试报告表，报告表附在本说明后面。后4项测试按Kernel测试程序说明，批作业运行结果定向到文件中。每一个测试需撰写分析报告书。

Test1、Test2、Test4、Test6、Test7、Test8、Test9、Test13是必测项（MUST-DO）；Test3、Test5、Test10、Test11、Test12是选测项（OPTIONAL）。对测试完成情况的评估权重是：必测项占60%；选测项占40%。

下述前9个测试，要求每个节点CPU满配置，运行时以单作业独占方式使用全部CPU资源和其他资源。特殊说明的例外。Kernel按各测试说明要求配置系统。13个测试题及其测试类别如下：

a) Test1（T213 runs in 30 minutes） MUST-DO

   测试要求：T213在30 min以内做10 d预报运行结束所需的CPU和内存等资源的最小配置。

b) Test2（T213 runs in one node） MUST-DO

   测试要求：测试单节点下T213做10 d预报运行结束所需的时间。

c) Test3（T213 32 copies for EPS） OPTIONAL

   测试要求：32份拷贝的T213集合预报系统（EPS）同时在60 min以内运行结束所需的CPU和内存等资源的最小配置。如在系统资源不够情况下，按时完成（60 min），期望尽量多的拷贝数，但需要在测试报告书中推算出32份拷贝所需的最小系统配置。

d) Test4（T213 4 copies for throughput ） MUST-DO

   测试要求：至少在4个节点的系统上测试作业优先级相同的4份T213做10 d预报的拷贝，要求CPU处于共享分时方式（即每份拷贝使用全部相同的CPU），测试运行结束所需要的时间。

e) Test5（MM5 27 km×9 km×3 km，China） OPTIONAL

   测试要求：MM5（三重嵌套27 km×9 km×3 km）在30 min内做60 h预报运行结束所需的CPU和内存等资源的最小配置。

f) Test6（MM5 20/5 km，China） MUST-DO

测试要求：Test6A：MM5（20 km）在30 min内做60 h预报运行结束所需的CPU和内存等资源的最小配置（设此时的CPU数量为 N）。Test6B：以 N 的8倍，16倍，24倍，32倍，40倍，48倍，56倍，64倍（内存可调）测试MM5（5 km）做60 h预报运行结束所需的时间。如测试环境不满足，在测试报告书中推算出MM5（5 km）在30 min内运行结束所需的CPU和内存等资源的最小配置。

g） Test7（T213&MM5-20 km Checkpoint/restart）　MUST-DO
测试要求：至少在4个节点（使用相同的CPU）的系统上，要求Test1和Test6 MM5（20 km）作业在Checkpoint/restart软件控制下自动交替起停10次以上切换（起和停算一次切换）运行，测试两个模式的运行正常情况和结果正确情况。保留Checkpoint/restart控制下程序实际运行时带有时间标记的Log文件和错误记录文件，并在分析报告书中指明存放路径。

h） Test8（CGCM）　MUST-DO
测试要求：优化时可以改成并行模式运行。

i） Test9（RegCM）　MUST-DO
测试要求：优化时可以改成并行模式运行。

j） Test10（The NAS Parallel Benchmarks（NPB）Test）　OPTIONAL
测试要求：见Kernel测试程序说明的NPB2.4。

k） Test11（Measuring key MPI functions & performance）　OPTIONAL
测试要求：见Kernel测试程序说明的PMB2.2-mpi。

l） Test12（PMaC_HPC_Benchmarks）　OPTIONAL
测试要求：见Kernel测试程序说明的PMaC_HPC_Benchmarks。

m） Test13（Stream Benchmarks）　MUST-DO
测试要求：见Kernel测试程序说明的Stream。

A.6 联系方式

中文姓名，称谓，英文姓名（测试总体要求和方案说明，协调）
Tele：0086－010－××××××××（O）
E_mail：联系人邮箱

中文姓名，称谓，英文姓名（Kernel测试）
Tele：0086－010－××××××××（O）
E_mail：联系人邮箱

单位名称：
HPCS测试组

A.7 测试报告表

图A.1至图A.9分别给出了Test1至Test9的运行时间与环境的测试报告表样式。

报告表 1：T213 在 30 min 运行完(Report Table1：T213 runs in 30 minutes)

Test1 运行时间与环境(Timings and Environment for Test1)

第 1 部分:Test1 运行时间(T213 在 30 min 运行完)

Part1：Timings for Test1 (T213 runs in 30 minutes)

测试 Test	拷贝数 Copies		期望 Desired 墙钟时间 Wall clock 秒(second)	非优化 Un-optimized 墙钟时间 Wall clock 秒(second)	优化 Optimized 墙钟时间 Wall clock 秒(second)
	期望 Desired	实际 Actual			
编译 Compile	1		—		
载入 Load	1		—		
T213	1		1800		

第 2 部分:Test1 运行环境(T213 在 30 min 运行完)

Part2：Outline of Environment for Test1 (T213 runs in 30 minutes)

机型 Model of machine	
处理器 Processor	
标量时钟/向量时钟 Scalar clock / Vector clock (GHz)	
每时钟指令数 Num of instructions per clock	
单核峰值性能 Peak performance /core (GFLOPS)	
每处理器核数 Num of cores per processor	
单 CPU 峰值性能 Peak performance /CPU (GFLOPS)	
总节点数 Total number of nodes	
每节点处理器数 Num of processors per node	
缓存与寄存器大小 Cache & register sizes	
每节点实际使用内存 Memory size actually used per node(GB)	
每节点内存配置 Memory size configured per node(GB)	
互联网速 Interconnect network speed(GB/s)	
互联网硬件延迟 Interconnect network hardware latency	
操作系统版本 OS level	
编译器版本 Compiler version	
编译命令及选项 Compiler command and options used	

公司 Company ______________________

测试者姓名 Tester name ______________________

测试者签名 Tester Signature ______________________

时间 Date ______________________

图 A.1　Test1 运行时间与环境报告表样式

报告表 2：T213 单节点运行(Report Table2：T213 runs in one node)

Test2 运行时间与环境(Timings and Environment for Test2)

第 1 部分：Test2 运行时间(T213 单节点运行)

Part1：Timings for Test2 (T213 runs in one node)

测试 Test	拷贝数 Copies		非优化 Un-optimized 墙钟时间 Wall clock 秒(second)	优化 Optimized 墙钟时间 Wall clock 秒(second)
	期望 Desired	实际 Actual		
编译 Compile	1			
载入 Load	1			
T213	1			

第 2 部分：Test2 运行环境(T213 单节点运行)

Part2：Outline of Environment for Test2 (T213 runs in one node)

机型 Model of machine	
处理器 Processor	
标量时钟/向量时钟 Scalar clock / Vector clock (GHz)	
每时钟指令数 Num of instructions per clock	
单核峰值性能 Peak performance /core (GFLOPS)	
每处理器核数 Num of cores per processor	
单 CPU 峰值性能 Peak performance /CPU (GFLOPS)	
总节点数 Total number of nodes	
每节点处理器数 Num of processors per node	
缓存与寄存器大小 Cache & register sizes	
每节点实际使用内存 Memory size actually used per node(GB)	
每节点内存配置 Memory size configured per node(GB)	
每 CPU 至 cache 带宽 Bandwidth to cache per CPU(GB/s)	
每 CPU 至内存带宽 Bandwidth to memory per CPU(GB/s)	
操作系统版本 OS level	
编译器版本 Compiler version	
编译命令及选项 Compiler command and options used	

公司 Company ____________________

测试者姓名 Tester name ____________________

测试者签名 Tester Signature ____________________

时间 Date ____________________

图 A.2　Test2 运行时间与环境报告表样式

报告表 3：T213 32 个集合预报样板(Report Table3：T213 32 copies for EPS)
Test3 运行时间与环境(Timings and Environment for Test3)
第 1 部分:Test3 运行时间(T213 32 个集合预报样板)
Part1：Timings for Test3 (T213 32 copies for EPS)

测试 Test	拷贝数 Copies		期望 Desired 墙钟时间 Wall clock 秒(second)	非优化 Un-optimized 墙钟时间 Wall clock 秒(second)	优化 Optimized 墙钟时间 Wall clock 秒(second)
	期望 Desired	实际 Actual			
编译 Compile	1		—		
载入 Load	1		—		
T213	32		3600		

第 2 部分:Test3 运行环境(T213 32 个集合预报样板)
Part2：Outline of Environment for Test3 (T213 32 copies for EPS)

机型 Model of machine	
处理器 Processor	
标量时钟/向量时钟 Scalar clock / Vector clock (GHz)	
每时钟指令数 Num of instructions per clock	
单核峰值性能 Peak performance /core (GFLOPS)	
每处理器核数 Num of cores per processor	
单 CPU 峰值性能 Peak performance/CPU (GFLOPS)	
总节点数 Total number of nodes	
总功耗 Total power consumption(kW)	
每节点处理器数 Num of processors per node	
缓存与寄存器大小 Cache & register sizes	
每节点实际使用内存 Memory size actually used per node(GB)	
每节点内存配置 Memory size configured per node(GB)	
互联网速 Interconnect network speed(GB/s)	
互联网硬件延迟 Interconnect network hardware latency	
操作系统版本 OS level	
编译器版本 Compiler version	
编译命令及选项 Compiler command and options used	

公司 Company ______________________________
测试者姓名 Tester name ______________________
测试者签名 Tester Signature ___________________
时间 Date __________________________________

图 A.3　Test3 运行时间与环境报告表样式

报告表 4：T213 4 份拷贝 系统吞吐(Report Table4：T213 4 copies for throughput)

Test4 运行时间与环境(Timings and Environment for Test4)

第 1 部分：Test4 运行时间(T213 4 份拷贝 系统吞吐)

Part1：Timings for Test4 (T213 4 copies for throughput)

测试 Test	拷贝数 Copies		非优化 Un-optimized 墙钟时间 Wall clock 秒(second)	优化 Optimized 墙钟时间 Wall clock 秒(second)
	期望 Desired	实际 Actual		
编译 Compile	1			
载入 Load	1			
①T213 elapsed time	4			
②T213 exexution time	1			
Total overhead=①－② * 4				

第 2 部分：Test4 运行环境(T213 4 份拷贝 系统吞吐)

Part2：Outline of Environment for Test4(T213 4 copies for throughput)

机型 Model of machine	
处理器 Processor	
标量时钟/向量时钟 Scalar clock / Vector clock (GHz)	
每时钟指令数 Num of instructions per clock	
单核峰值性能 Peak performance /core (GFLOPS)	
每处理器核数 Num of cores per processor	
单 CPU 峰值性能 Peak performance/CPU (GFLOPS)	
总节点数 Total number of nodes	
每节点处理器数 Num of processors per node	
缓存与寄存器大小 Cache & register sizes	
每节点实际使用内存 Memory size actually used per node(GB)	
每节点内存配置 Memory size configured per node(GB)	
互联网速 Interconnect network speed(GB/s)	
互联网硬件延迟 Interconnect network hardware latency	
操作系统版本 OS level	
编译器版本 Compiler version	
编译命令及选项 Compiler command and options used	
作业调度器名称版本 Scheduler version	

公司 Company ________________________

测试者姓名 Tester name ________________________

测试者签名 Tester Signature ________________________

时间 Date ________________________

图 A.4　Test4 运行时间与环境报告表样式

报告表 5：MM5 (27×9×3 km)［Report Table5：MM5(27×9×3 km)］

Test5 运行时间与环境(Timings and Environment for Test5)

第 1 部分：Test5 运行时间［MM5 (27×9×3 km)，中国区］

Part1：Timings for Test5［MM5 (27×9×3 km)，China］

测试 Test	拷贝数 Copies		期望 Desired 墙钟时间 Wall clock 秒(second)	非优化 Un-optimized 墙钟时间 Wall clock 秒(second)	优化 Optimized 墙钟时间 Wall clock 秒(second)
	期望 Desired	实际 Actual			
编译 Compile	1		—		
载入 Load	1		—		
MM5(27×9×3)	1		1800		

第 2 部分：Test5 运行环境［MM5 (27×9×3 km)，中国区］

Part2：Outline of Environment for Test5［MM5 (27×9×3 km)，China］

机型 Model of Machine	
处理器 Processor	
标量时钟/向量时钟 Scalar clock / Vector clock (GHz)	
每时钟指令数 Num of instructions per clock	
单核峰值性能 Peak performance /core (GFLOPS)	
每处理器核数 Num of cores per processor	
单 CPU 峰值性能 Peak performance/CPU (GFLOPS)	
总节点数 Total number of nodes	
总功耗 Total power consumption(kW)	
每节点处理器数 Num of processors per node	
缓存与寄存器大小 Cache & register sizes	
每节点实际使用内存 Memory size actually used per node(GB)	
每节点内存配置 Memory size configured per node(GB)	
互联网速 Interconnect network speed(GB/s)	
互联网硬件延迟 Interconnect network hardware latency	
操作系统版本 OS level	
编译器版本 Compiler version	
编译命令及选项 Compiler command and options used	

公司 Company ______________________________

测试者姓名 Tester name ______________________

测试者签名 Tester Signature __________________

时间 Date __________________________________

图 A.5　Test5 运行时间与环境报告表样式

报告表 6-A MM5（20km)[Report Table6-A：MM5（20km)]
Test6-A 运行时间与环境(Timings and Environment for Test6-A)
第 1 部分:Test6-A 运行时间[MM5（20km)，中国区]
Part1：Timings for Test6-A[MM5（20km),China]

测试 Test	拷贝数 Copies		期望 Desired 墙钟时间 Wall clock 秒(second)	非优化 Un-optimized 墙钟时间 Wall clock 秒(second)	优化 Optimized 墙钟时间 Wall clock 秒(second)
	期望 Desired	实际 Actual			
编译 Compile	1		—		
载入 Load	1		—		
MM5(20 km)	1		1800		

第 2 部分:Test6-A 运行环境[MM5（20km),中国区]
Part2：Outline of Environment for Test6-A [MM5（20km),China]

机型 Model of machine	
处理器 Processor	
标量时钟/向量时钟 Scalar clock / Vector clock (GHz)	
每时钟指令数 Num of instructions per clock	
单核峰值性能 Peak performance /core (GFLOPS)	
每处理器核数 Num of cores per processor	
单 CPU 峰值性能 Peak performance/CPU (GFLOPS)	
总节点数 Total number of nodes	
总功耗 Total power consumption(kW)	
每节点处理器数 Num of processors per node	
缓存与寄存器大小 Cache & register sizes	
每节点实际使用内存 Memory size actually used per node(GB)	
每节点内存配置 Memory size configured per node(GB)	
互联网速 Interconnect network speed(GB/s)	
互联网硬件延迟 Interconnect network hardware latency	
操作系统版本 OS level	
编译器版本 Compiler version	
编译命令及选项 Compiler command and options used	

公司 Company ______________________

测试者姓名 Tester name ______________________

测试者签名 Tester Signature ______________________

时间 Date ______________________

图 A.6　Test6-A 运行时间与环境报告表样式

报告表 6-B MM5 (5km)[Report Table6-B: MM5 (5km)]

Test6-B 运行时间与环境(Timings and Environment for Test6-B)

第 1 部分:Test6-B 运行时间[MM5 (5km), 中国区]

Part1: Timings for Test6-B [MM5 (5km),China]

测试 Test	拷贝数 Copies		非优化 Un-optimized 墙钟时间 Wall clock 秒(second)	优化 Optimized 墙钟时间 Wall clock 秒(second)
	期望 Desired	实际 Actual		
编译 Compile	1			
载入 Load	1			

No. of CPU MEM/CPU	Un-optimized Gflops/Wall clock second	Optimized Gflops/Wall clock second	No. of CPU MEM/CPU	Un-optimized Gflops/Wall clock second	Optimized Gflops/Wall clock second
	/	/		/	/
	/	/		/	/
	/	/		/	/
	/	/		/	/

第 2 部分:Test6-B 运行环境[MM5 (5km),中国区]

Part2: Outline of Environment for Test6-B [MM5 (5km),China]

机型 Model of machine	
处理器 Processor	
标量时钟/向量时钟 Scalar clock / Vector clock (GHz)	
每时钟指令数 Num of instructions per clock	
单核峰值性能 Peak performance /core (GFLOPS)	
每处理器核数 Num of cores per processor	
单 CPU 峰值性能 Peak performance/CPU (GFLOPS)	
总节点数 Total number of nodes	
每节点处理器数 Num of processors per node	
缓存与寄存器大小 Cache & register sizes	
每节点实际使用内存 Memory size actually used per node(GB)	
每节点内存配置 Memory size configured per node(GB)	
互联网速 Interconnect network speed(GB/s)	
互联网硬件延迟 Interconnect network hardware/MPI latency	
操作系统版本 OS level	
编译器版本 Compiler version	
编译命令及选项 Compiler command and options used	

公司 Company ____________________

测试者姓名 Tester name ____________________

测试者签名 Tester Signature ____________________

时间 Date ____________________

图 A.7 Test6-B 运行时间与环境报告表样式

报告表 7：T213 与 MM5 断点/重起(Report Table7：T213&MM5 Checkpoint/restart)

Test7 运行时间与环境(Timings and Environment for Test7)

第 1 部分:Test7 运行时间(T213 与 MM5 ，断点/重起)

Part1：Timings for Test7 (T213&MM5,Checkpoint/restart)

T213 start/stop & MM5－20km start/stop at less 10 times，fill star/stop time in blanks									
1. T213 start/stop		2. MM5 start/stop		3. T213 start/stop		4. MM5 start/stop		5. T213 start/stop	
6. MM5 start/stop		7. T213 start/stop		8. MM5 start/stop		9. T213 start/stop		10. MM5 start/stop	
11. T213 start/stop		12. MM5 start/stop		13. T213 start/stop		14. MM5 start/stop		15. T213 start/stop	
①Test7 elapsed time(second)					②T213 execution time(second)				
③MM5 execution time(second)					Ch/R overhead time(second)＝ ①－②－③				

第 2 部分:Test7 运行环境 (T213 与 MM5 ，断点/重起)

Part2:Outlineof Environment for Test7 (T213&MM5Checkpoint/restart)

机型 Model of machine	
处理器 Processor	
标量时钟/向量时钟 Scalar clock / Vector clock (GHz)	
每时钟指令数 Num of instructions per clock	
单核峰值性能 Peak performance /core (GFLOPS)	
每处理器核数 Num of cores per processor	
单 CPU 峰值性能 Peak performance/CPU (GFLOPS)	
总节点数 Total number of nodes	
每节点处理器数 Num of processors per node	
缓存与寄存器大小 Cache & register sizes	
每节点实际使用内存 Memory size actually used per node(GB)	
每节点内存配置 Memory size configured per node(GB)	
互联网速 Interconnect network speed(GB/s)	
互联网硬件延迟 Interconnect network hardware latency	
操作系统版本 OS level	
编译器版本 Compiler version	
编译命令及选项 Compiler command and options used	
断点/重起命令 Checkpoint/restart command	
作业调度器名称版本 Scheduler version	
文件系统/并行文件系统版本 File system/parallele system version	
磁盘阵列配置 Disk array configured	

公司 Company ______________________

测试者姓名 Tester name ______________________

测试者签名 Tester Signature ______________________

时间 Date ______________________

图 A.8　Test7 运行时间与环境报告表样式

报告表 8：CGCM（Report Table8：CGCM）

Test8 运行时间与环境(Timings and Environment for Test8)

第 1 部分:Test8 运行时间(CGCM)

Part1：Timings for Test8（CGCM）

测试 Test	拷贝数 Copies		非优化 Un-optimized 墙钟时间 Wall clock 秒(second)	优化 Optimized 墙钟时间 Wall clock 秒(second)
	期望 Desired	实际 Actual		
编译 Compile	1			
载入 Load	1			
CGCM	1			

第 2 部分:Test8 运行环境（CGCM）

Part2：Outline of Environment for Test8（CGCM）

机型 Model of Machine	
处理器 Processor	
标量时钟/向量时钟 Scalar clock / Vector clock (GHz)	
每时钟指令数 Num of instructions per clock	
单核峰值性能 Peak performance /core (GFLOPS)	
每处理器核数 Num of cores per processor	
单 CPU 峰值性能 Peak performance/CPU (GFLOPS)	
总节点数 Total number of nodes	
每节点处理器数 Num of processors per node	
缓存与寄存器大小 Cache & register sizes	
每节点实际使用内存 Memory size actually used per node(GB)	
每节点内存配置 Memory size configured per node(GB)	
互联网速 Interconnect network speed(GB/s)	
互联网硬件延迟 Interconnect network hardware latency	
操作系统版本 OS level	
编译器版本 Compiler version	
编译命令及选项 Compiler command and options used	

公司 Company ____________________

测试者姓名 Tester name ____________________

测试者签名 Tester Signature ____________________

时间 Date ____________________

图 A.9　Test8 运行时间与环境报告表样式

报告表 9：RegCM（Report Table9：RegCM）

Test9 运行时间与环境（Timings and Environment for Test9）

第 1 部分：Test9 运行时间（RegCM）

Part1：Timings for Test9（RegCM）

测试 Test	拷贝数 Copies		非优化 Un-optimized 墙钟时间 Wall clock 秒（second）	优化 Optimized 墙钟时间 Wall clock 秒（second）
	期望 Desired	实际 Actual		
编译 Compile	1			
载入 Load	1			
RegCM	1			

第 2 部分：Test9 运行环境（RegCM）

Part2：Outline of Environment for Test9（RegCM）

机型 Model of machine	
处理器 Processor	
标量时钟/向量时钟 Scalar clock / Vector clock (GHz)	
每时钟指令数 Num of instructions per clock	
单核峰值性能 Peak performance /core (GFLOPS)	
每处理器核数 Num of cores per processor	
单 CPU 峰值性能 Peak performance/CPU (GFLOPS)	
总节点数 Total number of nodes	
每节点处理器数 Num of processors per node	
缓存与寄存器大小 Cache & register sizes	
每节点实际使用内存 Memory size actually used per node(GB)	
每节点内存配置 Memory size configured per node(GB)	
互联网速 Interconnect network speed(GB/s)	
互联网硬件延迟 Interconnect network hardware latency	
操作系统版本 OS level	
编译器版本 Compiler version	
编译命令及选项 Compiler command and options used	

公司 Company ______________________

测试者姓名 Tester name ______________________

测试者签名 Tester Signature ______________________

时间 Date ______________________

图 A.10　Test9 运行时间与环境报告表样式

附 录 B
（资料性附录）
IFS 模式测试说明

B.1 概述

IFS.tar.Z ：IFS 模式测试程序。

IFS 模式为并行的全球中期数值预报谱模式，源程序代码采用 FORTRAN90 语言编写（有少部分 C 程序接口）。本测试程序的规模为 213 波，高斯格点数为 640×320，共 31 层。可用 MPI 和 OpenMP 并行运行。主要子目录说明如下：

./src/ 模式源程序

./help/ 说明文档和编译链接脚本等

./rundir/ 运行作业卡及相关数据等

B.2 编译和运行步骤

打开包后，在 NMC 目录下，进入 t213Test 目录下的 help 子目录，其中有文件 ifs_documentation.html。此文件是对 IFS 模式的一个测试版本 RAP 4.0 的说明，与 CMA 提供给各厂家的测试程序 t213Test.tar.gz（业务版本）略有不同，但是目录结构和主要源程序基本没有什么变化。各厂家可以根据此文件基于各自的机器特点，编译、连接源程序、修改 C 程序接口；此文件还对如何运行人造数据和真实数据，如何根据机器特点进行优化。help 子目录下还有 4 个 ps 文件，分别介绍了 IFS 模式的技术概况、并行实现、动力框架和物理过程，有助于对整个程序的了解。

IFS 源代码中所有 Fortran 实型变量和常量需用 64 位精度运算。

B.3 数据文件说明

t213Test 目录下的 rundir 是运行子目录。其中的 ifs_run_t21_arti，ifs_run_t21_real，ifs_run_106_arti，ifs_run_106_real，ifs_run_t213_arti，ifs_run_t213_real 分别是运行 T21 分辨率人工和真实数据，T106 分辨率人工和真实数据，T213 分辨率人工和真实数据的作业卡。请不要修改其中与气象有关的参数。运行人工数据时，模式内部自动提供初始场。运行真实数据时，初始场包括三个文件都在 rundir 子目录中。ICMGGzo2vINIT，ICMGGzo2vINIUA，ICMSHzo2vINIT 是运行 T21 真实数据的初始场；ICMGGzt2aINIT，ICMGGzt2aINIUA，ICMSHzt2aINIT 是运行 T106 真实数据的初始场；ICMGG0001INIT，ICMGG0001INIUA，ICMSH0001INIT 是运行 T213 真实数据的初始场。

B.4 运行结果

运行结果也在 rundir 子目录中，主要文件包括 fort.20，fort.98，ifs.stat，ifs.disp，NODE*，res_分辨率_0012，ICMGG???? +000000，ICMGG???? +000012，ICMPL???? +000000，ICMPL???? +000012，ICMSH???? +000000，ICMSH???? +000012，这些文件由模式自动产生。res_分辨率_0012 给出此次运行结果与欧洲中心给出的参考运行结果（在 reference_data 子目录中）的比较误差，此文件可以用来检验程序移植和优化的正确性。所以在修改运行作业卡时，不要修改与气象有关的参数，例如积分步数 NSTOP=12，时间步长 TSTEP 等内容，否则可能会由于与参考运行结果的运行参数选的不一致而造成加大误差。可以修改与机器有关的参数,参见以上所说的 help 子目录中的文件 ifs_documentation. html。与参考运行结果的比较误差小于千分之一。fort. 20 和 fort. 98 中给出的是此次运行的计算时间和并行效率等信息。后者比前者提供了更多信息。fort. 98 中 timari 为主要计算程序(total ltinvh scan2h ltdirh spch fourier gridpt diag iopac)的计算时间,timcom 为主要通信阶段的通信时间(spnorm trmtol trltom trltog trgtol trmtos trstom semi－l),另外此文件中还给出了并行效率和加速比。ifs. stat 文件中为每一计算步的 cpu 时间和累积墙钟时间,具体请看 t213Test 下 src/parallel 中的程序 user_clock. F。ICMGG???? ＋000000, ICMGG???? ＋000012, ICMPL???? ＋000000, ICMPL???? ＋000012, ICMSH???? ＋000000, ICMSH???? ＋000012 为后处理文件。

请各厂家在 t213Test 目录下建立 optsrc 子目录,所有修改过或优化过的子程序,请放在此目录下。另外,在 t213Test 目录下建立 Testresult 子目录,在此子目录下,分别建 arti, real 和 10fst 子目录,并把人工数据、真实数据和 10 d 预报的测试结果分别放在这几个目录下。

B.5 测试内容和要求

测试包括两方面:单样本和多样本。

t213Test 目录的 opinit 目录下有两天的当前的业务 T213 模式的初始场(ICMGG0001INIT＋2003041612, ICMSH0001INIT＋2003041612,ICMGG0001INIT＋2003042312, ICMSH0001INIT＋2003042312)和业务所用的每天进行 10 d 预报的作业卡,各厂家需根据机器特点对作业卡进行修改,10 d预报的结果为 35 个时步的 35 个 ICMGG0001＋时步, ICMPL0001＋时步, ICMSH? 0001＋时步文件。10 d 预报结果和同时生成的 ifs. stat, ifs. disp, NODE＊等所有文件拷贝到 Testresult 子目录的 10fst 子目录下。需要两类结果:(a)请各厂家调整机器规模,在半小时内完成此单样本的 10 d 预报,最后给出运行结果及机器配置情况;(b)不限制运行时间,请在单节点内运行该系统,给出运行时间。

依然采用上一段中所列目录的初始场数据,同时运行 32 个样本的 10 d 预报,力求在 1 h 内完成。给出运行结果及机器配置情况。

进一步测试说明及要求参见附录 A,并以该说明为准。

附 录 C
(资料性附录)
MM5V3 模式测试说明

C.1 概述

MM5.tar.gz:MM5V3.4 版测试程序,内有两套测试数据。

MM5 是中尺度非静力格点模式,源程序代码采用 FORTRAN77 语言编写(有少部分 C 程序接口)。该测试程序提供两套测试数据:方案一为预报区域在全国范围,采用三重嵌套,分辨率分别为全国 27 km、华北地区为 9 km、北京地区为 3 km,对应的计算网格全国为 190×208,华北地区为 100×124,北京地区为 100×100,垂直方向为 23 层;方案二为预报区域在全国范围,无嵌套(单重),分辨率为全国 20 km,对应的计算网格全国为 256×280。均可用 MPI 和 OpenMP 并行运行。可能涉及的主要子目录说明如下:

./physics/　　物理过程部分源程序
./dynamics/　　动力过程部分源程序
./run/　　运行作业卡及相关数据等
./MPP/　　消息传递过程

C.2 编译和运行步骤

将此程序包解开以后,在 NMC 目录下,包含四个目录:MM5TEST1、MM5TEST2、RIP 和 ps 目录,其中 MM5TEST1 目录下为源程序代码和方案一数据,MM5TEST2 下为方案二的数据,RIP 模块用来对运行结果进行处理,ps 目录下包含可供给参考的 ps 文件。

进入 MM5TEST1 目录,方案一的物理参数在 configure.user 中已经设定,用户只需修改 configure.user 中选择机型的部分,然后进行编译即可。编译方法:在 MM5 目录下输入命令 make mpp,如果编译成功,在 MM5/Run 目录下生成可执行文件 mm5.mpp。运行该文件即可,具体运行脚本程序请各厂家自定。运行参数 namelist 配置文件 mmlif 也在 Run 目录下,测试模式积分 60 模式小时(含 12 h FDDA,48 h 预报),请不要改动。注意运行所需数据文件要放在或 ln 到 Run 目录下。

同样方案二的 configure.user 和 mmlif 在 MM5TEST2 中。

另外,在 MM5 目录下有两个说明文档 README 和 README.MPP,有助于对整个程序的了解。其他详细参考资料可访问 MM5 网站,在此不再作详细说明。

C.3 数据文件说明

方案一的数据存放在目录 MM5TEST1/MM5/Run 下。使用 2003 年 6 月 30 日 12 时(世界协调时)为初始时刻的实际气象数据,按测试方案(三重网格嵌套),通过模式前处理程序,做成模式输入数据一套如下:

该套数据包含文件:BDYOUT_DOMAIN1,BDYOUT_DOMAIN2;
LOWBDY_DOMAIN1,LOWBDY_DOMAIN2;
SFCFDDA_DOMAIN1,SFCFDDA_DOMAIN2;
MMINPUT_DOMAIN1,MMINPUT_DOMAIN2;
MMINPUT2_DOMAIN1,MMINPUT2_DOMAIN2。

方案二的数据在 MM5TEST2 中。使用 2003 年 7 月 2 日 12 时(世界协调时)为初始时刻的实际气象数据,按测试方案(单重网格),通过模式前处理程序,做成模式输入数据一套如下:

该套数据包含文件:BDYOUT_DOMAIN1;
LOWBDY_DOMAIN1;
SFCFDDA_DOMAIN1;
MMINPUT_DOMAIN1;
MMINPUT2_DOMAIN1。

C.4 运行结果

请保留输出文件 MMOUT_DOMAIN,并用 RIP 模块编译(参见 MM5 网站 www.ucar.edu),将 24 h累计降水,6 h 间隔地面温度绘图(参考图见所附的 .ps 文件)。

C.5 测试内容和要求

测试内容包括三重嵌套和单重模式两部分:

a) 三重嵌套:利用所提供的三重嵌套初始场和配套的 mmlif 文件,运行该系统。请各厂家调整机器规模,在半小时内完成模式的 60 h 积分,最后给出运行结果及机器配置情况。
b) 单重:利用所提供的无嵌套分辨率为 20 km 的初始场和配套的 mmlif 文件,运行该系统。请各厂家调整机器规模,在半小时内完成模式的 60 h 积分,最后给出运行结果及机器配置情况。为测试系统的可扩展性,请厂家自行对该套数据进行插值处理,产生出一套覆盖全国范围内的分辨率为 5 km 的数据,并运行该模式(当然相应的 configure.user 和 mmlif 文件也需要修改),给出结果。若无法完成该测试,可以采用估算的方式给出对系统资源的需求和所需的运行时间。

进一步测试说明及要求请参见附录 A,并以该说明为准。

附 录 D
(资料性附录)
定量评估图例

D.1 加速比分析图例

示例 1:

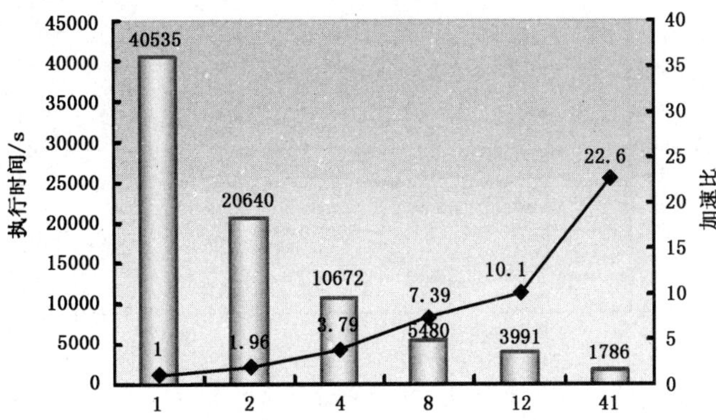

图 D.1 Test6B 的加速比分析图

示例 2:

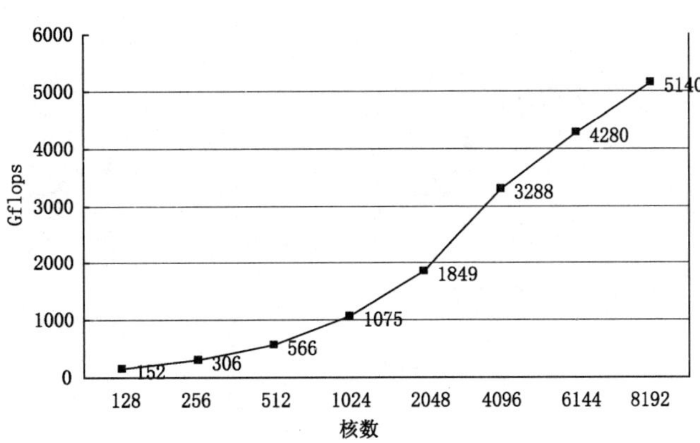

图 D.2 加速比分析图

D.2 管理软件效率分析图例

D.2.1 断点/重起开销比率图

示例3：

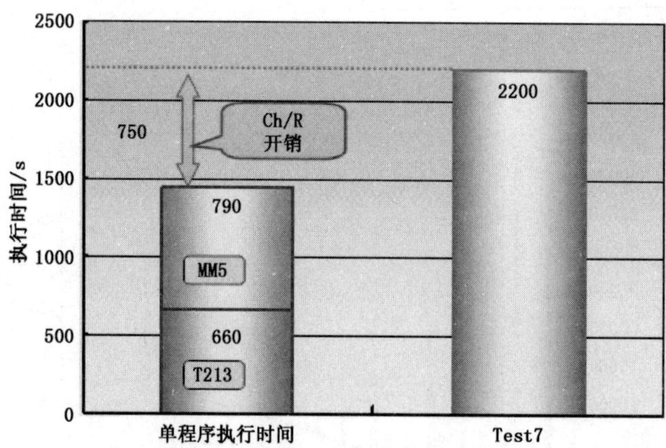

图 D.3 Test7 的开销比率图

D.2.2 分时调度开销比率图

示例4：

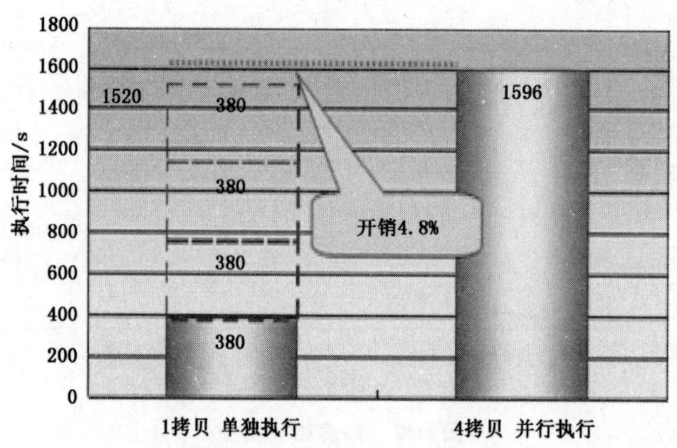

图 D.4 Test4 的开销比率图

ICS 07.060
A 47

中华人民共和国气象行业标准

QX/T 149—2011

新建建筑物防雷装置检测报告编制规范

Compilation norm for the report of lightning protection system inspection for new buildings

2011-12-21 发布　　2012-01-01 实施

中国气象局　发布

前　言

本标准按照 GB/T 1.1—2009 给出的规则起草。

本标准由全国雷电灾害防御行业标准化技术委员会提出并归口。

本标准起草单位：海南省防雷中心、黑龙江省防雷中心、河南省防雷中心、贵州省防雷中心。

本标准主要起草人：高燚、吕东波、潘家利、卢广建、杨明、周道刚、李鹏、甘文强、胡玉蓉、韦昌雄、张茂华、张宏伟。

新建建筑物防雷装置检测报告编制规范

1 范围

本标准规定了新建建筑物防雷装置检测报告编制的要素和要求。

本标准适用于新建、改建、扩建建筑物防雷装置检测报告编制。

2 规范性引用文件

下列文件对于本文件的应用是必不可少的。凡是注日期的引用文件，仅注日期的版本适用于本文件。凡是不注日期的引用文件，其最新版本(包括所有的修改单)适用于本文件。

GB/T 21431—2008 建筑物防雷装置检测技术规范

GB 50028—2006 城镇燃气设计规范

GB 50057—2010 建筑物防雷设计规范

GB 50168—2006 电气装置安装工程电缆线路施工及验收规范

JGJ 16—2008 民用建筑电气设计规范

QX/T 105—2009 防雷装置施工质量监督与验收规范

3 术语和定义

GB/T 21431—2008、GB 50057—2010、QX/T 105—2009 界定的以及下列术语和定义适用于本文件。

3.1

新建建筑物防雷装置检测报告 report of lightning protection system inspection for new buildings

检测报告

具备相应防雷检测资质的单位，对新建建筑物的防雷装置进行分段、跟踪检查、测试和综合分析处理后形成的正式文本。

注：本标准新建建筑物包括新建、改建、扩建建(构)筑物。

3.2

防雷装置施工质量监督与验收手册 superintending and examining manual of lightning protection system construction quality

验收手册

从建筑物桩基础开始的防雷装置现场施工质量原始数据的组合记录。

注：是新建建筑物防雷装置检测报告的组成部分。

3.3

新建建筑物防雷装置综合质量检测报告书 comprehensive quality report of new buildings lightning protection system inspection

检测报告书

根据防雷装置施工质量监督与验收手册的内容而出具的防雷装置综合质量检测文本。

注：是新建建筑物防雷装置检测报告的组成部分。

3.4

预留电气接地　remain electric earthing

从地梁中引出离地面0.3 m,主要用于首层基础的等电位连接的接地引线。

3.5

电气预留接地　remain grounding of electricity

从各楼层的柱筋引下线引出离各楼板面0.3 m,主要用于各楼层的电气等电位连接的接地引线。

3.6

桩利用系数　stake utilization coefficient

建筑物中用作接地体的桩数与建筑物的总桩数之比值。

3.7

单桩接地电阻平衡度　single stake grounding resistance degree of balance

单桩内作为引下线的主钢筋接地电阻最大值与接地电阻最小值的比值。

4　一般规定

4.1　检测报告的组成

4.1.1　检测报告由验收手册和检测报告书组成。

4.1.2　新建建筑物防雷工程开工后,建设单位应委托具有相应防雷检测资质的单位,按照验收手册的内容逐项进行跟踪检测,填写验收手册,样式见附录A。

4.1.3　防雷工程竣工后,检测单位应当根据验收手册的内容出具检测报告书,见附录B。验收手册与检测报告书同时作为竣工验收的必备技术依据。

4.2　检测报告的一般要求

4.2.1　验收手册和检测报告书应采用同一档案号,档案号应按"行政区域简称"+"雷检字"+"[年]"+"四位编码"进行顺序编号。

示例:"琼雷检字[2008]0069"。

4.2.2　检测报告中的空栏均应用"—"标识。

4.2.3　建筑物和被保护物长、宽、高以及接闪器、引下线、接地体长度采用米(m)做计量单位,保留小数一位。扁钢、圆钢、角钢、钢板厚度、线截面积等表示规格的单位用毫米(mm)或平方毫米(mm^2),取整数。电阻值单位用欧姆(Ω),除过渡电阻保留三位小数外其他电阻值一律保留一位小数。

4.2.4　电子档文件宜按每一个档案号建立一个文件夹,方便查询。

4.2.5　检测报告书应以电子文档和纸质文档的形式保存,验收手册应以纸质文档的形式保存,保存时间为永久保存。

4.2.6　检测报告书应有检测员、校对人、审核人和技术负责人用黑色或蓝色的钢笔签字,检测报告书的"防雷装置综合质量检测结论"栏应加盖检测单位公章。

4.2.7　验收手册应有检测员、施工员、建设单位负责人和监理单位负责人用黑色或蓝色的钢笔签字,封面还应加盖建设单位和施工单位的公章,验收手册一式两份,检测员和施工员各持一份。

4.3　检测报告的符号、用词要求

4.3.1　报告文字中句号、逗号、顿号、分号和冒号占一个字符位置,居左偏下,不出现在一行之首;引号、括号、书名号的前一半不出现在一行之末,后一半不出现在一行之首;破折号占两个汉字的位置,中间不能断开,上下居中。

4.3.2 用于表示要准确地符合而应严格遵守的要求：

——“应”，表示严格遵守的要求，不使用“必须”；

——“不应”，表示禁止，不使用“不可”代替“不应”。

4.3.3 用于表示在几种可能性中推荐特别适合的一种：

——“宜”，表示“推荐、建议”，描述某个行动步骤是首选的但未必是所要求的；

——“不宜”，表示“建议……不”、“推荐不”。

4.3.4 用于表示在标准的界限内所允许的行动步骤：

——“可”，表示“允许”，在允许的情况下不使用“可能”，“可”代表报告所表达的许可，而“能”涉及使用者的能力或其面临的可能性；

——“不必”，表示“不需要、不要求”。

4.4 校核和审批流程

4.4.1 验收手册各项，依据现场检测情况由检测员填写和施工员现场签名，并最后经建设单位负责人和监理单位负责人签字确认后留存，跟踪检测完成后交检测单位出具检测报告书。

4.4.2 检测报告书应经校对人初审和审核人终审后方能打印文本。

4.4.3 一份完整的检测报告书，应按图1所示流程校核批准后方能生效并送出文本。

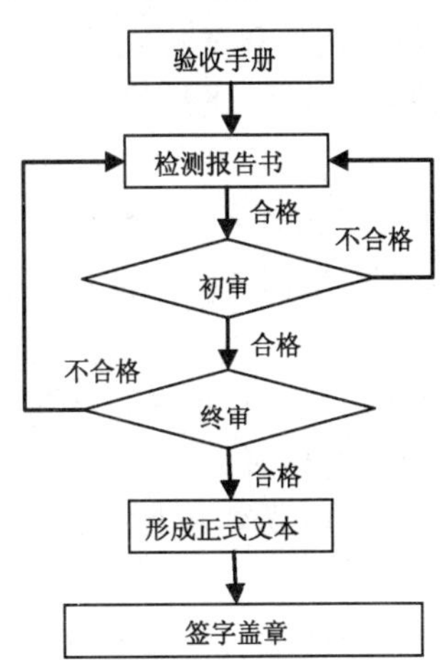

图1 检测报告书校核审批流程图

5 检测报告的编制

5.1 验收手册

5.1.1 验收手册内容包括接地装置(桩基础、承台和地梁)、引下线、均压环、接闪网格、接闪带、接闪杆、等电位和电涌保护器(SPD)10个方面的子项目，每个子项目包含的小项目(共56个)如下：

——桩基础：01 桩利用系数，02 桩深，03 桩直径，04 桩主筋直径，05 桩利用主筋数，06 单桩接地电阻平衡度，07 土壤电阻率，08 地下水位，09 四置距离；

——承台：10 引下线间距，11 引下线利用柱主筋数，12 承台与桩主筋连接，13 承台与引下线柱主筋连接，14 每条引下线在－50 cm 钢筋总表面积；

——地梁：15 地梁主筋与引下线柱主筋连接，16 地梁间主筋连接，17 短路环，18 预留电气接地，19 接地装置电阻值；

——引下线:20 引下线连接,21 短路环,22 电气预留接地;

——均压环:23 均压环与柱主筋连接,24 预留钢筋焊接,25 门、窗—环过渡电阻;

——接闪网格:26 材料和规格,27 敷设类别,28 网格焊接,29 与引下线连接,30 电气预留接地;

——接闪带:31 接闪带与柱筋引下线连接,32 敷设方式,33 支持卡间距、高度,34 材料和规格,35 闭合环路测试,36 接地电阻;

——接闪杆:37 材料和规格,38 安装高度,39 安装位置,40 连接形式,41 接地电阻;

——等电位:42 屋面冷却塔、广告牌与接闪带连接,43 屋面其他金属物体与接闪带连接,44 竖直金属管道接地,45 电梯接地,46 变压器接地,47 低压配电重复接地,48 低压配电保护接地,49 地下管道接地,50 地下燃气管道与其他金属管道的距离;

——SPD:51 高压电缆敷设方式,52 高压 SPD 型号,53 低压线路敷设方式,54 低压 SPD 型号、通流容量、阻燃防爆,55 低压线路保护级数,56 SPD 接线。

5.1.2 检测单位技术人员应在下列施工阶段,进入防雷装置施工现场进行分段检测:

——基础接地体:桩基础、承台、地梁主钢筋焊接完成,浇注混凝土之前;

——人工接地体:第一阶段,地网沟开挖完毕、地极材料未敷设之前;第二阶段,完成接地极的焊接,回填土之前;

——每层引下线柱筋通长焊接完成后,浇注混凝土之前;

——每次楼层板筋焊接完成后,浇注混凝土之前(检查预留接地装置);

——每次均压环焊接完成时(检查预留接地装置);

——最顶层绑扎钢筋,焊接完天面接闪网格,浇注混凝土之前(检查预留天面各种电气设备的接地);

——外墙金属门窗与均压环连接施工完成尚未填封前;

——外墙玻璃幕墙与均压环连接施工完成尚未填封前;

——焊接完天面接闪杆、网、带时;

——低压配电、弱电系统、供水系统、燃气管道、电梯和 SPD 等设施安装时;

——在安装大楼冷却塔、广告牌等金属物体时。

5.1.3 检测人员根据现场检测情况,在验收手册相应栏目上填写检测结果并按照附录 C 的要求逐项进行质量评定,评定结果的填写方法如下:

——评定为一级的优良项目在“1”栏内打“√”;

——评定为二级的合格项目在“2”栏内打“√”;

——评定为三级的基本合格项目在“3”栏内打“√”;

——评定为四级的不合格项目在“4”栏内打“√”。

5.1.4 检测人员在对防雷装置逐项检测过程中,对施工质量不符合要求的项目,应在验收手册“整改记录”栏逐项填写,并要求施工单位限时整改,整改完成后进行复检,结果填入“复检结果”栏。隐蔽项目复检合格后方可继续施工。

5.1.5 每个子项目完成后,检测人员应在“技术监督及验收意见”栏填写该子项目的复检情况和验收意见,界面不清楚的可以绘图示意。

5.2 检测报告书

5.2.1 检测报告书由各省(区、市)气象局统一监制。

5.2.2 检测报告书应详细填写检测单位的名称、地址、电话、传真、邮编和资质证号。

5.2.3 一幢建筑物出具一份与验收手册相同档案号的检测报告书。

5.2.4 检测报告书中的“建筑物高度”应填本建筑物的建筑结构高度,顶层屋面上的附属物高度不计算在内。

5.2.5　检测报告书中的“建筑物名称、地上、地下层数、防雷类别、建筑面积”应按审核通过的设计文件填写。

5.2.6　分段检测起止时间的计算，应按验收手册的首个子项目中的第一个检测小项目的检测时间到最后一个子项目中的最后小项目的复检时间来填写。

示例：2009-10-01 至 2010-11-01。

5.2.7　竣工检测是建筑物完成分段跟踪检测后，依据验收手册的内容进行最后核实的过程，竣工检测时间分如下情况来填写：

——如果建筑物竣工后参加联合验收检测，检测当日为竣工检测时间；

——如果建筑物竣工后不参加联合验收检测，由检测单位确定。

5.2.8　检测报告书应依据验收手册对 10 个子项目中的每一个小项进行是否复检的判断，是否复检只是记录该项目检测的情况，不作为该项目是否合格的判断依据。

5.2.9　检测报告书应对 10 个子项目进行最终检测结果的判断，在“最终检测结论”栏填写合格与不合格，判断方法如下：

——一个小项如果被评定为一级、二级、三级，该小项为合格项，评定为四级的，该小项为不合格项；

——一个子项无论包含多少小项，只要出现一个小项为不合格项目的，该子项为不合格项目，全部小项均合格的，该子项目为合格项目；

——复检结果和竣工检测结果为以上判别的最终依据。

5.2.10　竣工检测和分段检测期间所有用到过的检测仪器设备，应按仪器名称、型号、编号顺序填入检测报告书的相应栏。

5.2.11　检测依据的国际、国家、行业和地方防雷技术标准也应按标准号和标准名称在检测报告书中分别列出。

5.2.12　防雷装置综合质量检测结论，应依据检测报告书中的 10 个子项进行判别，如果 10 个子项目均为合格的，该建筑物的防雷装置综合质量为合格，如果有一个子项不合格，该建筑物的防雷装置综合质量为不合格。

附　录　A
（规范性附录）
《防雷装置施工质量监督与验收手册》式样

工程名称________________________　　　　档案号：××雷检字[××××]××××号

防雷装置施工质量监督与验收手册

检测单位：________________　　建设单位（盖章）：________________

设计单位：________________　　施工单位（盖章）：________________

监理单位：________________　　开工时间：________________

××省（区、市）气象局监制

填写说明

1. 封面必须填写工程名称、档案号、检测单位、建设单位、设计单位、施工单位、监理单位、开工时间。

2. 天气状况分晴、阴、雨(雪)、多云四种。

3. 分段、分项工程内容:按照施工程序从开始到竣工,作详细记录。分段分项工程内容按基础接地(桩基础、承台、地梁)、引下线、均压环、接闪网格、接闪针、接闪杆、等电位连接、SPD十项内容填写,基础接地和引下线应采用经审核的设计图纸的实际轴线位置填写,均压环、网格、等电位连接等须用简图,并按实际测量结果填写。

4. 检测意见:根据现场的具体情况以及检测数据,确定是否符合要求。包括:焊接质量、接地电阻、过渡电阻、用材规格等。发现问题,应及时通知施工单位返工,以免造成人力、物力的浪费。

5. 隐蔽部分须经防雷专业检测机构检测员签名方为有效。本手册施工期间由建设单位和检测单位各持一份,全部工程完工后,持本手册到防雷专业检测机构办理有关手续。

1 桩基础施工质量监督与验收

1.1 检测及记录

序号	检测日期及天气状况	检测员	施工员	建设单位负责人	监理单位负责人	位置	项目 01	项目 02	项目 03	项目 04	项目 05	项目 06
							桩利用系数	桩深	桩直径	桩主筋直径	桩利用主筋数	单桩接地电阻平衡度
1												
2												
3												
4												
5												
6												
7												
8												
⋮												
质量评定： 按照《防雷装置施工质量监督与验收手册》评定质量等级。优良(1)，合格(2)，基本合格(3)，不合格(4)。						1						
						2						
						3						
						4						

1.2 整改记录

整改内容	检测员	日　期	复检结果	检测员	日　期

1.3 其他(参考项)

内容	项目 07	项目 08	项目 09
	土壤电阻率	地下水位	四置距离
检测值			

1.4 技术监督及验收意见

<table>
<tr><td>检测员：　　　　日期：</td><td rowspan="2">备　注：
1. 桩类型：</td></tr>
<tr><td>图例：

检测员：　　　　日期：</td></tr>
</table>

2　承台施工质量监督与验收

2.1　检测及记录

序号	检测日期及天气状况	检测员	施工员	建设单位负责人	监理单位负责人	位置	项目 10	项目 11	项目 12	项目 13	项目 14
							引下线间距	引下线利用柱主筋数	承台与桩主筋连接	承台与引下线柱主筋连接	每根引下线在 —50 cm 钢筋总表面积
1											
2											
3											
4											
5											
6											
7											
8											
⋮											
质量评定： 按照《防雷装置施工质量监督与验收手册》评定质量等级。优良(1)，合格(2)，基本合格(3)，不合格(4)。						1					
						2					
						3					
						4					

2.2 整改记录

整改内容	检测员	日　期	复检结果	检测员	日　期

2.3 技术监督及验收意见

<table>
<tr><td>检测员：　　　　日期：</td><td rowspan="2">备　注：
1. 承台类型：</td></tr>
<tr><td>图例：

检测员：　　　　日期：</td></tr>
</table>

3 地梁施工质量监督与验收

3.1 检测及记录

序号	检测日期及天气状况	检测员	施工员	建设单位负责人	监理单位负责人	位置	项目 15	项目 16	项目 17	项目 18	项目 19
							地梁主筋与引下线柱主筋连接	地梁间主筋连接	短路环	预留电气接地	接地装置电阻值/Ω
1											
2											
3											
4											
5											
6											
7											
8											
⋮											
质量评定： 按照《防雷装置施工质量监督与验收手册》评定质量等级。优良(1)，合格(2)，基本合格(3)，不合格(4)。						1					
						2					
						3					
						4					

3.2 整改记录

整改内容	检测员	日　期	复检结果	检测员	日　期

3.3 技术监督及验收意见

<table>
<tr><td>检测员：　　　　日期：</td><td rowspan="2">备　注：
1. 地梁类型：</td></tr>
<tr><td>图例：

检测员：　　　　日期：</td></tr>
</table>

4 引下线施工质量监督与验收

4.1 检测及记录

<table>
<tr><th rowspan="2">序号</th><th rowspan="2">检测日期
及天气状况</th><th rowspan="2">检测员</th><th rowspan="2">施工员</th><th rowspan="2">建设
单位
负责人</th><th rowspan="2">监理
单位
负责人</th><th rowspan="2">位置</th><th>项目 20</th><th>项目 21</th><th>项目 22</th></tr>
<tr><th>引下线连接</th><th>短路环</th><th>电气预留接地</th></tr>
<tr><td>1</td><td></td><td></td><td></td><td></td><td></td><td></td><td></td><td></td><td></td></tr>
<tr><td>2</td><td></td><td></td><td></td><td></td><td></td><td></td><td></td><td></td><td></td></tr>
<tr><td>3</td><td></td><td></td><td></td><td></td><td></td><td></td><td></td><td></td><td></td></tr>
<tr><td>4</td><td></td><td></td><td></td><td></td><td></td><td></td><td></td><td></td><td></td></tr>
<tr><td>5</td><td></td><td></td><td></td><td></td><td></td><td></td><td></td><td></td><td></td></tr>
<tr><td>6</td><td></td><td></td><td></td><td></td><td></td><td></td><td></td><td></td><td></td></tr>
<tr><td>7</td><td></td><td></td><td></td><td></td><td></td><td></td><td></td><td></td><td></td></tr>
<tr><td>8</td><td></td><td></td><td></td><td></td><td></td><td></td><td></td><td></td><td></td></tr>
<tr><td>⋮</td><td></td><td></td><td></td><td></td><td></td><td></td><td></td><td></td><td></td></tr>
<tr><td></td><td></td><td></td><td></td><td></td><td></td><td></td><td></td><td></td><td></td></tr>
<tr><td colspan="6" rowspan="4">质量评定：
按照《防雷装置施工质量监督与验收手册》评定质量等级。优良(1)，合格(2)，基本合格(3)，不合格(4)。</td><td>1</td><td></td><td></td><td></td></tr>
<tr><td>2</td><td></td><td></td><td></td></tr>
<tr><td>3</td><td></td><td></td><td></td></tr>
<tr><td>4</td><td></td><td></td><td></td></tr>
</table>

4.2 整改记录

整改内容	检测员	日　期	复检结果	检测员	日　期

4.3 技术监督及验收意见

检测员： 日期：	备 注： 1.引下线类型：
图例： 检测员： 日期：	

5 均压环施工质量监督与验收

5.1 检测及记录

序号	检测日期及天气状况	检测员	施工员	建设单位负责人	监理单位负责人	位置	项目23	项目24	项目25
							均压环与柱主筋连接	预留钢筋焊接	门、窗—环过渡电阻
1									
2									
3									
4									
5									
6									
7									
8									
⋮									
质量评定： 按照《防雷装置施工质量监督与验收手册》评定质量等级。优良(1)，合格(2)，基本合格(3)，不合格(4)。						1			
						2			
						3			
						4			

5.2 整改记录

整改内容	检测员	日　期	复检结果	检测员	日　期

5.3 技术监督及验收意见

<table>
<tr><td>

检测员：　　　　　日期：</td><td rowspan="2">备　注：
1.均压环类型：</td></tr>
<tr><td>图例：

检测员：　　　　　日期：</td></tr>
</table>

6 接闪网格施工质量监督与验收

6.1 检测及记录

序号	检测日期 及天气状况	检测员	施工员	建设 单位 负责人	监理 单位 负责人	位置	项目 26	项目 27	项目 28	项目 29	项目 30
							材料和规格	敷设类别	网格焊接	与引下线连接	电气预留接地
1											
2											
3											
4											
5											
6											
7											
8											
⋮											
质量评定： 按照《防雷装置施工质量监督与验收手册》评定质量等级。优良(1)，合格(2)，基本合格(3)，不合格(4)。						1					
						2					
						3					
						4					

6.2 整改记录

整改内容	检测员	日　期	复检结果	检测员	日　期

6.3 技术监督及验收意见

<table>
<tr><td>检测员：　　　　　　日期：</td><td rowspan="2">备　注：
1.接闪网格类型：</td></tr>
<tr><td>图例：

检测员：　　　　　　日期：</td></tr>
</table>

7　接闪带施工质量监督与验收

7.1　检测及记录

<table>
<tr><th rowspan="2">序号</th><th rowspan="2">检测日期
及天气状况</th><th rowspan="2">检测员</th><th rowspan="2">施工员</th><th rowspan="2">建设
单位
负责人</th><th rowspan="2">监理
单位
负责人</th><th rowspan="2">位置</th><th>项目 31</th><th>项目 32</th><th>项目 33</th><th>项目 34</th><th>项目 35</th><th>项目 36</th></tr>
<tr><th>接闪带与柱筋
引下线连接</th><th>敷设方式
（明、暗）</th><th>支持卡间距、
高度/m</th><th>材料和规格</th><th>闭合环路
测试</th><th>接地电阻/Ω</th></tr>
<tr><td>1</td><td></td><td></td><td></td><td></td><td></td><td></td><td></td><td></td><td></td><td></td><td></td><td></td></tr>
<tr><td>2</td><td></td><td></td><td></td><td></td><td></td><td></td><td></td><td></td><td></td><td></td><td></td><td></td></tr>
<tr><td>3</td><td></td><td></td><td></td><td></td><td></td><td></td><td></td><td></td><td></td><td></td><td></td><td></td></tr>
<tr><td>4</td><td></td><td></td><td></td><td></td><td></td><td></td><td></td><td></td><td></td><td></td><td></td><td></td></tr>
<tr><td>5</td><td></td><td></td><td></td><td></td><td></td><td></td><td></td><td></td><td></td><td></td><td></td><td></td></tr>
<tr><td>6</td><td></td><td></td><td></td><td></td><td></td><td></td><td></td><td></td><td></td><td></td><td></td><td></td></tr>
<tr><td>7</td><td></td><td></td><td></td><td></td><td></td><td></td><td></td><td></td><td></td><td></td><td></td><td></td></tr>
<tr><td>8</td><td></td><td></td><td></td><td></td><td></td><td></td><td></td><td></td><td></td><td></td><td></td><td></td></tr>
<tr><td>⋮</td><td></td><td></td><td></td><td></td><td></td><td></td><td></td><td></td><td></td><td></td><td></td><td></td></tr>
<tr><td></td><td></td><td></td><td></td><td></td><td></td><td></td><td></td><td></td><td></td><td></td><td></td><td></td></tr>
<tr><td colspan="6" rowspan="4">质量评定：
按照《防雷装置施工质量监督与验收手册》评定质量等级。优良(1)，合格(2)，基本合格(3)，不合格(4)。</td><td>1</td><td></td><td></td><td></td><td></td><td></td><td></td></tr>
<tr><td>2</td><td></td><td></td><td></td><td></td><td></td><td></td></tr>
<tr><td>3</td><td></td><td></td><td></td><td></td><td></td><td></td></tr>
<tr><td>4</td><td></td><td></td><td></td><td></td><td></td><td></td></tr>
</table>

7.2 整改记录

整改内容	检测员	日　期	复检结果	检测员	日　期

7.3 技术监督及验收意见

<table>
<tr><td>检测员：　　　　日期：</td><td rowspan="2">备　注：
1.接闪带类型：</td></tr>
<tr><td>图例：

检测员：　　　　日期：</td></tr>
</table>

8 接闪杆施工质量监督与验收

8.1 检测及记录

序号	检测日期 及天气状况	检测员	施工员	建设 单位 负责人	监理 单位 负责人	位置	项目 37	项目 38	项目 39	项目 40	项目 41
							材料和规格	安装高度/m	安装位置	连接形式	接地电阻/Ω
1											
2											
3											
4											
5											
6											
7											
8											
⋮											
质量评定： 按照《防雷装置施工质量监督与验收手册》评定质量等级。优良(1)，合格(2)，基本合格(3)，不合格(4)。						1					
						2					
						3					
						4					

8.2 整改记录

整改内容	检测员	日　期	复检结果	检测员	日　期

8.3 技术监督及验收意见

<table>
<tr><td>检测员：　　　　　日期：</td><td rowspan="2">备　注：
1.接闪杆类型：</td></tr>
<tr><td>图例：

检测员：　　　　　日期：</td></tr>
</table>

9 等电位施工质量监督与验收

9.1 检测及记录

序号	检测日期 及天气状况	检测员	施工员	建设 单位 负责人	监理 单位 负责人	位置	项目 42	项目 43	项目 44	项目 45
							屋面冷却塔、广告牌与接闪带连接	屋面其他金属物体与接闪带连接	竖直金属管道接地	电梯接地
1										
2										
3										
4										
5										
6										
7										
8										
⋮										
质量评定： 按照《防雷装置施工质量监督与验收手册》评定质量等级。优良(1)，合格(2)，基本合格(3)，不合格(4)。						1				
						2				
						3				
						4				

9.2 检测及记录

序号	检测日期及天气状况	检测员	施工员	建设单位负责人	监理单位负责人	位置	项目46 变压器接地	项目47 低压配电重复接地	项目48 低压配电保护接地	项目49 地下管道接地	项目50 地下燃气管道与其他金属管道的距离
1											
2											
3											
4											
5											
6											
7											
8											
⋮											
质量评定： 按照《防雷装置施工质量监督与验收手册》评定质量等级。优良(1)，合格(2)，基本合格(3)，不合格(4)。						1					
						2					
						3					
						4					

9.3 整改记录

整改内容	检测员	日　期	复检结果	检测员	日　期

9.4 技术监督及验收意见

<table>
<tr><td>检测员：　　　　　日期：</td><td rowspan="2">备　注：
1. 等电位类型：</td></tr>
<tr><td>图例：

检测员：　　　　　日期：</td></tr>
</table>

10 SPD施工质量监督与验收

10.1 检测及记录

序号	检测日期及天气状况	检测员	施工员	建设单位负责人	监理单位负责人	位置	项目51	项目52	项目53
							高压电缆敷设方式	高压SPD型号	低压线路敷设方式
1									
2									
3									
4									
5									
6									
7									
8									
⋮									
质量评定： 按照《防雷装置施工质量监督与验收手册》评定质量等级。优良(1)，合格(2)，基本合格(3)，不合格(4)。						1			
						2			
						3			
						4			

10.2 检测及记录

<table>
<tr><th rowspan="2">序号</th><th rowspan="2">检测日期
及天气状况</th><th rowspan="2">检测员</th><th rowspan="2">施工员</th><th rowspan="2">建设
单位
负责人</th><th rowspan="2">监理
单位
负责人</th><th rowspan="2" colspan="2">位置</th><th>项目 54</th><th>项目 55</th><th>项目 56</th></tr>
<tr><th>低压 SPD 型号、通流容量、阻燃防爆</th><th>低压线路保护级数</th><th>SPD 接线</th></tr>
<tr><td>1</td><td></td><td></td><td></td><td></td><td></td><td colspan="2"></td><td></td><td></td><td></td></tr>
<tr><td>2</td><td></td><td></td><td></td><td></td><td></td><td colspan="2"></td><td></td><td></td><td></td></tr>
<tr><td>3</td><td></td><td></td><td></td><td></td><td></td><td colspan="2"></td><td></td><td></td><td></td></tr>
<tr><td>4</td><td></td><td></td><td></td><td></td><td></td><td colspan="2"></td><td></td><td></td><td></td></tr>
<tr><td>5</td><td></td><td></td><td></td><td></td><td></td><td colspan="2"></td><td></td><td></td><td></td></tr>
<tr><td>6</td><td></td><td></td><td></td><td></td><td></td><td colspan="2"></td><td></td><td></td><td></td></tr>
<tr><td>7</td><td></td><td></td><td></td><td></td><td></td><td colspan="2"></td><td></td><td></td><td></td></tr>
<tr><td>8</td><td></td><td></td><td></td><td></td><td></td><td colspan="2"></td><td></td><td></td><td></td></tr>
<tr><td>⋮</td><td></td><td></td><td></td><td></td><td></td><td colspan="2"></td><td></td><td></td><td></td></tr>
<tr><td></td><td></td><td></td><td></td><td></td><td></td><td colspan="2"></td><td></td><td></td><td></td></tr>
<tr><td></td><td></td><td></td><td></td><td></td><td></td><td colspan="2"></td><td></td><td></td><td></td></tr>
<tr><td colspan="7" rowspan="4">质量评定：
按照《防雷装置施工质量监督与验收手册》评定质量等级。优良(1)，合格(2)，基本合格(3)，不合格(4)。</td><td>1</td><td></td><td></td><td></td></tr>
<tr><td>2</td><td></td><td></td><td></td></tr>
<tr><td>3</td><td></td><td></td><td></td></tr>
<tr><td>4</td><td></td><td></td><td></td></tr>
</table>

10.3 整改记录

整改内容	检测员	日　期	复检结果	检测员	日　期

10.4 技术监督及验收意见

<table>
<tr><td>检测员：　　　　日期：</td><td rowspan="2">备　注：
1. SPD 类型：</td></tr>
<tr><td>图例：

检测员：　　　　日期：</td></tr>
</table>

附　录　B
（规范性附录）
《新建建筑物防雷装置综合质量检测报告书》式样

工程名称＿＿＿＿＿＿＿＿＿＿＿＿＿＿＿＿＿＿　　档案号：××雷检字[××××]××××号

新建建筑物防雷装置综合质量检测报告书

检测单位：＿＿＿＿＿＿＿＿＿＿＿＿　资质证号：＿＿＿＿＿＿＿＿＿＿＿＿

地　　址：＿＿＿＿＿＿＿＿＿＿＿＿　邮　　编：＿＿＿＿＿＿＿＿＿＿＿＿

电　　话：＿＿＿＿＿＿＿＿＿＿＿＿　传　　真：＿＿＿＿＿＿＿＿＿＿＿＿

××省（区、市）气象局监制

新建建筑物防雷装置综合质量检测报告书

建筑物名称		地址					
建筑物高度		地上层数		地下层数		建筑面积	
防雷类别							
建设单位		地址		负责人			
施工单位		资质证号		负责人			
设计单位		资质证号		负责人			
监理单位		资质证号		负责人			
分段检测起止时间		竣工检测时间					

序号		检测项目	是否复检(是/否)	最终检测结论（合格/不合格）	备注
①桩基础	01	桩利用系数			
	02	桩深			
	03	桩直径			
	04	桩主筋直径			
	05	桩利用主筋数			
	06	单桩接地电阻平衡度			
	07	土壤电阻率			
	08	地下水位			
	09	四置距离			
②承台	10	引下线间距			
	11	引下线利用柱主筋数			
	12	承台与桩主筋连接			
	13	承台与引下线柱主筋连接			
	14	每根引下线在－50 cm 钢筋总表面积			

检测员：　　校对人：　　审核人：　　技术负责人：

新建建筑物防雷装置综合质量检测报告书(续)

序号		检测项目	是否复检(是/否)	最终检测结论 (合格/不合格)	备注
③地梁	15	地梁主筋与引下线柱主筋连接			
	16	地梁间主筋连接			
	17	短路环			
	18	预留电气接地			
	19	接地装置电阻值			
④引下线	20	引下线连接			
	21	短路环			
	22	电气预留接地			
⑤均压环	23	均压环与柱主筋连接			
	24	预留钢筋焊接			
	25	门、窗—环过渡电阻			
⑥接闪网格	26	材料和规格			
	27	敷设类别			
	28	网格焊接			
	29	与引下线连接			
	30	电气预留接地			
⑦接闪带	31	接闪带与柱筋引下线连接			
	32	敷设方式			
	33	支持卡间距、高度			
	34	材料和规格			
	35	闭合环路测试			
	36	接地电阻			
检测员：		校对人：	审核人：	技术负责人：	

新建建筑物防雷装置综合质量检测报告书(续)

序号		检测项目	是否复检(是/否)	最终检测结论(合格/不合格)	备注
⑧接闪杆	37	材料和规格			
	38	安装高度			
	39	安装位置			
	40	连接形式			
	41	接地电阻			
⑨等电位	42	屋面冷却塔、广告牌与接闪带连接			
	43	屋面其他金属物体与接闪带连接			
	44	竖直金属管道接地			
	45	电梯接地			
	46	变压器接地			
	47	低压配电重复接地			
	48	低压配电保护接地			
	49	地下管道接地			
	50	地下燃气管道与其他金属管道的距离			
⑩SPD	51	高压电缆敷设方式			
	52	高压 SPD 型号			
	53	低压线路敷设方式			
	54	低压 SPD 型号、通流容量、阻燃防爆			
	55	低压线路保护级数			
	56	SPD 接线			
检测员：		校对人：	审核人：	技术负责人：	

新建建筑物防雷装置综合质量检测报告书(续)

<table>
<tr><td rowspan="5">检测仪器</td><td>序号</td><td>仪器名称</td><td>型号</td><td>编号</td><td>备注</td></tr>
<tr><td>1</td><td></td><td></td><td></td><td></td></tr>
<tr><td>2</td><td></td><td></td><td></td><td></td></tr>
<tr><td>3</td><td></td><td></td><td></td><td></td></tr>
<tr><td>4</td><td></td><td></td><td></td><td></td></tr>
<tr><td rowspan="4">依据标准</td><td>序号</td><td>国际标准和国家标准(标准号+名称)</td><td colspan="3">行业标准和地方标准(标准号+名称)</td></tr>
<tr><td>1</td><td></td><td colspan="3"></td></tr>
<tr><td>2</td><td></td><td colspan="3"></td></tr>
<tr><td>3</td><td></td><td colspan="3"></td></tr>
<tr><td>防雷装置
综合质量
检测结论</td><td colspan="5">检测单位(公章)

年　　月　　日</td></tr>
<tr><td colspan="2">检测员:</td><td>校对人:</td><td>审核人:</td><td colspan="2">技术负责人:</td></tr>
</table>

附　录　C
(规范性附录)
《防雷装置施工质量监督与验收手册》填写及内容评定标准

《防雷装置施工质量监督与验收手册》填写及内容评定标准见表 C.1 至表 C.10。

表 C.1　桩基础施工质量监督与验收

项目	内容	立项依据	检测栏填写方法及数据要求	等级评定标准
01	桩利用系数	根据 GB 50057—2010 中 4.3.5、4.3.6 和 4.4.5	填写时分四个档次：1，0.75，0.50，≤0.25。 **示例**：新建建筑物总桩数共 120 条，若全部用作接地体，则利用系数 α 为 120/120 ＝ 1，而只用 90 条桩作接地体，则利用系数为 90/120＝0.75；以此类推。	一级：利用系数为 $0.75<\alpha\leqslant 1$； 二级：利用系数为 $0.5<\alpha\leqslant 0.75$； 三级：利用系数为 $0.25<\alpha\leqslant 0.50$； 四级：利用系数为 $\alpha\leqslant 0.25$。
02	桩深	同 01 项	填写最深的桩和最浅的桩的深度，单位为米(m)，取小数后一位。 **示例**：深 21.5 m，浅 14.0 m。	参考项，用于分析建筑物基础。
03	桩直径	同 01 项	按要求填写桩直径，单位：米(m)，取小数后两位。 **示例**：D＝1.25 m。	参考项，同 02 项。
04	桩主筋直径	同 01 项	填写桩主筋的直径，单位为毫米(mm)。 **示例**：螺纹钢∅20，圆钢∅18。	参考项，同 02 项。
05	桩利用主筋数	根据 GB 50057—2010 中 4.3.5、4.3.6、4.4.5 和 4.4.6	填写单桩实际被用作基础接地体的主筋数量。 一般为四条，最少不少于两条。	参考项，同 02 项。
06	单桩接地电阻平衡度	同 05 项	检测与引下线相接各单桩的主筋接地电阻值，并计算其平衡度。 要求平衡度为 1，大于 1 时可加短路环。	一级：各桩平衡度均为 1； 二级：平衡度均为 1 的桩占 70%； 三级：平衡度均为 1 的桩占 50%； 四级：平衡度均为 1 的桩少于 50%。

表 C.1　桩基础施工质量监督与验收(续)

项目	内容	立项依据	检测栏填写方法及数据要求	等级评定标准
07	土壤电阻率	根据 GB 50054—2010 中 4.3.6、4.4.6	按实测土壤电阻率的数值填写。 **示例**:ρ=350 Ω·m。 检测方法可用四极法检测。	参考项,用于分析该接地体对雷电流的泄流能力,是设计接地体的基本参数。
08	地下水位	根据 GB 50057—2010 中 4.3.5	地下水位是填写离地面的深度,取小数一位。 **示例**:地下水位为 4 m,则填写－4.0 m。	参考项,用于确定该建筑物内安装设备时,是否具备设立独立接地体的条件。
09	四置距离	根据 JGJ 16－2008 中 12.5 及 GB 50057—2010 中 4.3.4	按建筑物地面所处东(E)、南(S)、西(W)、北(N)四个方位与相邻建(构)筑物的水平距离填写。 **示例**:E 21 m,S 18 m,W 27 m,N 24 m。当水平距离超过 50 m 时,填大于 50 m。	参考项,用于确定建筑物内设备接地与建筑物防雷设施之间的相互关系。

表 C.2 承台施工质量监督与验收

项目	内容	立项依据	检测栏填写方法及数据要求	等级评定标准
10	引下线间距	根据 GB 50057—2010 中 4.3.3 和 4.4.3	按防雷类别分别填写：一类不大于 12 m，二类不大于 18 m，三类不大于 25 m，且边角、拐角处均应设置引下线。	一级：间距达到要求，边角拐弯处设有引下线； 二级：间距达到要求，四角有引下线； 三级：间距达到要求，四角中个别地方少引下线； 四级：间距达不到要求。
11	引下线利用柱主筋数	根据 GB 50057—2010 中 4.3.5 和 5.3.1	填写利用柱主筋作为引下线的钢筋数，并标出其直径大小。 **示例**：利用两条∅20 圆钢作为柱主筋引下线，则填：2×∅20；如仅利用柱中一条主筋作为引下线时，则不应小于∅10；如一条引下线∅12，则填：1×∅12。	一级：大于∅16，两根，小于∅16，四根； 二级：大于∅10，两根； 三级：大于∅10，一根； 四级：仅用一根，小于∅10。
12	承台与桩主筋连接	根据 GB 50057—2010 中 4.3.5 和 4.4.5 以及 JGJ 16－2008 中的 12.5.7	检查承台与桩焊接质量：桩应有四条主筋，分别有两条与承台配筋上层和下层塔接焊，其搭接长度不应小于扁钢宽度的 2 倍或圆钢直径的 6 倍，将检查结果填入本栏。	一级：连接正确，焊接长度符合要求、质量好； 二级：连接正确，焊接长度符合要求、质量基本良好； 三级：连接正确，焊接长度符合要求、质量一般； 四级：连接错误。
13	承台与引下线柱主筋连接	同 12 项	检查承台与引下线柱主筋焊接质量：柱内两主筋分别有一条与承台上层焊接，另一条与承台下层相焊接，其搭接长度不应小于扁钢宽度的 2 倍或圆钢直径的 6 倍，将检查结果填入本栏。	同 12 项。
14	每条引下线在－50 cm 钢筋总表面积	根据 GB 50057—2010 中 4.3.5 和 4.4.5	按照防雷类别计算每条引下线在－50 cm 钢筋表面积： 二类按 $S \geqslant 4.24\ Kc^2$ 公式计算；三类按 $S \geqslant 1.89\ Kc^2$ 公式计算。在一般情况下，一栋楼防雷引下线不小于两根，且接闪器成闭合环状，取 $Kc=0.44$，对应二类防雷 $S \geqslant 0.82\ m^2$，三类防雷 $S \geqslant 0.37\ m^2$ 为合格。	一级：$S \geqslant 4.24\ Kc^2$（$1.89\ Kc^2$），焊接正确，全部质量好； 二级：$S \geqslant 4.24\ Kc^2$（$1.89\ Kc^2$），焊接正确，质量基本良好； 三级：$S \geqslant 4.24\ Kc^2$（$1.89\ Kc^2$），焊接一般； 四级：$S \geqslant 4.24\ Kc^2$（$1.89\ Kc^2$），焊接错误。

表 C.3　地梁施工质量监督与验收

项目	内容	立项依据	检测栏填写方法及数据要求	等级评定标准
15	地梁主筋与引下线柱主筋连接	根据 GB 50057—2010 中 4.3.5 和 4.4.5 以及 JGJ 16—2008 中的 12.5.7	检查地梁主筋与引下线柱主筋焊接质量：两条引下线主筋要与地梁主筋焊接，其搭接长度不应小于扁钢宽度的 2 倍或圆钢直径的 6 倍，保证焊接质量，无交叉。将检查结果填入本栏。	同 12 项。
16	地梁间主筋连接	同 15 项	检查地梁与地梁之间主筋焊接质量，地梁间主筋焊接无交叉，其搭接长度不应小于扁钢宽度的 2 倍或圆钢直径的 6 倍，连接不少于两根。	同 12 项。
17	短路环	根据 GB 50057—2010 中 4.3.5 第 6 款	检查地梁主筋与箍筋连接情况，要求箍筋每隔 6 m 应与主筋相连接。	一级：间隔不大于 6 m，连接质量好； 二级：间隔不大于 6 m，连接质量基本良好； 三级：间隔不大于 6 m，连接质量一般； 四级：无短路环。
18	预留电气接地	根据 GB 50057—2010 中 4.3.7 和 5.3.6	检查首层基础是否按设计要求预留电气接地。要求在离地面约 0.3 m 处用∅12 镀锌圆钢从用作防雷接地的柱主筋焊接引出，引出长度大于 0.2 m。	同 12 项。
19	接地装置电阻值	根据 GB 50057—2010 中 4.2.4、4.3.6 和 4.4.6	参照设计要求，填写接闪杆、带的实测接地电阻值。自然接地体的一般要求小于 1Ω 或小于 4Ω；人工接地体的第一类、第二类防雷不大于 10Ω，第三类防雷不大于 30Ω。	二级：符合设计要求； 四级：不符合设计要求。 **注：**只评定合格和不合格，不评定优良和基本合格。

表 C.4 引下线施工质量监督与验收

项目	内容	立项依据	检测栏填写方法及数据要求	等级评定标准
20	引下线连接	根据 GB 50057—2010 中 4.3.5 和 4.4.5 以及 JGJ 16－2008 中的 12.5.7	检查引下线连接质量：柱筋引下线选定对角的两条主筋，由承台、地梁至天面与接闪带连接，中间搭接符合要求，搭接处一定要焊接平滑。	同 12 项。
21	短路环	根据 GB 50057—2010 中 4.3.5 第 6 款	要求用作防雷引下线柱筋每两层至少有一个箍筋与柱主筋相焊接。	一级：各层均焊短路环不少于一个； 二级：大多数每层焊短路环，个别漏焊； 三级：每隔一层焊短路环； 四级：无短路环。
22	电气预留接地	根据 GB 50057—2010 中 4.3.7 和 4.4.7	检查各层是否按设计要求预留接地。要求在离地板面约 0.3 m 处用∅12 镀锌圆钢与用作电气接地的柱主筋焊接引出，引出长度大于 0.2 m。	同 12 项。

表 C.5　均压环施工质量监督与验收

项目	内容	立项依据	检测栏填写方法及数据要求	等级评定标准
23	均压环与柱主筋连接	根据 GB 50057—2010 中 4.2.4、4.3.9 和 4.4.8	检查是否有均压环；均压环是否与用作引下线的柱主筋连接；其连接正确否(一类 30 m，二类 45 m，三类 60 m 高度以上的建(构)筑物，必须设计均压环，并使该高度以上的门、窗及大金属物与防雷装置连接)。	同 12 项。
24	预留钢筋焊接	同 23 项	门、窗框的两侧各应有一条大于等于∅8 钢筋用作均压环的引下线。在预留钢筋处的搭接效果良好。填写预留钢筋数量及焊接质量。	同 12 项。
25	门、窗—环过渡电阻	根据 GB 50057—2010 中 4.3.7 和 4.4.7	检测门、窗—环的电气通路情况，可用过渡电阻测试仪进行检测，将检测后的过渡电阻值填入本栏。如测得均压环 1.000 Ω，金属窗 1.030 Ω，则填：过渡电阻＝0.030 Ω(要求门、窗—环小于或等于 0.030 Ω)。	一级：门、窗—环全部连接点各个过渡电阻不大于 0.030Ω； 二级：门、窗—环连接点过渡电阻不小于 0.030Ω(且不大于 0.050Ω)的数量不超过三个； 三级：门、窗—环连接点过渡电阻不小于 0.030Ω(且不大于 0.050Ω)的数量超过三个； 四级：门、窗—环连接点过渡电阻大于 0.030 Ω，超过五个或有一个过渡电阻趋于∞。

表 C.6　接闪网格施工质量监督与验收

项目	内容	立项依据	检测栏填写方法及数据要求	等级评定标准
26	材料和规格	根据 GB 50057—2010 中第 4.2.4、4.3.1 和 4.4.1 条	按照防雷类别填写： 一类填写：不大于 5 m×5 m 或 4 m×6 m； 二类填写：不大于 10 m×10 m 或 8 m×12 m； 三类填写：不大于 20 m×20 m 或 16 m×24 m； 明敷不小于∅8，暗敷不小于∅10。	一级：网格尺寸、材料、规格符合要求，连接正确； 二级：网格尺寸、材料、规格符合要求，连接正确，个别地方稍差； 三级：网格尺寸、材料、规格基本符合要求，连接正确； 四级：网格尺寸不符合要求。
27	敷设类别	同 26 项	分明敷和暗敷。明敷与暗敷均要检查网格尺寸。	一级：敷设平直，无起伏和弯曲，拐弯处大于 90°，焊接良好，支持卡搭接焊，焊接处防锈处理良好； 二级：敷设平直，无起伏和弯曲，拐弯处大于 90°，焊接良好，支持卡搭接焊，个别焊接防锈处理一般； 三级：敷设平直，无起伏和弯曲，拐弯处大于 90°，焊接防锈处理较差； 四级：敷设弯曲起伏不平直，拐弯处小于 90°。
28	网格焊接	根据 GB 50057—2010 中 4.2.4、4.3.1 和 4.4.1，以及 JGJ 16—2008 中的 12.5.7	接闪网格一般利用天面板筋焊接而成。因此要求用不小于∅8 的钢筋，按规定网格大小敷设，并让两端与柱的主筋引下线相焊接。检查焊接长度：其搭接长度不应小于扁钢宽度的 2 倍或圆钢直径的 6 倍，是连续焊还是间隙焊，将检查结果记入本栏。	一级：焊接质量好； 二级：焊接质量基本良好； 三级：焊接质量一般； 四级：焊接质量差；
29	与引下线连接	同 28 项	检查网格与柱主筋引下线连接的质量；网格纵横向钢筋的两端必须与各柱主筋焊接连通；检查内容同 28 项。	同 28 项。
30	电气预留接地	按设计要求	天面预留接地是天面电气设备及其他设施接地用。按设计图纸检查及填写。	同 12 项。

表 C.7　接闪带施工质量监督与验收

项目	内容	立项依据	检测栏填写方法及数据要求	等级评定标准
31	接闪带与柱筋引下线连接	根据 GB 50057—2010 中 4.2.4、4.3.1 和 4.4.1，以及 JGJ 16—2008 中的 12.5.7	检查接闪带有否与用作引下线的柱主筋相焊接。因此，主要检查用作引下线柱的主筋预留端有否作为支持卡与接闪带焊接，并检查其搭接长度是否符合要求。	同 12 项。
32	敷设方式	根据 GB 50057—2010 中 4.2.4、4.3.1 和 4.4.1	填写明敷或暗敷。 暗敷：应用两根大于∅8 钢筋并排敷设，或用一根 4 mm×40 mm 扁钢敷设，表面水泥厚度不大于 2 cm。 明敷：带体用不小于∅8 镀锌圆钢。	同 27 项。
33	支持卡间距、高度	根据 GB 50057—2010 中 5.2.6	检查支持卡间距和高度要求：一般不大于 1 m，高度不宜小于 150 mm，应符合 GB 50057—2010 中表 5.2.6 的要求，按实际间距填写。支持卡应以“Γ”形式与接闪带牢固连接。	一级：间距、高度符合要求，支持卡垂直连接质量好； 二级：间距、高度符合要求，支持卡垂直连接质量基本良好； 三级：间距、高度符合要求，支持卡垂直连接质量一般； 四级：间距、高度不符合要求，支持卡垂直连接质量差。
34	材料和规格	根据 GB 50057—2010 中 5.2.1	要求符合 GB 50057—2010 中表 5.2.1 的要求。按实际的材料规格填写。	一级：规格符合要求，材料采用铜或铝材； 二级：规格符合要求，材料采用不锈钢或铝合金； 三级：规格符合要求，材料采用热镀锌钢材； 四级：规格不符合要求。
35	闭合环路测试	根据 GB 50057—2010 中 4.2.4、4.3.1 和 4.4.1	闭合环是指一个完整的闭合的接闪带。任何两点之间都必须连通。	二级：环路测试任意两点间均正常； 四级：任意两点间有断开。 **注**：只评定合格和不合格，不评定优良和基本合格。
36	接地电阻	根据 GB 50057—2010 中 4.2.4、4.3.6 和 4.4.6	参照设计要求，填写接闪带的实测接地电阻值。自然接地体的一般要求小于 1Ω 或小于 4Ω；人工接地体的第一类、第二类不大于 10Ω，第三类不大于 30Ω。	同 19 项。

表 C.8 接闪杆施工质量监督与验收

项目	内容	立项依据	检测栏填写方法及数据要求	等级评定标准
37	材料和规格	根据 GB 50057—2010 中 5.2.2	填写实测数据，热镀锌圆钢或钢管杆长 1 m 以下时：圆钢不应小于∅12，钢管不应小于∅20；杆长 1 m～2 m 时：圆钢不应小于∅16，钢管不应小于∅25；独立烟囱顶上的杆：圆钢不应小于∅20，钢管不应小于∅40。	一级：大于∅20，大于∅25，大于∅40 的钢管； 二级：大于∅12，大于∅16，大于∅20 的圆钢； 三级：等于∅12(∅20)，等于∅16(∅25)，等于∅20(∅40)的圆钢或钢管； 四级：小于∅12(∅20)，小于∅16(∅25)，小于∅20(∅40)的圆钢或钢管。 **注**：括号内为钢管。
38	高度安装	根据 GB 50057—2010 中附录 D 按滚球法计算	填写接闪杆的露空实际长度。	一级：有效保护，接闪杆还高出 2.5 m 的； 二级：有效保护，接闪杆还高出 1 m 的； 三级：接闪杆的高度刚好可以有效保护的； 四级：接闪杆的高度不能有效保护的。
39	安装位置	根据 GB 50057—2010 中附录 B	安装在建筑物易受雷击的部位。 填写具体位置：女儿墙、屋角、屋脊、屋檐、檐角、水塔、楼梯间屋顶等。	一级：安装位置符合规定，安装质量和工艺好； 二级：安装位置符合规定，安装质量和工艺基本良好； 三级：安装位置符合规定，安装质量和工艺一般； 四级：安装位置不符合规定。
40	连接形式	根据 GB 50057—2010 中 4.3.1 和 4.4.1，以及 JGJ 16—2008 中的 12.5.7	建筑物天面接闪杆应与接闪器相互连接，并成为电气通路。检查焊接长度：其搭接长度不应小于扁钢宽度的 2 倍或圆钢直径的 6 倍。	同 28 项。
41	接地电阻	根据 GB 50057—2010 中 4.2.4、4.3.6 和 4.4.6	同 36 项。	同 19 项。

表 C.9 等电位施工质量监督与验收

项目	内容	立项依据	检测栏填写方法及数据要求	等级评定标准
42	屋面冷却塔、广告牌与接闪带连接	根据 GB 50057—2010 中 4.1.2 和 4.3.2	与接闪带相连不少于两处(对角),材料、规格符合要求。 各种设备的防雷接地线不得串联,应各自与接地装置连接(并联)。	同 12 项。
43	屋面其他金属物体与接闪带连接	同 42 项	同 42 项。	同 12 项。
44	竖直金属管道接地	根据 GB 50057—2010 中 4.3.2、4.3.9 和 4.3.7	可在金属管道的顶端和底端与防雷装置连接,设计时应预留接地。	二级:连接不少于两处,测量电阻符合要求; 四级:连接不符合要求。 注:只评定合格和不合格,不评定优良和基本合格。
45	电梯接地	JGJ 16—2008 中 12.5.4	电梯导轨接地,每条不少于两处。设计时应从柱内钢筋预留。	同 44 项。
46	变压器接地	JGJ 16—2008 中 12.2 和 12.4	应就近与防雷地相接(可从最近处主筋预留),测量接地电阻值,应不大于 4Ω。	二级:连接方式和接地电阻符合要求; 四级:连接方式和接地电阻不符合要求。 注:只评定合格和不合格,不评定优良和基本合格。
47	低压配电重复接地	JGJ 16—2008 中 12.3 和 12.4	检查有否重复接地和接地的方法。测量接地电阻值,应不大于 10Ω。	同 46 项。
48	低压配电保护接地	JGJ 16—2008 中 12.3 和 12.4	同 47 项。	同 46 项。
49	地下管道接地	根据 GB 50057—2010 中 4.2.2 和 4.3.4	检查是否同建筑物防雷地相连,并测量接地电阻值。	同 46 项。
50	地下燃气管道与其他金属管道的距离	GB 50028—2006 中 6.3.3	地下燃气管道与其他金属管道的距离应符合 GB 50028—2006 中表 6.3.3—1 和表 6.3.3—2 的要求。	二级:间距符合规定; 四级:间距不符合规定。 注:只评定合格和不合格,不评定优良和基本合格。

表 C.10 SPD 施工质量监督与验收

项目	内容	立项依据	检测栏填写方法及数据要求	等级评定标准
51	高压电缆敷设方式	根据 GB 50168—2006 中 4.2.2、5.1.6 和 5.4.2	填写架空或埋地。	参考项。
52	高压 SPD 型号	根据 JGJ 16—2008 中 11.3.4 以及 GB 50057—2010 中 4.3.8	填写产品型号。	参考项，用于产品质量跟踪。
53	低压线路敷设方式	同 51 项	填写架空或埋地。	参考项。
54	低压 SPD 型号、通流容量、阻燃防爆	根据 GB 50057—2010 中 4.2.4、4.3.8 和 4.4.6	填写产品型号、通流容量、防爆情况。	二级：参数符合要求； 四级：参数不符合要求。 **注：**只评定合格和不合格，不评定优良和基本合格。
55	低压线路保护级数	根据 GB 50057—2010 中 4.2.4、4.3.8 和 4.4.6	按检测时实际情况填写：分为一级、二级、三级、四级、五级保护。	一级：三级及三级保护以上； 二级：二级保护； 三级：一级保护； 四级：无 SPD 保护。
56	SPD 接线	根据 GB 50057—2010 中 5.1.2	填写实际接线截面积和长度。	二级：接线截面积和长度符合要求； 四级：接线截面积和长度不符合要求。 **注：**只评定合格和不合格，不评定优良和基本合格。

ICS 07.060
A 47

中华人民共和国气象行业标准

QX/T 150—2011

煤炭工业矿井防雷设计规范

Design specification for lightning protection of mine for coal industry

2011-12-21 发布　　2012-01-01 实施

中国气象局　发布

前　言

本标准按照 GB/T 1.1—2009 给出的规则起草。

本标准由全国雷电灾害防御行业标准化技术委员会提出并归口。

本标准起草单位：山西省雷电防护监测中心、山西省煤炭工业厅信息中心、山西省煤炭规划设计院。

本标准主要起草人：杨世刚、郝孝智、付亚平、姚宏红、李芳、金利国、李希海、路晋湘、段剑峰、彭爱国。

煤炭工业矿井防雷设计规范

1 范围

本标准规定了与煤炭工业矿井生产直接相关的地面建(构)筑物、供配电系统、电子系统及矿井(简称煤矿)的防雷设计要求。

本标准适用于新建、改建、扩建煤矿的防雷设计。

2 规范性引用文件

下列文件对于本文件的应用是必不可少的。凡是注日期的引用文件,仅注日期的版本适用于本文件。凡是不注日期的引用文件,其最新版本(包括所有的修改单)适用于本文件。

GB 50057—2010 建筑物防雷设计规范

3 术语和定义

GB 50057—2010 界定的以及下列术语和定义适用于本文件。

3.1

平硐 adit; adit entry; drift

服务于煤炭、设施、人员运输和通风,在地层中开凿的直通地面的水平通道。

[GB/T 15663.2—2008,定义 2.5]

3.2

瓦斯 gas

矿井中主要由煤层气构成的以甲烷为主的有害气体。

注:有时单独指甲烷。

3.3

接触网 contact net

由承力索、吊弦和接能导线等组成,沿电气化铁路架设的供电网路。

3.4

耦合地线 coupling ground wire

架设在导线下方或侧面,用以增加导线和接地线之间的耦合作用,降低绝缘子串上承受的冲击过电压的接地线。

3.5

雷电灾害风险评估 evaluation of lightning disaster risk

根据雷电及其灾害特征进行分析,对可能导致的人员伤亡、财产损失程度与危害范围等方面的综合风险计算,为建设工程项目选址和功能分区布局、防雷类别与防雷措施确定等提出建设性意见的一种评价方法。

[QX/T 85—2007,定义 3.1]

3.6

避雷器 surge arrester

通过分流冲击电流来限制出现在设备上的冲击电压且能返回到初始性能的保护装置，该装置的功能具有可重复性。

注：该装置的功能具有可重复性。如无特殊说明，条文中的避雷器均指无间隙氧化锌避雷器。

［GB/T 19663—2005，定义 7.7］

4 一般要求

4.1 煤矿防雷设计应遵循安全可靠、技术先进、经济合理的原则。

4.2 煤矿防雷应在认真调查地理、地质、土壤、气象、环境、雷电活动规律等条件下，结合煤矿生产特点的基础上进行设计。

4.3 新(改、扩)建煤矿宜在雷击风险评估的基础上进行防雷设计。

5 建(构)筑物的防雷

5.1 防雷分类

5.1.1 遇下列情况之一时，应划分为第二类防雷建(构)筑物：

a) 瓦斯抽放站、主要通风机房；
b) 年预计雷击次数大于 0.25 次的办公楼、生产调度楼、井架、井棚等一般性建(构)筑物。

5.1.2 遇下列情况之一时，应划分为第三类防雷建(构)筑物：

a) 年预计雷击次数大于或等于 0.05 次，且小于或等于 0.25 次的办公楼、生产调度楼、井架、井棚等一般性建(构)筑物；
b) 高度在 15 m 及其以上的井架、井棚、烟囱、水塔等孤立高耸建(构)筑物；
c) 带式运输走廊等。

5.1.3 年预计雷击次数应按照 GB 50057—2010 的附录 A 确定。

5.2 第二类防雷建(构)筑物的防雷措施

5.2.1 第二类防雷建(构)筑物应采取防直击雷、防侧击雷、防雷电波侵入的措施。

5.2.2 接闪器应符合下列规定：

a) 接闪器宜采用接闪带(网)、接闪杆或由其混合组成，保护范围按 GB 50057—2010 附录 D 确定，滚球半径取 45 m。接闪带应装设在建(构)筑物易受雷击的屋角、屋脊、女儿墙及屋檐等部位，接闪网格构成尺寸不大于 10 m×10 m 或 12 m×8 m，采用的圆钢直径不应小于 8 mm。扁钢截面积不应小于 48 mm^2，厚度不应小于 4 mm。
b) 装设在建(构)筑物上的所有接闪杆应采用接闪带或等效的环行导体相互连接。接闪杆的规格应符合 GB 50057—2010 中 5.2.2 的要求。
c) 引出屋面的金属物体可不装设接闪器，但应与屋面防雷装置相连。
d) 在屋面接闪器保护范围之外的非金属物体应装设接闪器，并应与屋面防雷装置相连。
e) 宜利用建(构)筑物的金属屋面作为接闪器。下面有易燃物品时，钢板厚度不应小于 4 mm，铜板厚度不应小于 5 mm，铝板厚度不应小于 7 mm。无易燃物品时，金属板厚度不应小于 0.5 mm。
f) 瓦斯抽放站的金属放散管可不装接闪器，但应与防雷装置相连。

g） 明装的接闪器应热镀锌或涂漆做防腐蚀处理。

5.2.3 防雷引下线应优先利用建(构)筑物钢筋混凝土柱的主钢筋或钢结构柱，建(构)筑物外廓易受雷击的各个角上的柱子的钢筋或钢柱应被利用。专设引下线时，宜采用圆钢或扁钢，优先采用圆钢；圆钢直径不应小于 8 mm，扁钢截面不应小于 48 mm^2，厚度不应小于 4 mm；根数不应少于 2 根；并应沿建(构)筑物四周均匀或对称布置，间距不应大于 18 m；每根引下线的冲击接地电阻不宜大于 10 Ω。

5.2.4 防雷接地装置与其他接地装置共用时，接地电阻应以接入系统要求的最小值确定。进出建(构)筑物的各种金属管线在进出口处与防雷接地装置相连。

5.2.5 当建(构)筑物高度超过 45 m 时，应采取下列防侧击雷措施：

a） 建(构)筑物内钢构架和钢筋混凝土的钢筋应相互连接。

b） 应利用钢柱或钢筋混凝土柱子内钢筋作为防雷装置引下线。结构圈梁中的钢筋应连成闭合回路，并应与防雷引下线相连。

c） 将 45 m 及其以上外墙上的栏杆、门窗等较大金属物直接或通过预埋件与防雷装置相连。

5.2.6 防雷电波侵入的措施应符合下列规定：

a） 低压线路全长采用埋地电缆或敷设在架空金属线槽内的电缆引入时，在入户端应将电缆金属外皮、金属线槽接地。

b） 采用架空线直接引入时，应在入户端装设避雷器并与绝缘子铁脚、金具连在一起接地。靠近建(构)筑物的两基电杆上的绝缘子铁脚应接地，其冲击接地电阻不应大于 30 Ω。

c） 架空线转金属铠装电缆或护套电缆穿钢管直接埋地引入时，其埋地长度不应小于 15 m，瓦斯抽放站电缆的埋地长度应符合式(1)的要求。在电缆与架空线连接处装设避雷器，避雷器、电缆金属外皮、钢管和绝缘子铁脚、金具等应连在一起接地，冲击接地电阻不应大于 30 Ω。

$$l \geqslant 2\sqrt{\rho} \qquad \cdots\cdots(1)$$

式中：

l——埋地长度，单位为米(m)；

ρ——埋地电缆处的土壤电阻率，单位为欧姆米(Ω·m)。

d） 架空和直接埋地的金属管道在进出建(构)筑物处应就近与接地装置相连；无法连接时，架空管道应接地，其冲击接地电阻不应大于 10 Ω。

e） 瓦斯抽放的金属管道在站房和井口处与防雷接地装置相连。金属管道的壁厚不应小于 4 mm。弯头、阀门、法兰盘等连接处的过渡电阻大于 0.03 Ω 时，应采用截面积不小于 6 mm^2 的金属线跨接。

f） 垂直敷设的金属管道等金属物应在顶端和底端与防雷装置相连。

5.3 第三类防雷建(构)筑物的防雷措施

5.3.1 第三类防雷建(构)筑物应采取防直击雷、防侧击雷、防雷电波侵入的措施。

5.3.2 接闪器应符合下列规定：

a） 接闪器宜采用接闪带(网)、接闪杆或由上述两者混合组成，保护范围按 GB 50057—2010 附录 D 确定，滚球半径取 60 m。接闪带应装设在建(构)筑物易受雷击的屋角、屋脊、女儿墙及屋檐等部位，接闪网格构成尺寸不大于 20 m×20 m 或 24 m×16 m 的网格，采用的圆钢直径不应小于8 mm。

b） 装设在建(构)筑物上的所有接闪杆应采用接闪带或等效的环行导体相互连接。接闪杆的规格应符合 GB 50057—2010 中 5.2.2 的要求。

c） 引出屋面的金属物体可不装设接闪器，但应与屋面防雷装置相连。

d） 在屋面接闪器保护范围之外的非金属物体应装设接闪器，并应与屋面防雷装置相连。

e） 宜利用建(构)筑物的金属屋面作为接闪器，金属板厚度不应小于 0.5 mm。

f) 明装的接闪器应热镀锌或涂漆做防腐蚀处理。

5.3.3 引下线应优先利用建(构)筑物钢筋混凝土柱的主钢筋或钢结构柱,建(构)筑物外廓易受雷击的各个角上的柱子的钢筋或钢柱应被利用。专设引下线时,宜采用圆钢或扁钢,优先采用圆钢;圆钢直径不应小于 8 mm;根数不应少于 2 根;并应沿建(构)筑物四周均匀或对称布置,间距不应大于 25 m;每根引下线的冲击接地电阻不宜大于 30 Ω。

5.3.4 防雷接地装置与其他接地装置共用时,接地电阻应以接入系统要求的最小值确定。进出建(构)筑物的各种金属管线在进出口处与防雷接地装置相连。

5.3.5 当建(构)筑物高度超过 60 m 时,应采取下列防侧击雷措施:

a) 建(构)筑物内钢构架和钢筋混凝土的钢筋应相互连接。

b) 应利用钢柱或钢筋混凝土柱子内钢筋作为防雷装置引下线。结构圈梁中的钢筋应连成闭合回路,并应与防雷引下线相连。

c) 将 60 m 及其以上外墙上的栏杆、门窗等较大金属物直接或通过预埋件与防雷装置相连。

5.3.6 防雷电波侵入的措施应符合下列规定:

a) 低压线路宜全长采用埋地电缆引入,在入户端应将电缆金属外皮、钢管接地。

b) 采用架空线直接引入时,应在入户端装设避雷器并与绝缘子铁脚、金具连在一起接地。当多回路架空进出线时,可仅在母线或总配电箱处装设一组避雷器,绝缘子铁脚、金具应全部接地。靠近建(构)筑物的两基电杆上的绝缘子铁脚应接地,其冲击接地电阻不应大于 30 Ω。

c) 当架空线转换为电缆时,应在转换处装设避雷器,避雷器、电缆金属外皮、钢管和绝缘子铁脚、金具等应连接一起接地,冲击接地电阻不应大于 30 Ω。

d) 进出建(构)筑物的金属管道应就近与建(构)筑物接地装置相连;无法相连时,架空管道应接地,其冲击接地电阻不宜大于 30 Ω。

e) 垂直敷设的金属管道等金属物应在顶端和底端与防雷装置相连。

5.4 接地装置

5.4.1 接地装置应优先利用自然接地体,不满足要求时,应增设人工接地体。

5.4.2 垂直埋设的接地极,宜采用圆钢、钢管、角钢等。水平埋设的接地极宜采用扁钢、圆钢等。人工接地装置的最小尺寸应符合表 1 的规定。

表 1 人工接地装置的最小尺寸

材料及形状	最小尺寸			
	直径 mm	截面积 mm^2	厚度 mm	镀层厚度 μm
热镀锌扁钢	—	90	3	63
热镀锌角钢	—	90	3	63
热镀锌圆钢	10	—	—	63
热镀锌深埋钢棒接地极	16	—	—	63
热镀锌钢管	25	—	2	47
带状裸铜	—	50	2	—
裸铜管	20	—	2	—

6 供配电系统的防雷

6.1 高压架空输电线路

6.1.1 110 kV 的架空线路应全线架设避雷线，并应符合下列规定：

a) 平均年雷暴日数超过 90 d 的地区及根据运行经验雷害特别严重的地区，保护角不应大于 15°；

b) 平均年雷暴日数超过 40 d 但不超过 90 d 的地区，保护角不应大于 20°；

c) 平均年雷暴日数超过 15 d 但不超过 40 d 的地区，保护角不应大于 25°；

d) 平均年雷暴日数不超过 15 d 的地区，保护角不应大于 30°。

6.1.2 有雷击史的线路，宜在线路下方架设耦合地线，其总长度不宜小于 3 km。

6.1.3 有雷击史的杆塔，宜在易绕击相上装设线路避雷器和放电间隙。

6.1.4 易遭受绕击的杆塔应采取提高绝缘子绝缘水平的措施。宜在横担上装设侧向接闪杆，水平伸出边相绝缘子串不小于 2 m。杆塔工频接地电阻不应大于 20 Ω。

6.1.5 进线段的防护应符合下列规定：

a) 进线段 3 km 的避雷线保护角不应大于 15°；

b) 有雷击史的线路，宜在导线下方架设耦合地线，其总长度不宜小于 3 km；

c) 在终端杆塔线路并联放电间隙，其放电电压应小于绝缘子绝缘水平。

6.1.6 杆塔的接地应符合下列要求：

a) 避雷器、耦合地线、放电间隙、侧向接闪杆、金具等应与杆塔连在一起接地；

b) 杆塔工频接地电阻一般情况下不应大于 10 Ω，在山区等土壤电阻率大于 1000 Ω·m 的地区不应大于 30 Ω。

6.2 35 kV 配电线路

6.2.1 在雷电活动特殊强烈的地区，35 kV 的配电线路宜全线架设避雷线。有雷击史杆塔的绝缘子并联放电间隙，其放电电压应小于绝缘子绝缘水平。

6.2.2 进线段 1 km～2 km 的线路应设避雷线，保护角不应大于 15°。

6.2.3 对于全线无避雷线的线路应符合下列要求：

a) 宜在易绕击相上装设线路避雷器和放电间隙；

b) 杆塔工频接地电阻不宜大于 10 Ω，在土壤电阻率大于 1000 Ω·m 的地区不应大于 30 Ω。

6.3 6 kV～10 kV 配电线路

6.3.1 有雷击史的线路应在进线段 1 km～2 km 的线路设避雷线，保护角不应大于 15°。

6.3.2 有雷击史的杆塔应装设避雷器或并联放电间隙，其工频接地电阻不应大于 30 Ω。

6.3.3 有雷击史的线路宜采取提高绝缘等级至 15 kV 或 20 kV 的措施。

6.3.4 在入户端应将架空线路改换为一段金属铠装电缆或护套电缆穿钢管埋地引入，电缆长度不应小于 50 m。在架空线与电缆转换处应装设避雷器，避雷器、电缆金属外皮、钢管和绝缘子铁脚、金具等应连在一起接地，冲击接地电阻不应大于 10 Ω。前基杆塔线路应并联放电间隙。

6.3.5 架空绝缘导线未采取防雷击断线措施前，不应装设自动重合闸。

6.4 变配电所

6.4.1 变配电所直击雷防护应采用接闪杆或接闪线，所内的建(构)筑物、构架均应处于保护范围内。保护范围宜按 GB 50057—2010 附录 D 确定，滚球半径取 45 m。

6.4.2 一般情况下，宜装设独立接闪杆，接闪杆应设置环形接地，工频接地电阻不应大于 10 Ω。但条件不允许时，可在构架上装设接闪杆，距离变压器不应小于 15 m。

6.4.3 接闪杆接地点与电缆沟最小距离不应小于 3 m。

6.4.4 变配电所 6 kV ～10 kV 配电装置，应在每组母线和架空进线上装设避雷器。无所用变压器时，宜在每路架空进线上装设避雷器。

6.5 设备

6.5.1 变压器的高、低压侧均应装设避雷器，并符合下列规定：

a) 高、低压两侧分别装设相应等级的避雷器，避雷器装设位置应尽量靠近变压器，其接地点应与变压器的金属外壳及低压侧中性点连在一起后接地，当低压侧中性点对地绝缘时与击穿保险器的接地端连接；

b) 变压器容量为 100 kV・A 以上时，工频接地电阻不应大于 4 Ω，变压器容量为 100 kV・A 以下时，工频接地电阻不应大于 10 Ω；

c) 线路为 10 kV 以上高等级线路时，在变压器前基杆塔并联保护间隙，放电电压值按变压器冲击耐受值确定。高、低压侧避雷器接地点、变压器外壳连在一起接地。

6.5.2 在各种运行状态下，开关和刀闸两侧都不应失去避雷器的保护。

6.5.3 柱上开关两侧应装设避雷器，两侧的避雷器和开关箱连在一起后接地，工频接地电阻不应大于 4 Ω。

6.5.4 电缆分支箱应装设避雷器，工频接地电阻不应大于 4 Ω。

6.5.5 当中性线装设避雷器时，应采用相线对中性线，然后中性线对地线的装设方式。

6.6 直配电机

6.6.1 在电机母线上装设避雷器，当直配电机的中性点能引出但不接地时，应在中性点上装设避雷器。避雷器的额定电压不应低于电机最高运行电压。

6.6.2 在每相母线上应装设与避雷器并联的对地电容，容量为 1.5 μF～2 μF。

6.6.3 电缆与架空线转换处应装设避雷器。

6.6.4 无功补偿电容宜装设避雷器。

6.7 避雷器

6.7.1 避雷器的持续运行电压和额定电压，不应低于表 2 要求。避雷器应能承受所在系统作用的暂时过电压和操作过电压能量。

6.7.2 使用有串联间隙的金属氧化物避雷器时，110 kV、35 kV、6 kV～10 kV 系统的避雷器额定电压分别不低于系统最高电压 U_m 的 0.8 倍、1.0 倍、1.1 倍。

表 2 无间隙氧化锌避雷器的持续运行电压和额定电压

系统接地方式		持续运行电压		额定电压	
		相地	中性点	相地	中性点
不接地	6 kV～10 kV	$1.1U_m$	$0.64U_m$	$1.38U_m$	$0.8U_m$
	35 kV	$1.0U_m$	$U_m/\sqrt{3}$	$1.25U_m$	$0.72U_m$
消弧线圈	110 kV	$1.0U_m$	$U_m/\sqrt{3}$	$1.25U_m$	$0.72U_m$
高电阻	110 kV	$1.1U_m$	$1.1U_m/\sqrt{3}$	$1.38U_m$	$0.8U_m$

7 电子系统的防雷

7.1 电子系统的防雷应符合 GB 50057—2010 的规定。

7.2 矿井线缆的布设应符合下列要求：

a) 瓦斯、产量监控、人员定位等信息电缆不宜和电力电缆敷设在巷道同侧。受条件限制时，井筒内同侧敷设的净距不应小于 0.3 m；巷道内同侧敷设的净距不应小于 0.1 m，电力电缆应敷设在信息电缆的下方。

b) 电缆与水管、风管平行敷设时，电缆应位于管道的上方，净距不小于 0.3 m。

c) 有电力机车的接触网区段，瓦斯、产量监控、人员定位的信息线路宜全线采用光缆或屏蔽电缆。

7.3 电涌保护器在室内装设时，宜设置在便于检查的位置。电涌保护器在室外或井口装设时宜选用室外型产品，选用室内型产品时应装设在防护等级不低于 IP54 的箱内。

8 矿井的防雷

8.1 井下设备的接地

8.1.1 进入井下电缆的金属外皮、接地芯线应和设备的金属外壳连在一起接地。

8.1.2 所有电气设备的保护接地装置和局部接地装置应与主接地装置连在一起形成接地网，并符合下列规定：

a) 主接地装置应采用面积不小于 0.75 m^2、厚度不小于 5 mm 的钢板，在主、副水仓各埋设 1 块。

b) 局部接地装置应采用面积不小于 0.6 m^2、厚度不小于 3 mm 的钢板或等效面积的钢管，可平放在巷道水沟深处。局部接地装置设置在其他地点时，采用直径不小于 35 mm、长度不小于 1.5 m 的钢管制成，管上均匀钻 20 个直径不小于 5 mm 的透孔。

8.1.3 接地装置的工频接地电阻不应大于 2 Ω。

8.2 井口等电位连接及接地

8.2.1 井口外接地装置的冲击接地电阻应小于 5 Ω。

8.2.2 由地面直接引入、引出矿井的带式运输机支架、各种金属管道、架空人车支架、运输轨道、架空运输索道、电缆的金属外层等金属设施，应在井口附近就近与接地装置相连，连接点不应少于两处。

8.2.3 架空进入矿井的带式运输机支架、架空金属管道、架空人车支架、架空运输索道的支架及其他长金属物，在距离井口 200 m 内每隔 25 m 做一次接地，其冲击接地电阻不应大于 20 Ω。宜利用金属支架或钢筋混凝土支架的焊接钢筋网作为引下线，其钢筋混凝土基础宜作为接地装置。

8.2.4 平行敷设的管道、运输轨道、带式运输机支架、架空人车支架、电缆外皮等长金属物，当净距小于 0.1 m 时应采用金属线跨接，跨接点的间距不应大于 30 m；当交叉净距小于 0.1 m 时，其交叉处也应跨接。

8.2.5 钢丝绳的两端应做接地，中间部位可利用其支撑轮和绞盘做接地处理。

8.3 供配电线路的防雷

8.3.1 经由地面引入井下的供配电线路应采用中性点不接地的方式。

8.3.2 引入井下的线路宜全线采用铠装电缆或护套电缆穿钢管直接埋地敷设。

8.3.3 架空引入井下的线路应改用铠装电缆埋地敷设，埋地长度应符合 5.2.6 c)的要求。采用架空线路入井前的接户线绝缘子铁脚应接地，冲击接地电阻不宜大于 30 Ω。当土壤电阻率在 200 Ω·m 及其以下时接地电阻可不作要求。在架空线与电缆连接处装设与电缆绝缘水平相一致的避雷器。

8.3.4 当矿井提升机、主通风机、主排水泵、空气压缩机、带式运输机等重要设施采用多回路电源供电时，备用回路宜装设避雷器。

8.4 信息线路的防雷

8.4.1 引入井下的信息线路宜全线采用光缆，将光缆金属挡潮层、加强芯两端接地。在井口有线路分线和转接时，两条光缆的金属挡潮层、加强芯均应接地。

8.4.2 引入井下的信息线路采用电缆时，应全线采用屏蔽电缆埋地敷设。在架空线与电缆连接处，应装设户外型电涌保护器。电涌保护器、电缆金属外皮、钢管和绝缘子铁脚、金具等应连在一起接地。

8.5 接触网的防雷

8.5.1 接触网应在下列地点装设避雷器：

a） 牵引变电所架空馈电线出口及线路上每个独立区段内；

b） 接触线与馈电连接处；

c） 地面电机车接触线终端；

d） 矿井平硐硐口。

8.5.2 避雷器宜选用直流阀型避雷器或并联球形放电间隙，其参数应符合下列规定：

a） 标称放电电压不应小于 $1.2U_m$；

b） 标称通流量不应小于 30 kA。

8.5.3 避雷器的接地线应接在单轨道电路回流钢轨上，或接在双轨道电路扼流变压器中性点上。

8.5.4 接触网的防雷接地装置应与承力索、杆塔、钢轨相连，宜利用杆塔的钢筋混凝土基础，其工频接地电阻不应大于 10 Ω。

参 考 文 献

[1] GB/T 21714.2—2008 雷电防护 第2部分:风险管理(IEC62305－2:2006,IDT)
[2] GB 50215—2005 煤炭工业矿井设计规范
[3] GB 50343—2004 建筑物电子信息系统防雷技术规范
[4] GB 50399—2006 煤炭工业小型矿井设计规范
[5] DL/T 620—1997 交流电气装置的过电压保护和绝缘配合
[6] DL/T 621—1997 交流电气装置的接地